今日からモノ知りシリーズ

トコトンやさしい

化粧品の本

化粧品は
もの」と「
す。前者
と、それ
それにか
ートなど

2版

福井　寛

JN025209

B&Tブックス
日刊工業新聞社

はじめに

「美しく健康でありたい」というのは昔からの私たちの願いでした。化粧品は人類の歴史と同じくらい昔からありますが、それを使えたのは一握りの貴族だけでした。今では多くの人たちが使っています。お店には多くの種類の化粧品が並び、女性週刊誌には毎週、きらびやかな写真入りの化粧品の記事が載っています。そこにはさまざまな皮膚理論が展開され、どれが本当に良いのかわかりにくい場合も多いのではないでしょうか。テレビでも毎日のように健康や美容に関する番組が組まれ「シワ改善」や「幹細胞」などの言葉が飛び交っています。

このように化粧品は私たちの身近にあり、毎日使っていますが、本屋さんに行っても化粧品をやさしく解説した本はあまり見当たりません。皮膚の専門書は医学的な立場で書かれたものが多く、皮膚病の写真が多数掲載されていて一般の読者の皆様は抵抗を感じることもあるのではないかと思います。もっと化粧品の中味も含めたやさしい入門書があればということで、10年前に「トコトンやさしい化粧品の本」が出版されました。

その後10年で化粧品を取り巻く環境も大きく変わり、改訂版を出版することになりました。第1章は化粧品の定義と現状で、「化粧品の歴史」の紹介をラベルの見方や全成分表示などの実用的な内容に変えました。第2章は皮膚や五感の仕組みと機能で、各項に若干の新しい知見を加え、アレルギーと幹細胞の項を新たに加えました。第3章は化粧品原料の構造と機能で、粉の項を変えています。

第4章はスキンケアやメーキャップなどの化粧品の特徴と製造方法で、石鹸とファンデーションを具体的な内容に変えました。第5章は化粧品の安定性、安全性および環境問題です。加水分解小麦配合石鹸のアレルギー問題や美白化粧品の白斑問題、EUの動物実験禁止による代替法の検討などがあったため、安全性の項を大きく変えました。また、マイクロプラスチックの海洋汚染、環状シリコーンの水質汚染、紫外線吸収剤による珊瑚の白化などの問題もあり環境の項も大きく変えています。第6章は美白、抗老化などの機能性化粧品と化粧品の将来ですが、この10年で化粧品効能では56番目にシワの効能が入り、医薬部外品でもシワ改善が認められ、活況を呈しています。シワ以外にも生体の抗酸化メカニズム、体臭などを新しくし、にきびや育毛剤のガイドラインなども加えました。

この本は化粧品についてなるべくわかりやすく説明しました。限られたページの中でイラストを使うことで最大限の情報が入っていると考えています。イラストはその項の大きな枠組みがわかり、その中で個々の事項がどのような位置にあるかを示すことを主眼にしました。何気なく使っている化粧品の中にいろいろな技術が入っていることもわかると思います。イラストや表には少し難しい言葉もあるかもしれませんが、わからない単語があればインターネットなどで調べて書き加えれば、全体の中でのその言葉の位置づけもわかると思います。

本書はできるだけやさしい説明を心がけたために、厳密な意味でのあいまいさなどがあるかもしれません。そのような箇所があれば是非お教えいただきたいと思います。

最後に本書の出版にあたり多くの文献、図表などを参考にさせていただきました。厚くお礼を申し上げます。また、日刊工業新聞社出版局の方々をはじめ関係者各位に大変お世話になりました。ここに改めて感謝申し上げます。

令和元年十二月

福井技術士事務所　福井　寛

トコトンやさしい

化粧品の本

第2版

目次

第1章
化粧品って何だろう

第2章
外部から身を守る仕組み

第3章 化粧品は何でできている？

第4章 化粧品の作り方とその性質

第5章 化粧品の安定性、安全性と環境対応

第6章 機能性化粧品とその将来

第1章

化粧品って何だろう

1 化粧品とは何だろう

「化粧」は「遊び」と同じく昔から行われてきました。2万6000年前のホモ・サピエンスの埋葬品から体に化粧品が使われた形跡が見つかっています。それではなぜ化粧をするのでしょうか？ 人間が化粧をするようになった理由は、①自然からの身体の保護、②宗教的な魔除け、③部族や階級などのアイデンティティなどが挙げられています。それは民族・習慣などに対応して時代と共に変化し、現在の化粧文化を形成しています。

私たちが化粧品と呼んでいるものは「医薬品、医療機器等の品質、有効性及び安全性の確保等に関する法律」（薬機法）上では化粧品と医薬部外品（略して部外品）に大別されます。薬機法での化粧品の定義は「化粧品とは、人の身体を清潔にし、美化し、魅力を増し、容貌を変え、または皮膚もしくは毛髪をすこやかに保つために、身体に塗擦、散布、その他これに類似する方法で使用されることが目的とされている物で、人体に対する作用が緩和なものをいう」となっており、56項目の効能が認められています。化粧品は毎日使うので副作用は許されません。

では、化粧品にはどのような種類があるのでしょうか。使用部位、使用目的などによって分類は異なりますが、日常よく用いるのはスキンケア、メーキャップ、ボディケア、ヘアケア、オーラルケア、フレグランスです。

また、化粧品は「皮膚や毛髪を清潔にし、健康を維持するもの」と「容貌や印象を演出するもの」に分かれると思います。前者はスキンケア全般と毛髪と頭皮のヘアケア、後者はメーキャップやヘアカラー、フレグランスなどです。前者は本来の私たちの肌や毛髪を正常に保つための生理的解明と、それを達成する、薬剤、基剤の開発が必要です。後者ではそれに加えてより美しく演出するために心理学やアートなども必要になるのです。

要点BOX

●一般に「化粧品」と呼ばれるものは、薬機法上では化粧品と医薬部外品に大別される
●化粧品には副作用は許されない

化粧品・医薬部外品の種類と効能

ヘアケア化粧品（頭髪用）

●洗浄：シャンプー
●トリートメント：リンス、ヘアトリートメント
●整髪：ヘアムース、ヘアワックス、ヘアリキッド、ポマード
●パーマネントウェーブ：パーマネントウェーブローション
●染毛・脱色：ヘアカラー、ヘアブリーチ、カラーリンス

ヘアケア化粧品（頭皮用）

●育毛・養毛：育毛剤、ヘアトニック
●トリートメント：スカルプトリートメント

化粧品の効能

1 頭皮、毛髪を清浄にする
2 香りにより毛髪、頭皮の不快臭を抑える
3 頭皮、毛髪をすこやかに保つ
4 毛髪にはり、こしを与える
5 頭皮、毛髪にうるおいを与える
6 頭皮、毛髪のうるおいを保つ
7 毛髪をしなやかにする
8 クシどおりをよくする
9 毛髪のつやを保つ
10 毛髪につやを与える
11 ふけ、かゆみがとれる
12 ふけ、かゆみを抑える
13 毛髪の水分、油分を補い保つ
14 裂毛、切毛、枝毛を防ぐ
15 髪型を整え、保持する
16 毛髪の帯電を防止する

メーキャップ化粧品

●ベースメーキャップ：ファンデーション、白粉
●ポイントメーキャップ：口紅、頬紅、アイシャドー、アイライナー、マスカラ、ネールエナメル

化粧品の効能

39 爪を保護する
40 爪をすこやかに保つ
41 爪にうるおいを与える
42 口唇の荒れを防ぐ
43 口唇のキメを整える
44 口唇にうるおいを与える
45 口唇をすこやかにする
46 口唇を保護する。口唇の乾燥を防ぐ
47 口唇の乾燥によるかさつきを防ぐ
48 口唇をなめらかにする

ボディケア化粧品

●浴用：石鹸、液体洗浄剤、入浴剤
●紫外線防御：日やけ止めクリーム
●制汗、防臭：デオドラントスプレー
●脱色・除毛：脱色・除毛クリーム

化粧品の効能 ※スキンケア化粧品と同様

オーラルケア化粧品

●歯磨き：歯磨き
●口中清涼剤：マウスウォッシュ

化粧品の効能

49 ムシ歯を防ぐ
（使用時にブラッシングを行う歯磨き類）
50 歯を白くする
（使用時にブラッシングを行う歯磨き類）
51 歯垢を除去する
（使用時にブラッシングを行う歯磨き類）
52 口中を浄化する（歯磨き類）
53 口臭を防ぐ（歯磨き類）
54 歯のやにをとる
（使用時にブラッシングを行う歯磨き類）
55 歯石の沈着を防ぐ
（使用時にブラッシングを行う歯磨き類）

スキンケア化粧品

●洗浄：洗顔クリーム、洗顔フォーム
●整肌：化粧水、パック、マッサージクリーム
●保護：乳液、モイスチャークリーム

化粧品の効能

17（汚れを落とすことにより）皮膚を清浄にする
18（洗浄により）にきび、あせもを防ぐ（洗顔料）
19 肌を整える
20 肌のキメを整える
21 皮膚をすこやかに保つ
22 肌荒れを防ぐ
23 肌をひきしめる
24 皮膚にうるおいを与える
25 皮膚の水分、油分を補い保つ
26 皮膚の柔軟性を保つ
27 皮膚を保護する
28 皮膚の乾燥を防ぐ
29 肌を柔らげる
30 肌にはりを与える
31 肌につやを与える
32 肌をなめらかにする
33 ひげをそりやすくする
34 ひげそり後の肌を整える
35 あせもを防ぐ（打粉）
36 日焼けを防ぐ
37 日焼けによるしみ、そばかすを防ぐ
56 乾燥による小ジワを目立たなくする

フレグランス化粧品

●芳香：香水、オーデコロン

化粧品の効能

38 芳香を与える

出典：薬食発 0721 第 1 号

2 医薬部外品って何が違うの？

部外品は承認が必要

化粧品と似ている医薬部外品（略して部外品）とはどのようなものでしょうか？ 薬機法では「人体に対する作用が緩和なもので、機械器具等ではないもの」と定義されています。医薬品のように「疾病の診断、治療又は予防」が目的ではありません。部外品の目的は、健常な肌の肌荒れやにきびの予防、育毛・発毛促進などで病気の治療ではないのです。

部外品は種類が多いので、化粧品と似た使い方をするもので部外品を説明しましょう。具体的には、吐き気その他の不快感、または口臭もしくは体臭の防止、あせも、ただれ等の防止、脱毛の予防、育毛・養毛、除毛、染毛、パーマネントウェーブといった目的に対する有効成分が含有されている製品です。また、みなさんご存知の「薬用化粧品」は部外品です。

化粧水やクリーム、乳液なども薬用化粧品では「にきびを防ぐ」「メラニン色素生成を抑えることにより日焼けによるシミ・ソバカスを防ぐ」などの効果が認められ、日焼け止め剤では「日焼け・雪焼けを防ぐ」などの効果が認められています。部外品については、その有効成分および効能について、おおよその目安が述べられています。このような特定の有効成分については部外品でないと配合できません。

また、いわゆる化粧品以外のカテゴリーでも部外品があります。例えば、浴用剤では「あせも」「しもやけ」「疲労回復」「冷え性」「腰痛」などの効果が、また歯磨き粉では「歯周病の予防」「歯肉炎の予防」「むし歯を防ぐ」などの効果が認められています。

部外品はその効能・効果が認められた有効成分が、安全性を含めて有効濃度含まれるのが特徴で、企業が厚生労働省に1つひとつの商品ごとに申請し、承認あるいは許可されたものです。また、その製造販売を開始してからは、化粧品よりもさらに厳しい品質管理などが求められます。

要点BOX
- ●特定の効果が認められている部外品
- ●薬用化粧品は部外品

医薬部外品の主な種類

医薬部外品

■忌避剤
■殺鼠《そ》剤
■殺虫剤
■生理処理用品
■ソフトコンタクト
■レンズ用消毒剤
■ビタミン剤　など

化粧品と類似するもの

●口中清涼剤
●腋臭防止剤
●てんか粉類
（あせも・ただれ防止）
●養毛剤
●除毛剤
●染毛剤
●パーマネント
ウェーブ用剤
●浴用剤
●薬用歯磨き

●薬用化粧品類
・クリーム・乳液・
ハンドクリーム・
化粧用油
・化粧水
・パック
・日焼け止め剤
・ひげそり用剤
・薬用石鹸
・シャンプー
・リンス

発売までの流れ

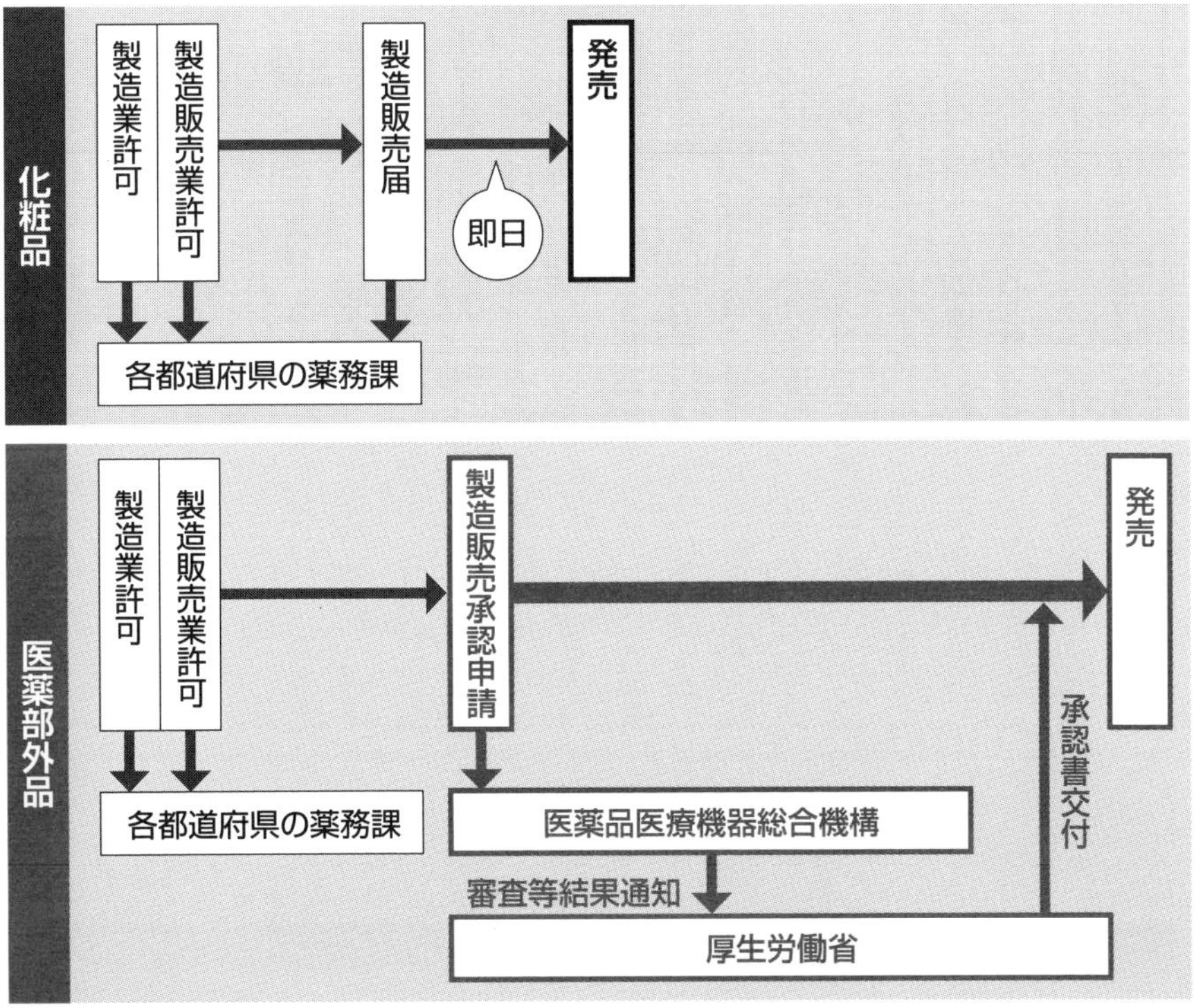

3 ラベルを見てみよう

化粧品に必要な表示項目

あなたが手にしている化粧品の中身を知りたいと思いませんか？ 化粧品の裏を見てみましょう。販売名の下にいろいろとその化粧品の情報が表示されています。薬機法では化粧品や医薬部外品の品質、有用性、正しい使用方法を確保することを目的に、広告や容器への記載事項等を規定しています。

また、公正競争規約（公競規）は「不当景品類及び不当表示防止法」に基づき、一般消費者が適正に商品を選択できるようにし、不当な顧客の誘引を防止することを目的とした公正取引協議会が制定した自主的なルールです。表示では薬機法だけではなく、この公競規も遵守しなければなりません。

さらに、化粧品工業連合会の自主基準も含めて、薬機法に関連する法規に基づく化粧品容器への必要表示事項として、①販売名、②種類別名称、③製造販売業者の氏名または名称および住所、④内容量、⑤製造番号または製造記号、⑥使用期限（製造または輸入後、3年を超えて安定な化粧品については、使用期限の表示は必要なし）、⑦成分の名称、⑧原産国、⑨用法、使用上または保管上の注意、⑩問合せ先があります。それ以外に制限のある表示事項として、効果効能表現、配合成分の特記表示（化粧品の効能範囲内の目的も併記する）などがあります。

その他の法規として、製造物責任法では「注意表示・警告表示」、高圧ガス保安法では「エアゾールの注意点」、消防法では第2類の引火性固体や第4類引火性液体の場合は「火気厳禁」、資源有効利用促進法では紙およびプラスチック製容器包装で、一般廃棄物となるものには識別表示が必要になります。

部外品のラベルには「医薬部外品」の表示があり、商品名とは別に販売名の表示があります。部外品には全成分表示の義務はありませんが、多くのメーカーが有効成分とその他の成分に分けて記載しています。

要点BOX

●薬機法、公競規、製造物責任法、高圧ガス保安法、消防法、資源有効利用促進法など

化粧品の表示項目の一例

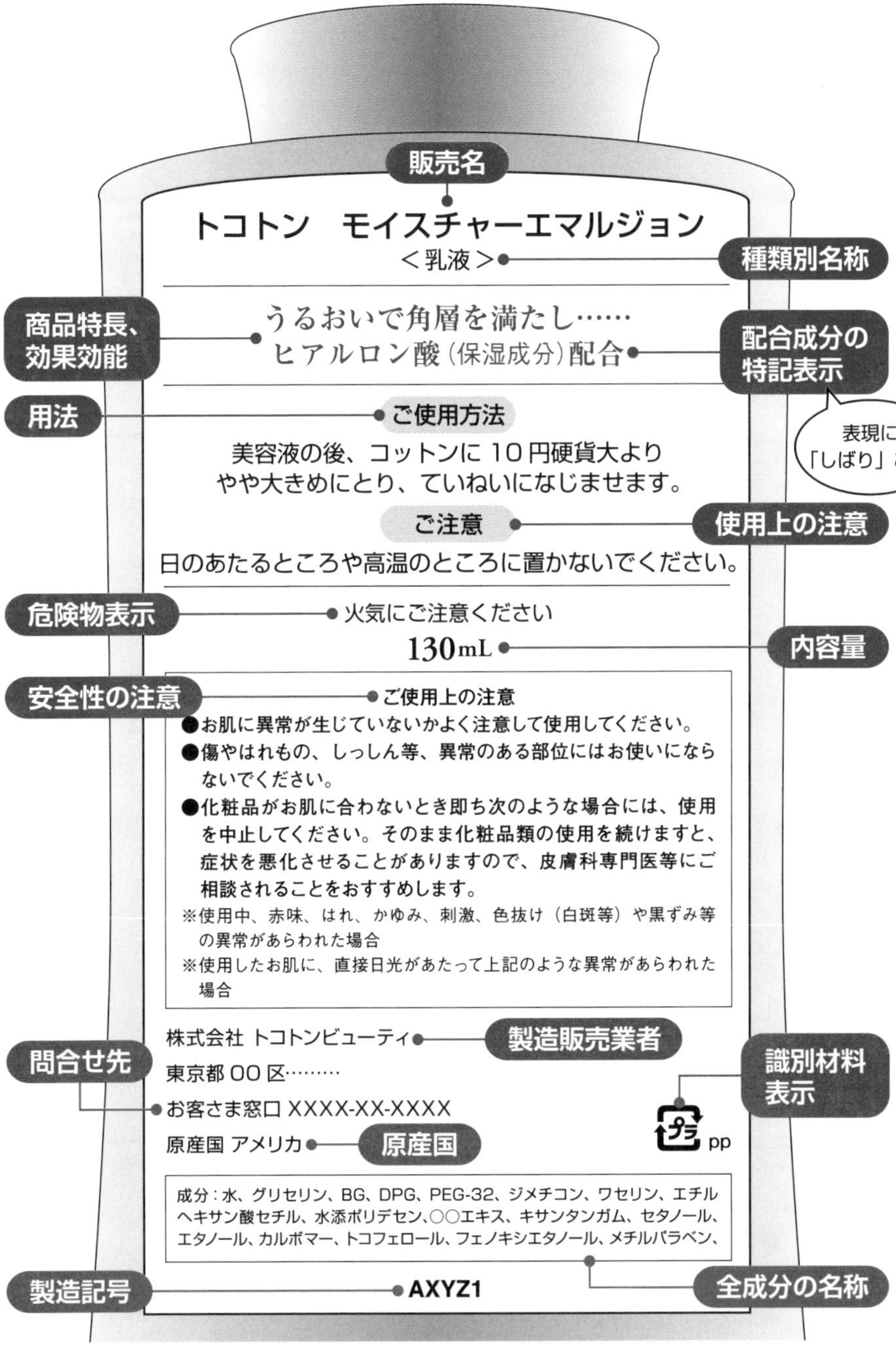
表現に「しばり」あり

4 化粧品成分の考え方

消費者にとって大切な全成分表示

2001年4月以前の規制緩和前は、化粧品には法律で認められた成分（ポジティブリスト）しか配合できませんでした。そして、表示は全成分ではなく、アレルギーを起こす可能性のある102種類の表示指定成分（香料を含めて103種類）の記載が義務付けられていました。

規制緩和後は、紫外線吸収剤、タール色素、防腐剤以外の成分は「禁止または制限されている成分（ネガティブリスト）」を除いて、企業の責任において原則自由に使用することができるようになりました。一方、紫外線吸収剤、タール色素、防腐剤はポジティブリストの成分を用いなくてはなりません。このように化粧品成分が原則自由に配合できるようになったので、消費者は配合成分を知る必要があります。このため全成分の表示が義務付けられています。

化粧品に配合されるすべての成分はパッケージに表示されなくてはなりません。化粧品のラベルに細かい字で書いてある成分が全成分表示です。

全成分表示のルールは、次のとおりです。

①化粧品に配合されているすべての成分を記載する。水のように明らかな成分でも表示します。（ただし「配合されている成分に付随する成分（不純物）」で、製品中にはその効果が発揮されるより少ない量しか含まれない成分はキャリーオーバー成分と呼ばれ、例外として表示する必要はありません。）

②配合の多い順番に記載する。しかし1％以下の場合は順不同。

③医薬部外品は有効成分を最初に記載する。

④成分名は「化粧品の成分表示名称リスト」の名称を用いる。

全成分を知れば、その商品のアウトラインがわかり、自分に合わないアレルギー物質などを知ることができます。しかし、その成分の純度などはわかりませんので信用のおける企業の商品を選ぶようにしましょう。

要点BOX

- 禁止・制限成分のネガティブリスト
- 配合できる成分のポジティブリスト
- 全成分表示のルール

化粧品基準の骨子と配合成分の考え方

化粧品基準（平成 12 年厚生省告示第 331 号）

化粧品へ配合する成分の考え方

「化粧品基準」（ネガティブリスト・ポジティブリスト）の規定に違反しない成分については、企業責任のもとに安全性を確認し、表示名称を取得した上で配合することができる。

（1）**ネガティブリスト**（防腐剤、紫外線防止剤、タール色素以外の成分について）
化粧品への配合禁止や制限のある成分をリスト化したもの。
医薬品成分や化粧品基準 別表第 1 の配合禁止成分、別表第 2 の配合制限成分など。

（2）**ポジティブリスト**（防腐剤、紫外線防止剤、タール色素について）
（原則として禁止されている中で例外として）化粧品に配合できる成分と配合の際の制限をリスト化したもの。

↓

全成分表示

全成分表示の必要性

規制緩和に伴い、消費者への必要な情報提供を確保する。消費者が自分に合わない成分が配合されているかどうか判断するのに必要。

化粧品配合禁止成分の例

化粧品基準別表第 1 の配合禁止成分

❶ 6- アセトキシ -2,4- ジメチル -m- ジオキサン、❷アミノエーテル型の抗ヒスタミン剤（ジフェンヒドラミン等）以外の抗ヒスタミン、❸エストラジオール、エストロン又はエチニルエストラジオール以外のホルモン及びその誘導体、❹塩化ビニルモノマー、❺塩化メチレン、❻オキシ塩化ビスマス以外のビスマス化合物、❼過酸化水素、❽カドミウム化合物、❾過ホウ酸ナトリウム、❿クロロホルム、⓫酢酸プログレノロン、⓬ジクロロフェン、⓭水銀及びその化合物、⓮ストロンチウム化合物、⓯スルファミド及びその誘導体、⓰セレン化合物、⓱ニトロフラン系化合物、⓲ ハイドロキノンモノベンジルエーテル、⓳ハロゲン化 サリチルアニリド、⓴ビタミン L1 及び L2、㉑ビチオノール、㉒ピロカルピン、㉓ピロガロール、㉔フッ素化合物のうち無機化合物、㉕プレグナンジオール、㉖プロカイン等の局所麻酔剤、㉗ヘキサクロロフェン、㉘ホウ酸、㉙ホルマリン、㉚メチルアルコール

5 どれくらいの量が使われているの？

化粧品の出荷額

化粧品はどれくらい使われているのでしょうか。ユーロモニターによると化粧品の2017年の世界市場規模は3248億ドルでした。トップはロレアル、次いでユニリーバ、P&Gと続きます。日本の資生堂は7位、花王は9位でした。世界の大手化粧品メーカーが有力ブランドの買収を行い、業界の再編が進んでいます。化粧品は他の工業製品と異なり「美」を実現することから、文化性や情緒性を含めたブランド価値が重要になります。

日本の化粧品メーカーは約1000社あり、異業種からの化粧品業界への参入も相次いで、活気ある業界になっています。

日本では、それまで停滞していた化粧品の国内出荷金額が2016年に19年ぶりに最高額を更新しました。インバウンドのおかげだといわれています。2018年には1兆6942億円となっています。

2018年の品目別化粧品出荷率は皮膚用化粧品が50・1%を占め、頭髪用化粧品22・7%、仕上用化粧品21・3%、特殊用途化粧品5・6%と続き、香水・オーデコロン類は0・3%となっています。

主な個別品目を見ると化粧水、美容液、ファンデーション、染毛料、乳液などの占める割合が高くなっています。最近はクレンジングクリーム、日焼け止めなどが増加している一方で、つめ化粧品、香水・オーデコロンなどの出荷額が減少しています。

2018年の化粧品の輸出は5260億円、輸入は2656億円でした。

2015年から輸出金額が急増し、2016年に初めて輸出金額が輸入金額を超え、さらに2018年は輸出金額が輸入金額の約2倍となりました。日本からの輸出では特に2016年から中国、香港向けが急上昇し、2018年では中国、香港、韓国、シンガポールの割合が高くなっています。人口減が予想される国内では限界があるので、海外展開が必須です。

要点BOX
●日本の化粧品の出荷額は1兆6942億円
●輸出は5260億円で輸入の約2倍

年度別化粧品国内出荷金額

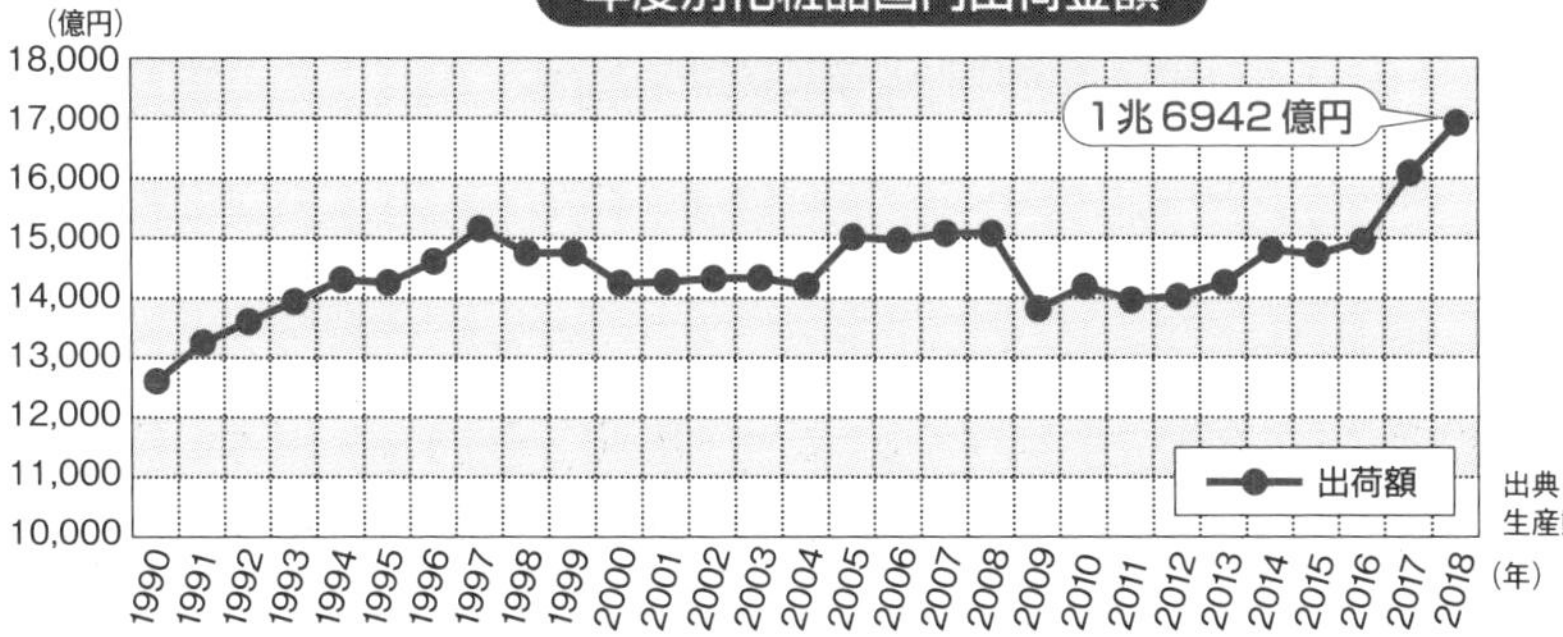

出典：経済産業省
生産動態統計

2018年品目別化粧品出荷額

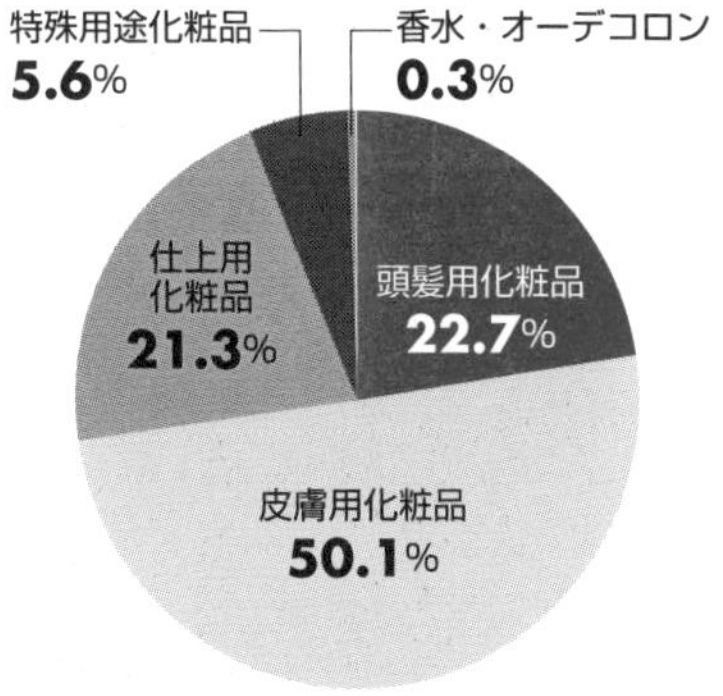

総額：1兆6942億円

2018年化粧品個別品目別出荷金額

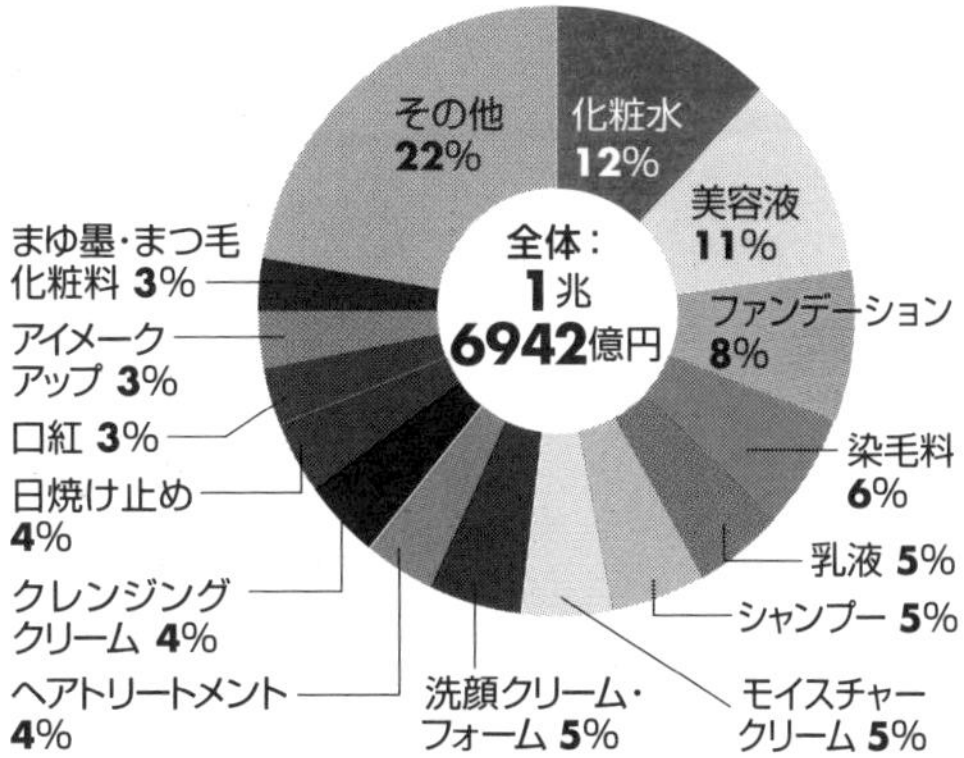

出典：2018年度化粧品工業年報（東京化粧品工業会 2019/7）

年度別化粧品輸出入額

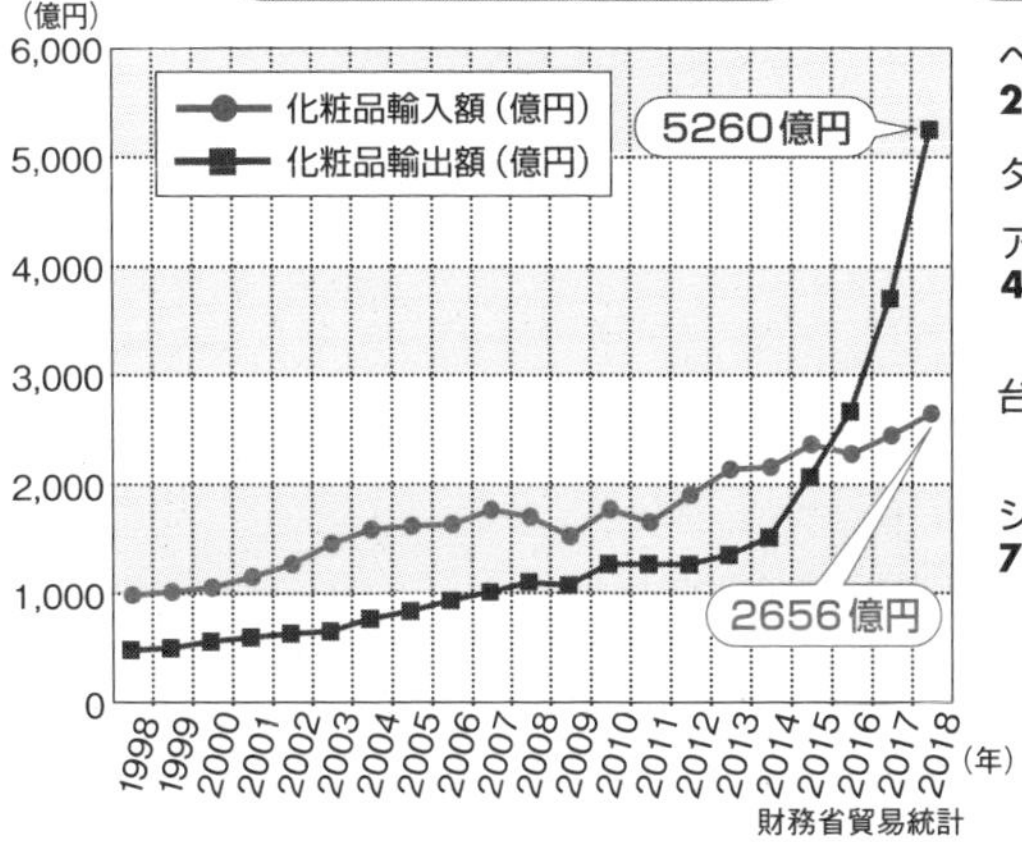

財務省貿易統計

2018年の国地域別化粧品輸出額

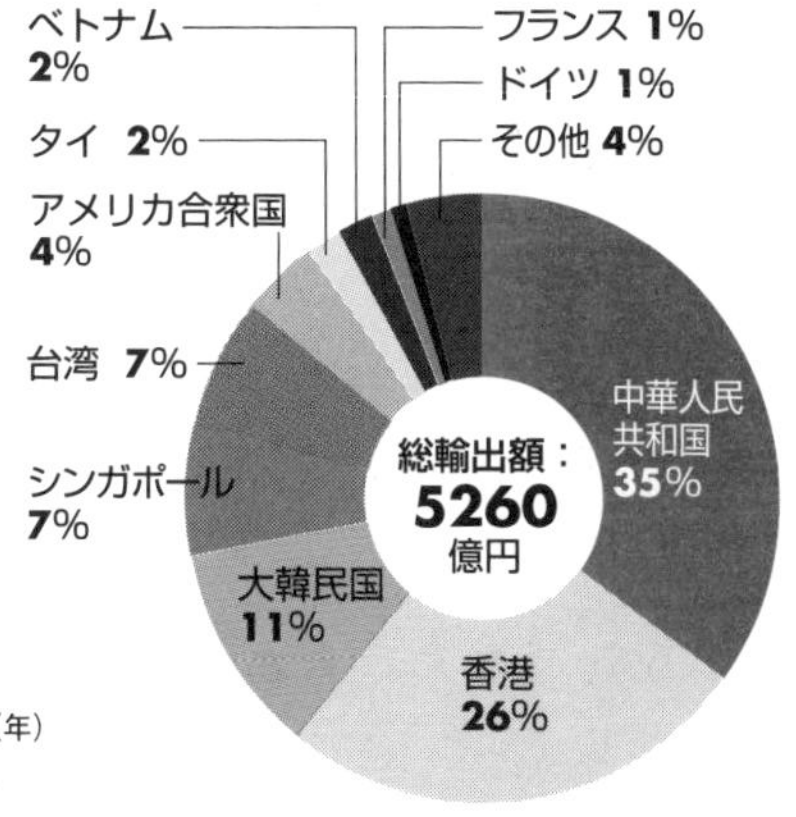

Column

境界のない化粧品研究

化粧品の研究とはどのようなものでしょうか？　昔は化粧品の処方を組むことが一番大切でした。私はメーキャップ製品の研究所にいたので、ファンデーションの処方を組んでいました。メーキャップには多くの種類の顔料が入っています。

私の若い頃、この顔料が入ると、なぜか時間とともに製品の匂いが悪くなってしまうことがわかっていましたが、原因はわかりませんでした。学生の頃に微生物の研究をしていたので、顔料が酵素と同じような作用で匂いを変化させているのではないかと思い、触媒活性の研究を始めました。私は触媒学会に入り、触媒活性の測定の仕方を学び、顔料の触媒活性で共存成分が分解するメカニズムを研究しました。

ある日、シリコーン系のガスを顔料に接触させると、表面で重合が起こって、厚さが1nm（ナノメートル）の重合膜が均一にできることを見つけました。この膜ができると触媒活性がほぼ消滅します。さらにこの薄い膜に白金系の触媒を使っていろいろな機能性基を植え付けることができます。油に分散性の良くなる機能性基を付けると、顔料がオイル・ワックスによく分散してエマルジョンパクトというファンデーションができます。固形で持ち運びに便利で、しかもスポンジで取ると乳液のようになります。この方法で多孔性シリカに分離機能を持つ基を修飾すると、高速液体クロマトグラフィ用のカラム充填剤ができることもわかり、事業化されました。

白金といえば、原子力発電所では放射線で冷却水が水素と酸素に分解されるのですが、これを白金触媒で水に変えています。この白金触媒が働かなくなると、水素が水にならないので危険なため運転ができません。ある原子力発電所で、この白金触媒が働かなくなったことがあります。その発電所の担当者が学生時代の恩師である東北大学・宮本明教授に相談したところ、「化粧品会社に触媒活性をなくすのが得意な人がいるから相談してみてはどうか」といわれたそうです。私は宮本教授の研究室の客員教授をしていました。聞いてみると、熱でシリコーン系のパッキンからシリコーンガスが発生し、白金触媒が不活性化したと思われました。化粧品のシリコーン処理と同じことが白金触媒上で起こっていたのです。

原因がわかれば対策が打てます。科学の底辺は繋がっていると思いました。

第2章

外部から身を守る仕組み

6 外界への対応

五感と皮膚の関係

化粧品は皮膚や毛髪を育み、またはそれらを彩るものです。それ以外に使うときの塗り心地、かおり、その仕上がりなど五感の満足も必要です。

単細胞は細胞膜で仕切られた中と外の違いから外の様子を感知し、場合によっては安全で快適なほうに移動します。細胞膜は水を通しますがイオンはなかなか通しません。そこでイオンチャネルを作りました。このイオンチャネルは多細胞生物では刺激の受容体に使われています。外界からの刺激に対して刺激を捉える感覚受容細胞が生まれ、さらに神経細胞という伝達の専門家が生まれました。

私たちは外界の状況を、五感で知ります。メーキャップと関連の深い視覚、フレグランスと関連の深い嗅覚、基剤の使用性を感じる触覚などが直接化粧品に関係します。口紅では苦いものは使えないので味覚もあります。また、コンパクトを閉める音を気にする場合は聴覚も関係あるかもしれません。五感のうち触覚以外は目、耳、舌、鼻といった特殊な器官で知覚しているので特殊感覚といいます。それに対して触覚は特殊な受容器を持たず体の末梢に散在している無数の受容器から伝わります。この感覚を体性感覚といいます。体性感覚には外部感覚、内部感覚、固有感覚があります。

これらの情報は感覚受容器で電気信号に変えられ、脳に伝わっていきます。脳ではこれらの感覚を総合し認識していくのです。現代は視覚と聴覚優位の時代ですが、豊かな人間性はすべての感覚を使うことで磨かれると思います。

外界との境界、それは皮膚です。皮膚はただの皮ではなく、最前線を守る前線司令部を持った多機能な臓器であると考えられます。化粧品は皮膚と密接な関係があり、この考え方に基づいた化粧の仕方というものがあると思います。この章では皮膚と感覚について説明します。

要点BOX
- ●五感に訴える化粧品
- ●特殊感覚、体性感覚などが外界の状況を捉える
- ●皮膚は体の前線司令部

さまざまな感覚を感じる体

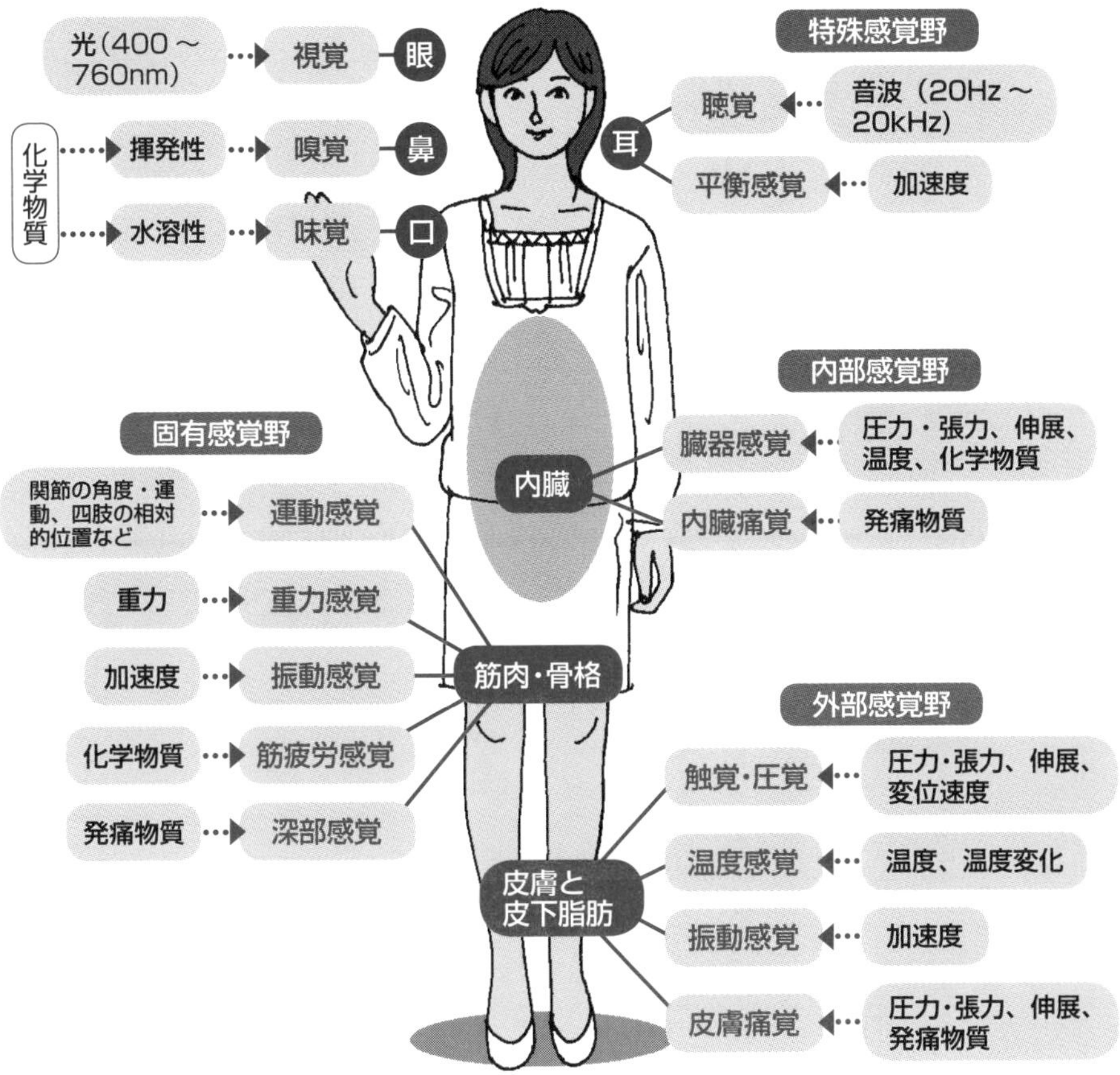
光(400～760nm)
視覚
眼
化学物質
揮発性
嗅覚
鼻
水溶性
味覚
口
特殊感覚野
聴覚
音波（20Hz～20kHz)
耳
平衡感覚
加速度
内部感覚野
臓器感覚
圧力・張力、伸展、温度、化学物質
内臓
内臓痛覚
発痛物質
固有感覚野
関節の角度・運動、四肢の相対的位置など
運動感覚
重力
重力感覚
加速度
振動感覚
筋肉・骨格
化学物質
筋疲労感覚
発痛物質
深部感覚
外部感覚野
触覚・圧覚
圧力・張力、伸展、変位速度
温度感覚
温度、温度変化
皮膚と皮下脂肪
振動感覚
加速度
皮膚痛覚
圧力・張力、伸展、発痛物質

脳の感覚野

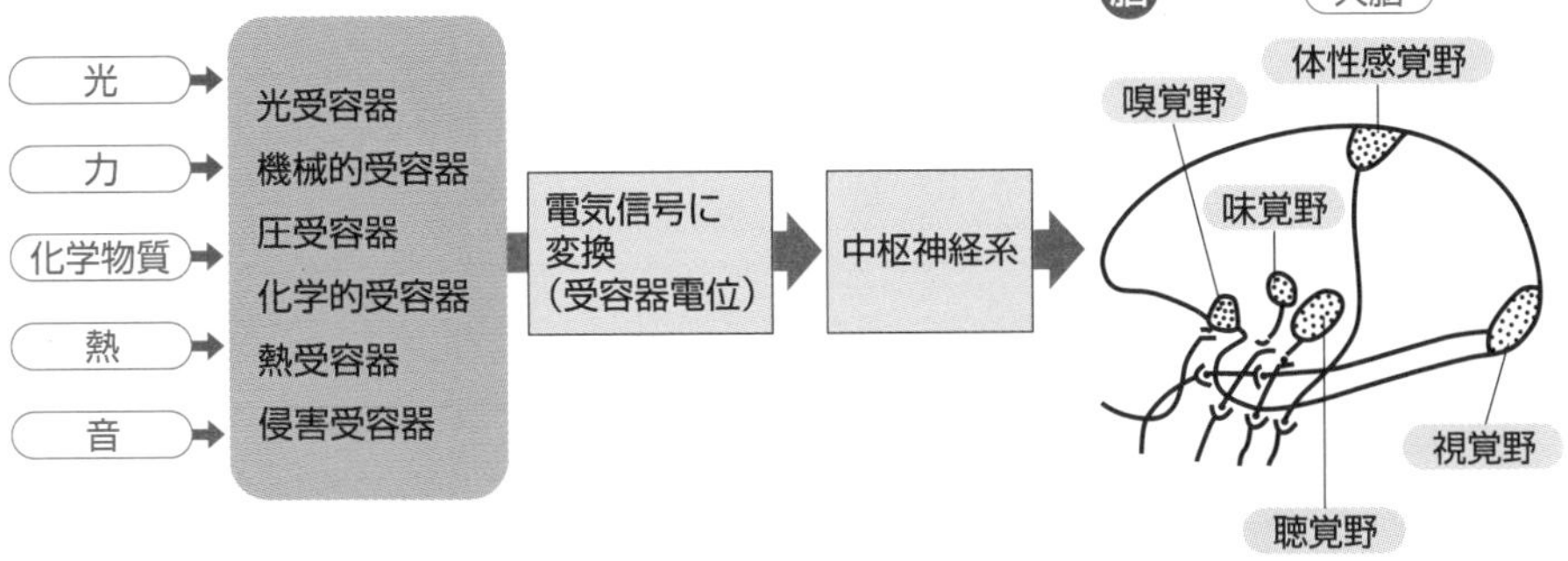
光
力
化学物質
熱
音
光受容器
機械的受容器
圧受容器
化学的受容器
熱受容器
侵害受容器
電気信号に変換（受容器電位）
中枢神経系
脳
大脳
体性感覚野
嗅覚野
味覚野
視覚野
聴覚野

7 最前線にいる皮膚

皮膚の構造

私たちの体の最前線、それは皮膚です。そのために外からの刺激から体を護り、体の水分が逃げないような仕組みを持っています。皮膚の面積は成人では約1・6㎡あり人体最大の臓器です。皮膚は表面から順に表皮、真皮、皮下組織の3層に大きく分けられます。これに毛、爪、エクリン腺やアポクリン腺などの汗腺および皮脂腺などの付属器官が存在します。

表皮は厚さ約0・2㎜の層で、深部から順に基底層、有棘層《ゆうきょくそう》、顆粒層、角層に分けられます。細胞の大部分はケラチノサイト（表皮細胞）と呼ばれ、最終的に角層を構成する角層細胞を作り出す細胞です。基底層には基底細胞の1割程度の割合でメラニン色素を合成するメラノサイトが存在します。

また、ランゲルハンス細胞と呼ばれる細胞が有棘層に点在しています。この細胞は樹状突起を表皮全体に張り巡らして異物や腫瘍を見つけると排除する免疫機能を持っています。

基底層の基底細胞は絶えず分裂を繰り返し、表層に向かって移動し有棘細胞になります。ここにはデスモソームという接着構造があります。この細胞の間をリンパ液が流れ、老廃物などが自由に拡散できます。その上には顆粒層があり、ケラトヒアリンと呼ばれる顆粒を持つ扁平な顆粒細胞からなっています。表皮では分裂した基底細胞が順次押し上げられ、最終的に角層を作っています。このように常に新しい細胞層に置き換わることをターンオーバーといい、約6週間かかります。表皮の深部には基底膜があり、表皮と真皮をしっかりと繋ぎ止めています。この膜はケラチノサイトの足場で、ケラチノサイトの正常な増殖や角化を維持し、生理活性物質の透過をコントロールしています。

真皮の上部は乳頭層、深部は網状層と呼ばれ、コラーゲンやエラスチンのような細胞外マトリクスが多く存在し、組織に弾性を与えています。皮下組織は結合組織と脂肪細胞からなります。

要点BOX

- ●皮膚は表皮、真皮、皮下組織の3層に分けられる
- ●常に新しい細胞層に置き換わることをターンオーバーという

皮膚の構造

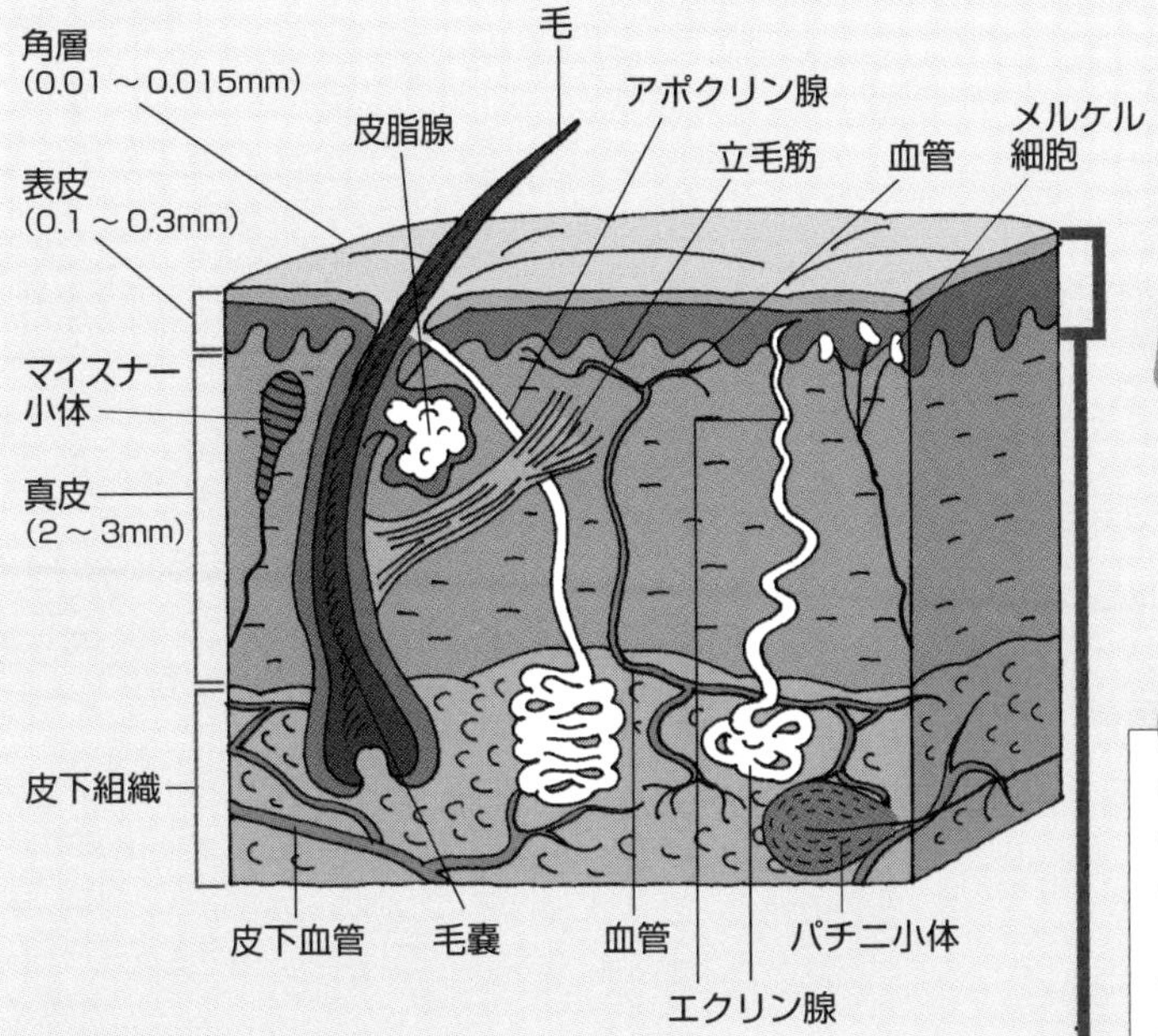

皮膚

- 全身で約 1.6m^2
- 厚み：男性＞女性
- 脂肪層は女性の方が厚い？
- 目瞼が最も薄い
- 掌、足底が最も厚い

出典：「新化粧品学　第 2 版」光井武夫編、南山堂、2001 年

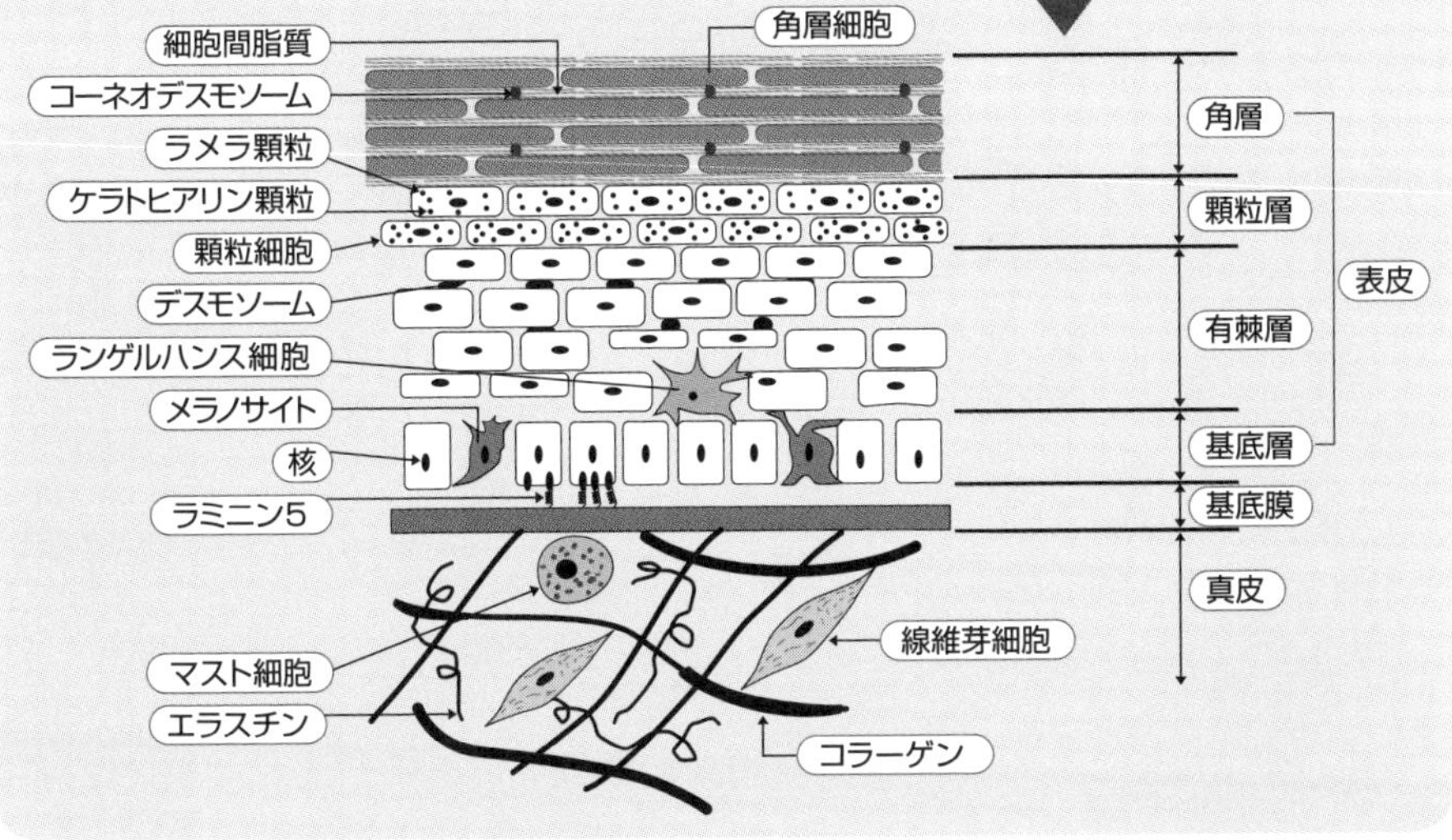

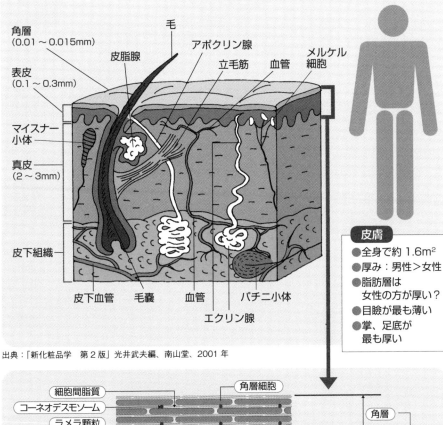

8 八面六臂の働き者

皮膚の生理作用、皮膚の役割

皮膚は大変な働き者です。まず一番大切なのは外の刺激から生体を守る働きです。また、いつも刺激を受けていると、角層が厚くなってより強固になります。踵《かかと》などは厚くなっていませんか？ 角層だけではありません。真皮におけるコラーゲンやエラスチンはうまくからまりあって弾力性を持っており、さらに皮下脂肪組織は外側からの力が内部に及ばないようにクッションの役割を果たしています。アルカリに対しても角層の乳酸や脂肪酸で中和し、常に弱酸性になるようになっています。

酸素に加えて、紫外線、排気ガス、粉塵などが原因でできる活性酸素やフリーラジカルが皮膚に酸化ストレスを与えます。また、炎症反応などでも活性酸素などが発生しますので、これらを消去するための酵素や抗酸化物質が存在し、抗酸化システムを作っています。

体温の調節も皮膚の役割の1つです。体温調節は皮膚毛細血管の拡張、収縮による血流量の変化と発汗による気化熱によって行われます。

皮膚は外部環境の変化を受容し、圧覚、触覚、温度感覚、痛覚などの皮膚感覚を生みだします。

最外層にある皮膚は、外から異物が侵入するのを防ぐ役割も持っています。皮膚は高度に発達した免疫器官で、非自己の異物を排除する反面、過剰の免疫反応、いわゆるアレルギー反応を起こす場合もあります。その役割を担っているのがランゲルハンス細胞です。これ以外に乾燥や紫外線から生体を守るという重要な働きがあります。皮膚は見え方を決定しています。皮膚は半透明なので光は皮膚の内部まで入り、表皮に含まれるメラニン色素ともっと深くにある血管中のヘモグロビンの色を反映します。これが皮膚の色で、皮膚表面の肌理（キメ）やシワなどの表面形態も見え方に影響を与えます。皮膚の見え方は人間同士のコミュニケーションに非常に大切です。

要点BOX
- 皮膚は外力、紫外線、活性酸素、異物侵入などから身を守る
- 皮膚は外部環境を受容し感覚を生む

皮膚の働き

皮膚への悪影響	皮膚の働き
乾燥	角層を作って水分を外に出さない。皮脂、天然保湿因子、細胞間脂質で乾燥から守る。
紫外線	角層での反射。メラニンを生成して紫外線を吸収し守る。
アルカリ	乳酸、脂肪酸で中和。弱酸性。
活性酸素	酵素、抗酸化物質で消去。
異物の侵入（病原菌）	ランゲルハンス細胞で免疫作用。アレルギー発生も。
暑さ、寒さ	発汗で冷却。血管拡張で暖かくする。
機械的刺激	ケラチン線維、コラーゲン、エラスチン、脂肪組織で緩和。角層強化。
刺激の伝達	触覚、圧覚、温度感覚、痛覚を脳に伝達。

皮膚における光の経路

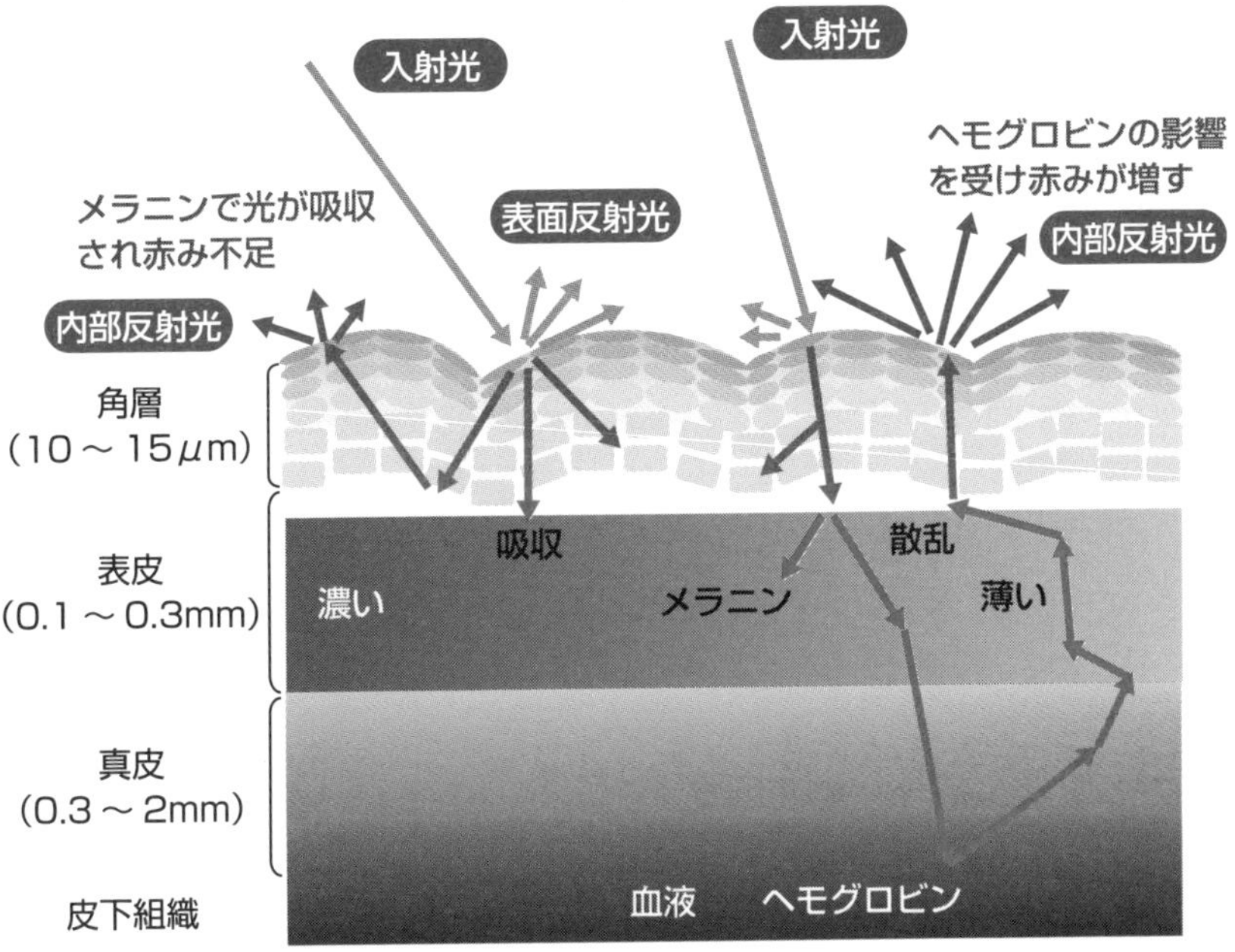

9 水も漏らさぬ仕組み

皮膚の保湿作用

乾燥から生体を守るのは皮膚です。皮膚の一番上で乾燥から守っているのはトリグリセリド、ワックスおよび脂肪酸などで構成される皮脂です。さて、乾燥した地上の環境で乾燥から身を守る角層はとてもうまくできています。顆粒細胞が2週間程度かけてゆっくりと薄い屋根瓦のような角層細胞に分化します。これが十数層しっかり積み重なり薄い膜状の角層となって体表面をしっかりと包み「水も漏らさない」膜ができるのです。この角層細胞は1日1層ほどのペースでできているので、最上層からは古い細胞が垢として剥げ落ち、常に新しい防御膜となっているのです。角層が主なバリアですが、顆粒細胞では細胞同士がタイトジャンクションで結合し、外部からの物質の侵入を防いでいます。

さて、角層は10～15%の適度な水分を保持しています。では、なぜ角層は水分を保持できるのでしょうか？　角層細胞中には天然保湿因子（NMF）と呼ばれる水溶性成分が存在します。このNMFはフィラグリンと呼ばれる蛋白質《たんぱくしつ》が角層に移行した後に、蛋白分解酵素により分解し生成するピロリドンカルボン酸やアミノ酸類です。角質細胞の間を埋める細胞間脂質もラメラ顆粒が角層に移行する直前に形成されます。この細胞間脂質は主にセラミド、脂肪酸、コレステロールとそのエステルで構成され、モルタル役として水分の蒸散やNMF成分の流出を防ぎます。

角層には角層成分と結合している結合水が存在し、角層の柔軟性を保っています。正常では約30%程度で、それ以上では自由水が多くなり、蛋白分解酵素も働いて角層の構造が破壊されてふやけた状態になるといわれています。

皮膚に適度な保湿が保たれないと、ひび割れ、かゆみや痛み、刺激に弱いといったさまざまな皮膚症状が出てきます。乾燥がますます増える現代生活に皮膚の保湿は大切です。

要点BOX
- ●皮脂が皮膚の一番上で乾燥から守っている
- ●角層細胞中には天然保湿因子が存在する
- ●角層細胞がレンガ、細胞間脂質がモルタルの役目

乾燥から身を守る

2. 皮脂

・スクワレン：**10%**
・トリグリセリド：**25%**
・モノ、ジグリセリド：**10%**
・ワックス：**22%**
・脂肪酸：**25%**
・コレステリルエステル：**2.5%**
・コレステロール：**1.5%**
・その他：**4%**

3. 天然保湿因子（NMF）

・アミノ酸類：**40%**
・ピロリドンカルボン酸：**12%**
・乳酸塩：**12%**
・尿素：**7%**
・アンモニア、尿酸、グルコサミン、クレアチニン：**1.5%**
・クエン酸塩：**0.5%**
・Na：5%、K：4%、Ca：1.5%
Mg：1.5%、PO_4：0.5%、Cl：6% ―― **18.5%**
・糖、有機酸、ペプチド、その他：**8.5%**

1. 角層細胞間脂質

・脂肪酸：**20%**
・コレステリルエステル：**10%**
・コレステロール：**15%**
・セラミド：**50%**
・糖セラミド：**5%**

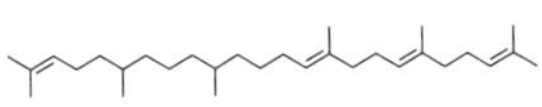
スクワレン

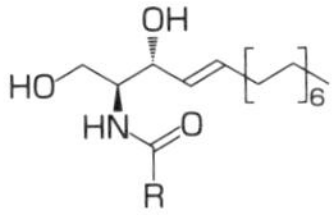
セラミド

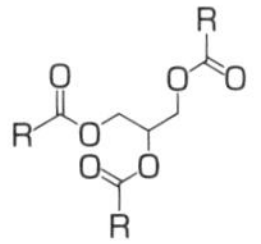
トリグリセリド

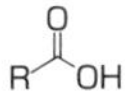
脂肪酸

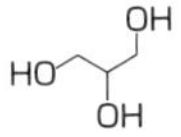
グリセリン

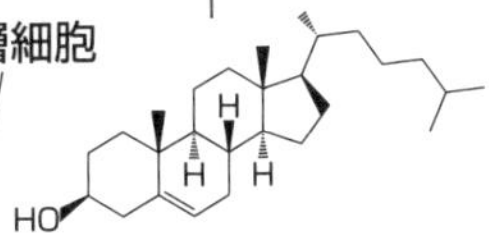
コレステロール

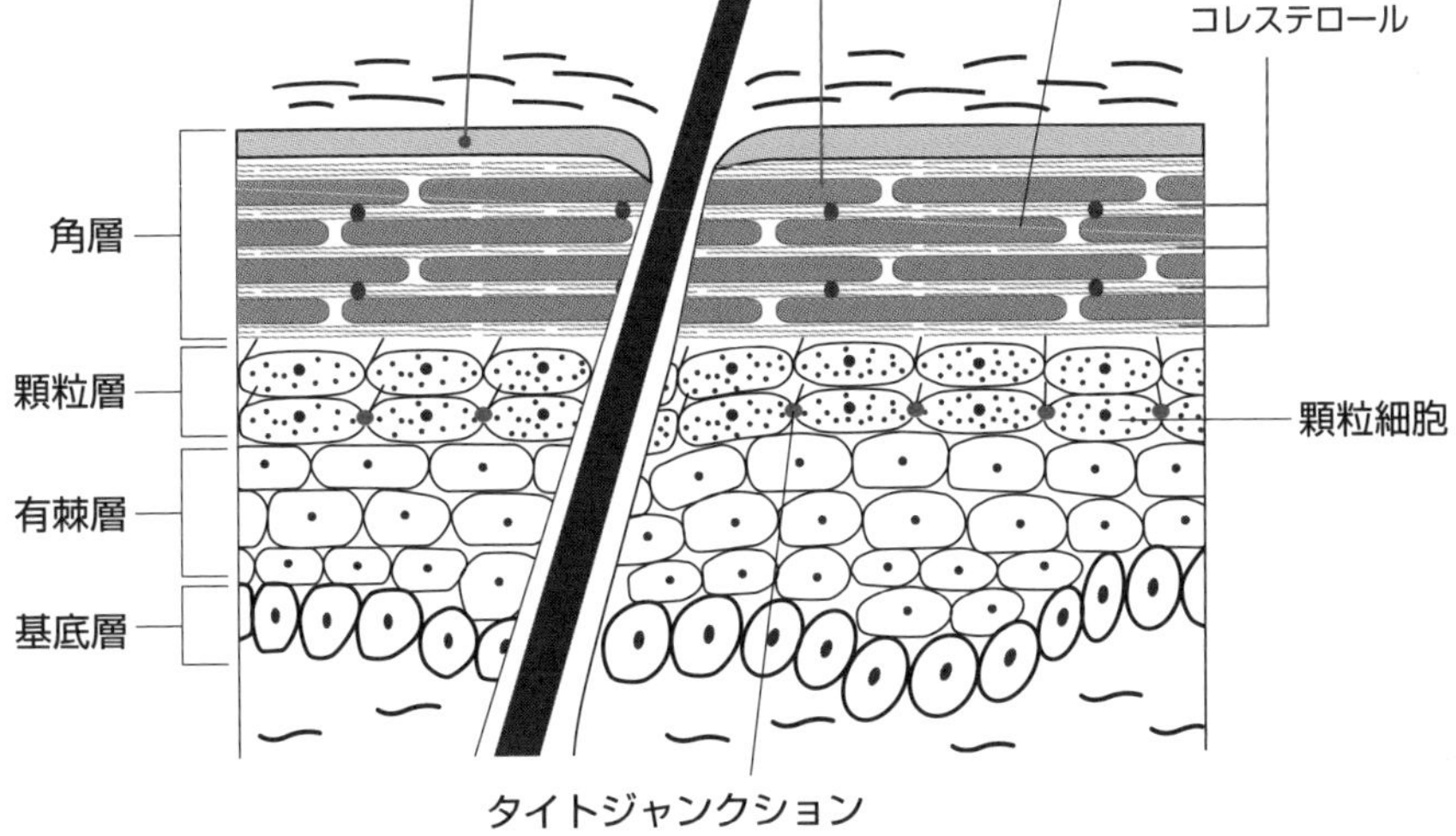

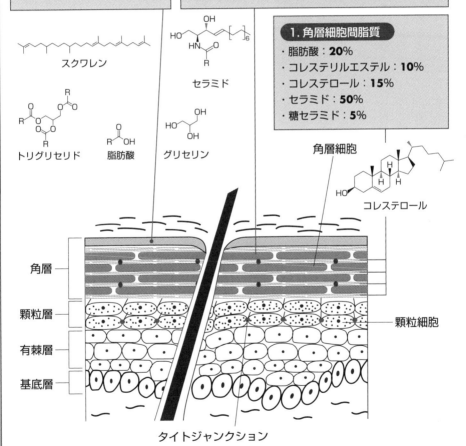

10 お肌の大敵・紫外線

紫外線で赤くなる・黒くなる・癌になる？

昔、元気な子供は太陽の下で思い切り遊び、真っ黒な肌が健康の印でした。今、紫外線の害が知られてきたため、太陽の下で長時間遊ぶ子供はいません。

さて、紫外線とは何でしょうか？ 紫外線は可視光線の紫より短い波長の光線です。紫外線にはUVC（200〜280㎚）、UVB（280〜320㎚）、UVA（320〜400㎚）がありますが、一番危険なUVCはオゾン層で吸収されるため地上には届きません。

紫外線に対して皮膚には自然の防御機構が備わっています。紫外線が皮膚に当たると、表面の細かい凹凸で一部は散乱されます。UVBはDNAを変性させますが真皮までは届きません。UVAは真皮まで届きます。UVAや可視光線は、クロモフォアという光を吸収する物質に吸収されて活性酸素を発生させ皮膚に障害を与えます。また、ランゲルハンス細胞にダメージを与えます。皮膚はこの有害な紫外線をメラニンで防ぐのです。紫外線を多く浴びるとメラノサイトのメラニン合成能力を高め、防御能力を高めようとします。

紫外線を浴びた直後には皮膚が黒ずんで見える一次黒化が起こります。これは淡色のメラニンが酸化されて黒く見えるもので、主にUVAで起こります。紫外線を長く浴びていると皮膚が赤くなり場合によっては水ぶくれが起こります。これをサンバーンと呼びます。この作用は主にUVBで起こります。赤味が引いた後3日目頃から皮膚が徐々に黒くなりますが、これを二次黒化あるいはサンタンと呼びます。二次黒化はメラノサイトが活性化してメラニンを多く産生し、メラニンが表皮細胞中に多くなることによって起こります。この現象は多量のUVAを浴びた場合にも起こります。1度黒くなった皮膚は元の皮膚色に戻るまで数カ月かかります。

最近、慢性的なUVAの影響でシワが増えるなどの光老化が注目され、その対策もなされています。

要点BOX

- 紫外線にはUVC、UVB、UVAの3つがある
- 皮膚内に透過した紫外線は、メラニンで防がれる

紫外線の肌への影響

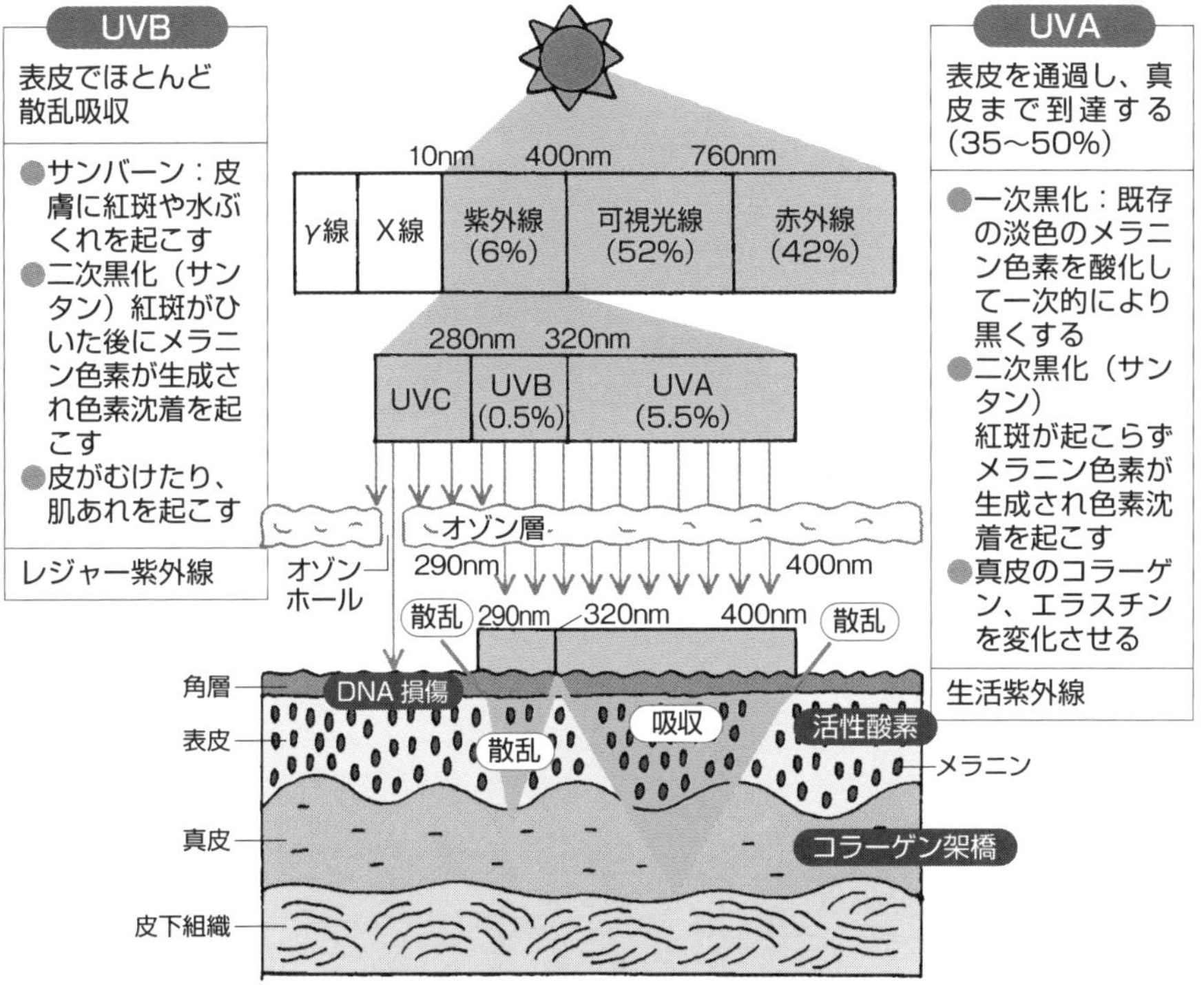

日焼けによる肌へのダメージ

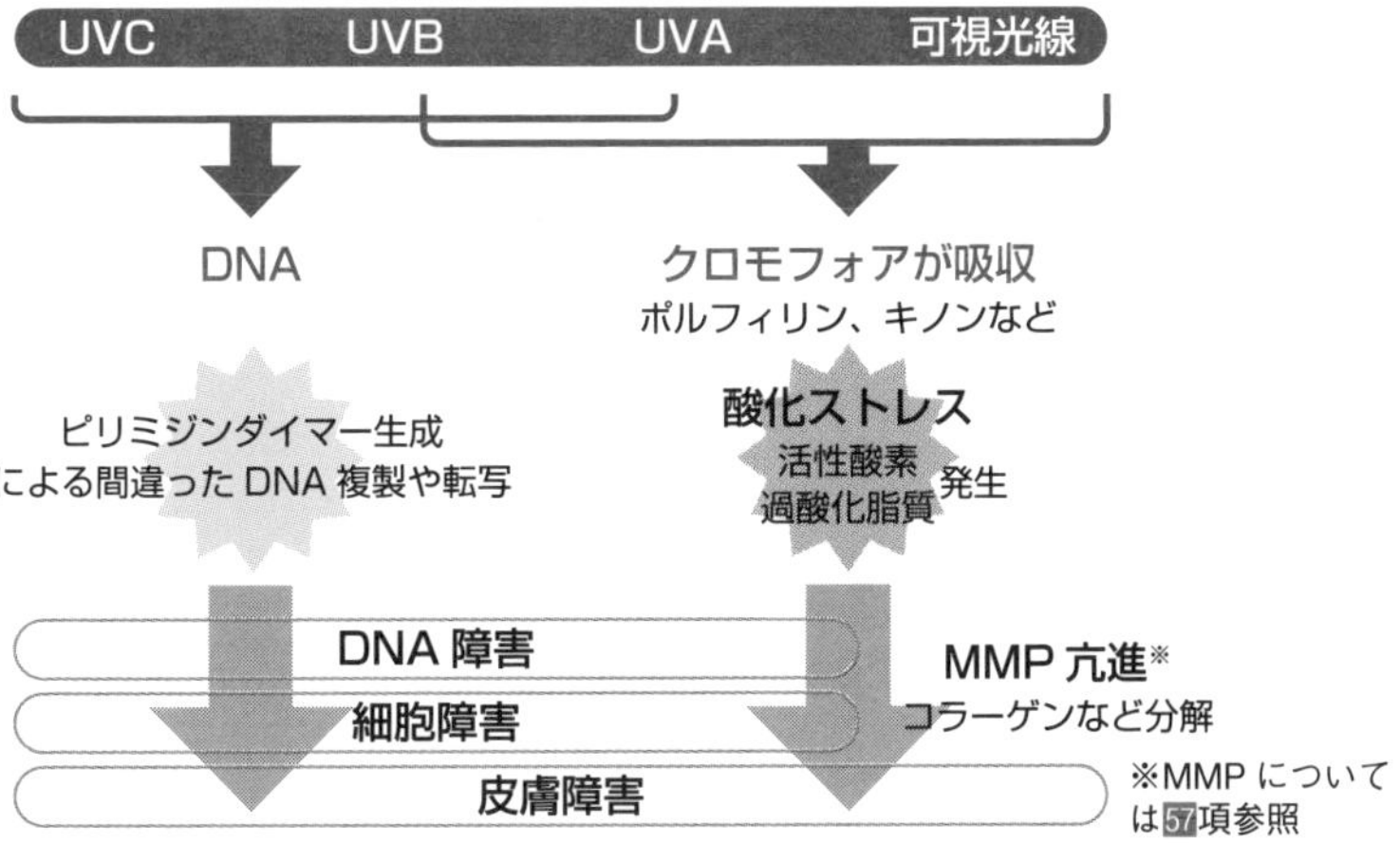

用語解説

ピリミジンダイマー：DNA 中で隣接するピリミジン塩基が紫外線で励起され共有結合して二量体化したもの。

11 お肌の老化はなぜ起こる

老徴、自然老化と光老化

鏡を見て「知らないうちに歳を取ってしまった」と感じることがありますが、周りの人は自分が判断するよりもっと歳を取っているように見ているといわれています。これは見る角度が違うからです。正面からだけではなく、斜め方向から見た顔を自覚するようにしましょう。

顔の絵にほうれい線を描き加えると10歳くらい年上に見えます。座った状態でほうれい線のある人でも、仰向けになると多くの人のほうれい線は消えるといいます。ほうれい線はシワではなくたるみだそうですが、そう聞いてもあまり好ましいとは思えません。両方とも気になりますね。

老化そのものについてはプログラム説として遺伝子プログラム説や老化時計説、非プログラム説では遺伝エラー説などがあります。また、精神的ストレス、栄養不足・運動不足・睡眠不足などの内因的な原因や外からの乾燥、紫外線などによって皮膚は老化していきます。

このような「個体」の老化を「皮膚」「細胞」「細胞内成分」といった階層で見ればどうでしょうか?

皮膚のキメは若い頃には極めて細かく、皮丘・皮溝の凹凸が明瞭ですが、加齢とともにキメが粗くなり、凹凸が浅く不鮮明になって、毛穴も大きくなります。シワが増えるのが最も顕著な特徴ですが、シミができ皮膚の水分も減少します。自然老化は皮膚の弾力性の低下などが特徴ですが、光老化は皮膚がゴワゴワになり深いシワができます。

このような皮膚の変化は細胞のテロメアの短縮、増殖能力の低下、ミトコンドリアの機能低下などに起因しています。細胞内成分でみればコラーゲンやヒアルロン酸の減少やエラスチンの変質、蛋白質の糖化などがあり、アンチエージングはそれらの対策を行うことになります。

要点BOX
- 老化については、遺伝子プログラム説や老化時計説、遺伝エラー説などがある
- 「個体」「皮膚」「細胞」「細胞内成分」の階層

老化の階層構造

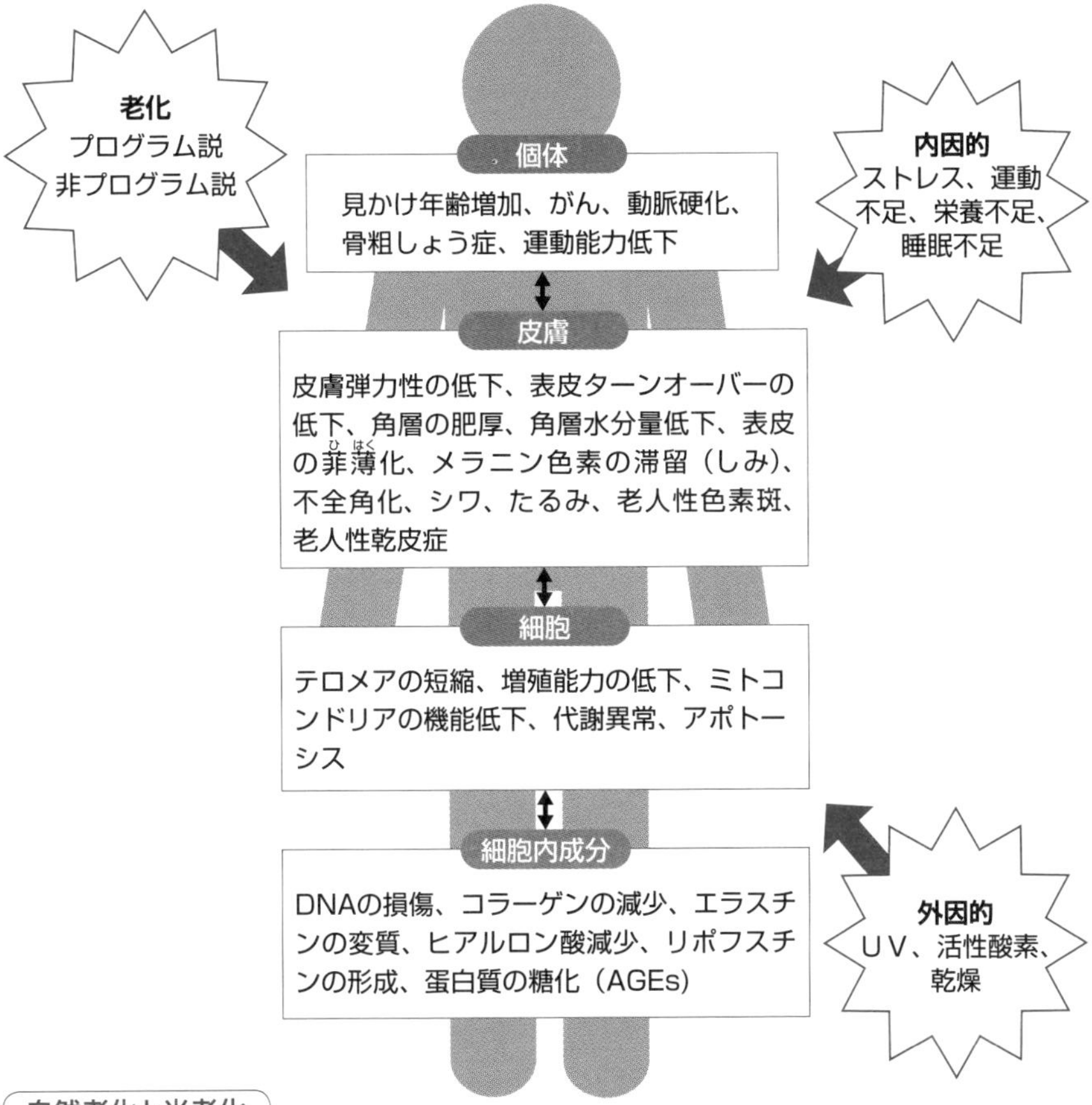

自然老化と光老化

	自然老化	光老化
外観	滑らか。弾力性（ハリ）の低下。	ゴワゴワ。シミ、シワ（しばしば深い）。
キメ	皮溝は浅く、皮丘は偏平で広がる。	著しく変形し、しばしば消失。
表皮	薄い。ケラチノサイトはほぼ均一で萎縮。メラノサイトが減少し、メラニン産生は不全。 ランゲルハンス細胞はわずかに減少。	厚い。ケラチノサイトは不均一で配列は乱れ異常角化がある。メラノサイトは増加し、メラニン産生は亢進 ランゲルハンス細胞は著しく減少。
真皮	エラスチンわずかに増加。 グリコサミノグリカンはわずかに減少。	エラスチン増加後塊状に変化。 コラーゲン線維束の減少。 グリコサミノグリカンは著しく増加。
炎症細胞	炎症像は見られない。	細静脈周囲に炎症細胞の浸潤。

12 アレルギーはなぜ起こる

アトピー性皮膚炎

世界アレルギー機構によれば、アレルギー疾患とは「過敏症のうち免疫反応が関係するもの」と定義されています。免疫とは「自分と自分以外のものを識別する機構」で、細菌やウイルスのような危険な異物が入ってきたときに撃退する仕組みです。

アレルギー反応は危険でない異物、例えば花粉やダニの糞、一部の食品（ソバ、卵など）に対して免疫システムが過剰な反応をしてしまうことです。アレルギーにはⅠ型、Ⅱ型、Ⅲ型、Ⅳ型の4つの型があります。

花粉症や喘息などはIgE抗体が関与するⅠ型アレルギーです。IgEはイムノ（免疫）グロブリンEという蛋白質で、消化管、気道、皮膚の細胞から分泌されます。抗原に結合してさらにマスト細胞などに結合し、アレルギーの元となるヒスタミンの分泌をもたらします。

花粉のような抗原（アレルゲン）に個体が最初に接触すると大量にIgEが産生され、マスト細胞の受容体に結合します。これを感作といいます。最初はそれだけですが、個体が次にアレルゲンと接触すると、マスト細胞上のIgEにアレルゲンが結合し、急速に大量のヒスタミンを放出します。その結果、血管の拡張（発赤）、血管の透過性上昇（浮腫、蕁麻疹）、気道閉塞（呼吸困難）などの炎症症状がでます。抗ヒスタミン薬などで治療を行わないと危険です。

最近多いのがアトピー性皮膚炎です。アトピー性皮膚炎は昔から子供の皮膚炎としてありましたが、大人になっても治らなかったり大人になってから初めて発症する成人型アトピー皮膚炎が増えているようです。アトピーは「少ない量のアレルゲンに反応してIgE抗体を分泌し、喘息、鼻結膜炎、湿疹などのアレルギー症状を発症しやすい個人的または家族性の体質」と定義されています。このように多くのアトピー性皮膚炎の人ではIgE抗体が著しく増加しますが、単純にⅠ型ではなくⅣ型も起こっているといいます。

要点BOX
- ●アレルギーは過敏症のうち免疫反応が関係するもの
- ●アレルギーには4つの型がある

アレルギーの型

型	機構	具体例
I 型（即時型）	アレルゲンに反応して IgE 抗体を産生。IgE 抗体はマスト（肥満）細胞の表面に結合しており、アレルゲンにさらされると、IgE とアレルゲンが結合し、マスト細胞が活性化されヒスタミン、ロイコトリエン、プロスタグランジンなどを放出する。	アトピー性皮膚炎 じんましん、喘息、 花粉症、 アナフィラキシー
II 型（細胞障害型）	細胞や組織に結合した抗原と抗体（IgG、IgM 抗体）が反応し、その結果マクロファージによる貪食や補体の活性化などにより組織・細胞が障害される反応。	自己免疫性溶結性貧血
III 型（免疫反応型）	血液中で抗原と抗体（IgG、IgM 抗体）が混ざり合って結合し、免疫複合体が形成され、補体を活性化して血管や近傍の細胞を障害する反応。	関節リウマチ 全身性エリテマトーデス
IV 型（遅延型）	抗原と結合した細胞・組織が T リンパ球によって障害される反応。	接触皮膚炎 アトピー性皮膚炎

I型アレルギーの各段階

感作の発現

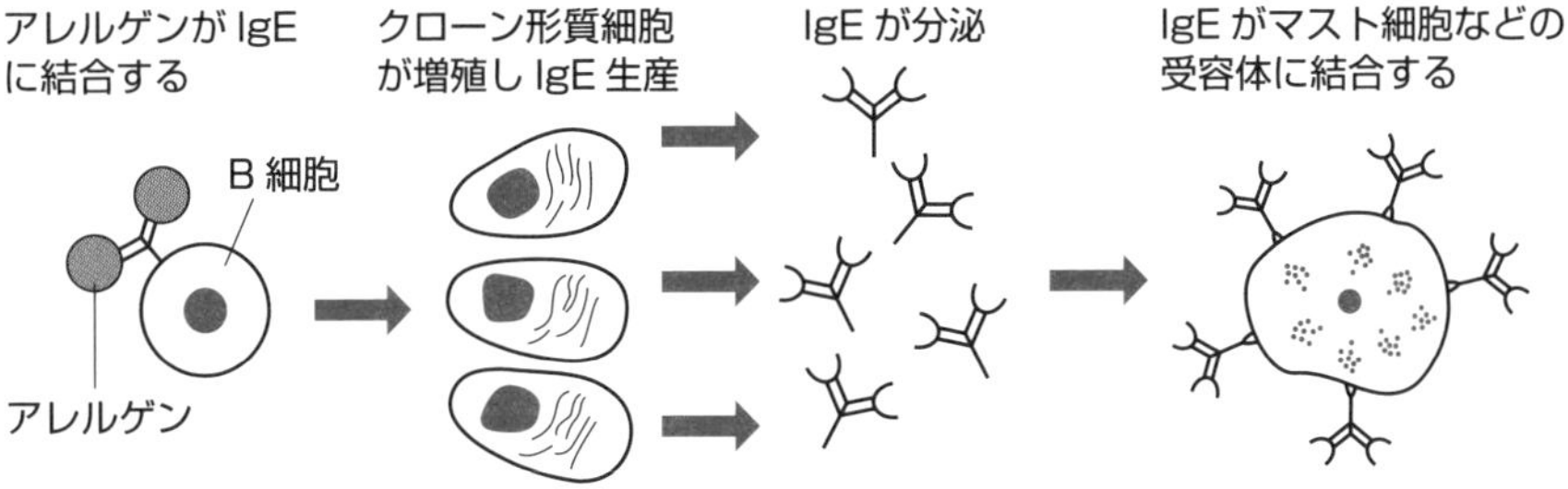

アレルギーの発現

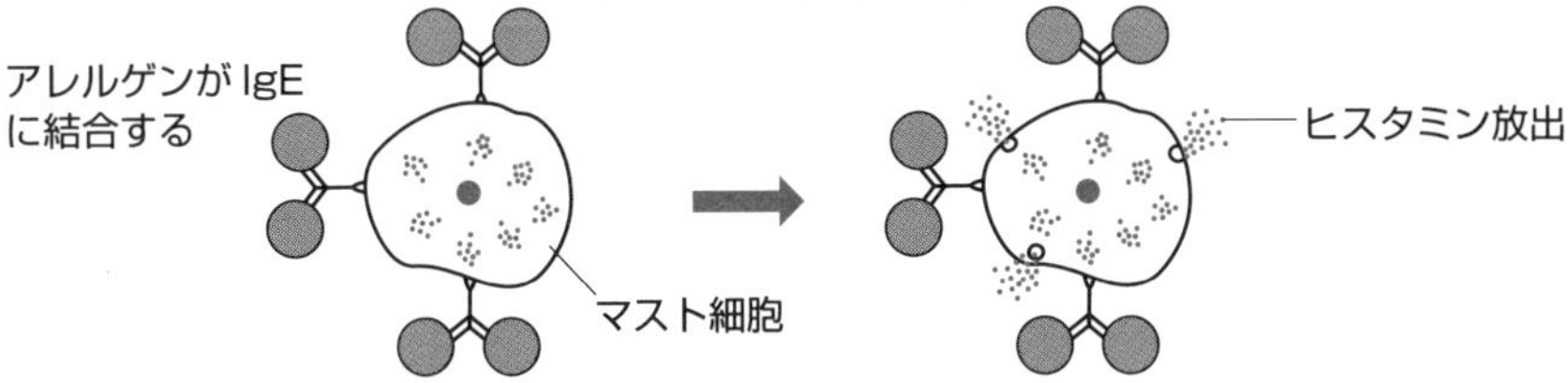

IgE：イムノ（免疫）グロブリン E
消化管、気道、皮膚の細胞から分泌される抗原に結合してさらにマスト細胞などに結合し、アレルギー反応を起こすヒスタミンの分泌をもたらす。

13 あなたの肌を調べてみよう

皮膚の保湿性の計測方法

最近はスマホで肌を写して、肌の水分量、皮脂量、毛穴の状態などを分析し、肌理（キメ）年齢などを知らせてくれるシステムがあります。その診断結果に合った製品なども知らせてくれます。皮膚の評価にはどのようなものがあるでしょうか。

皮膚を評価する方法には、皮膚を直接、非侵襲的に測定あるいは観察する方法と、角層などを採取しその中に含まれる物質を測定する方法とがあります。

皮膚表面をビデオマイクロスコープで50倍程度に拡大し、皮溝と皮丘からなるキメを観察する方法があります。保湿能の高い皮膚の表面は皮丘がふっくらとしていてキメが整然と整っており、表面に鱗屑《りんせつ》はありません。表面を拡大して鱗屑の大きさや付着する面積を測定することで肌状態を評価します。また、皮膚のレプリカを取り、転写された皮膚表面を解析することもなされています。

皮膚表面形態以外に保湿性の指標である角層水分量を測ります。角層の水分量の測定は通電性を利用して伝導度や電気容量を測定する方法と、水分子を直接測定する方法があります。伝導度は3・5MHz、電気容量は、平均1MHzの周波数の電流を通電して測定します。伝導度は表面に近い皮膚の水分量を反映し、電気容量はより深部に通電して角層や表皮の水分量を測定します。

直接水分子を測定する方法として赤外分光法（近赤外も含む）、核磁気共鳴画像法、共焦点レーザーラマン顕微鏡などがあります。

バリア機能を知る経皮水分蒸散量、皮膚のハリは粘弾性、皮膚内部構造の観測や皮膚増殖速度、皮膚の血流なども評価します。

粘着テープなどから採取した角層の遊離アミノ酸、乳酸、尿素などのNMFやセラミド、さらには炎症性サイトカインなどの測定を行うこともなされています。

要点BOX

- ●皮膚角層の保湿性の評価方法には、非侵襲的計測方法と、角層を採取して物質を測定する方法がある
- ●直接・間接的な水分測定は保湿性の鍵

皮膚の計測方法

測定項目	測定法
皮膚水分量	高周波電流法、赤外吸収スペクトル、共焦点ラマン分光法
経皮水分蒸散量	密閉型、開放型
皮膚色	(L*、a*、b*) 表色系、マンセル表色系 (H、V、C)、メラニン・ヘモグロビン定量
皮膚表面形態	レプリカ二次元画像処理、レプリカ三次元測定、in vivo 三次元測定
皮膚内部構造	超音波断層撮影、核磁気共鳴画像法、光干渉断層計 in vivo 共焦点顕微鏡、in vivo 第二高調波発生光顕微鏡 in vivo 多光子顕微鏡
皮膚粘弾性	歪－応力測定、機械インピーダンス、共鳴振動法
皮膚血流	レーザードップラー血流計、レーザースペックル血流計、光波コヒーレンス断層映像法
表皮増殖速度	角層ターンオーバー測定 (ダンシルクロライド法、角層細胞面積法) in vivo 蛍光スペクトル (トリプトファン)

皮膚の状態の評価項目

14 肌質って何だろう

皮脂量と保湿能で肌質を分類

肌質という言葉は肌の状態を示す美容用語です。皮膚の正常、異常というレベルではなく、健常人の範囲であってもさまざまな状態があります。

保湿能と皮脂量は肌質を知るのに重要で、前者は正常な角化による角層の保湿性の程度を、後者は皮脂の量で分類できます。

そしてこの2つの軸によって、①皮脂量は普通から少なめで保湿能の大きな普通肌、②皮脂量が少なく保湿能も少ない乾性肌、③皮脂量が多く保湿能も高い脂性肌、④皮脂量が多く保湿能が低い乾燥型脂性肌に分けて考えることが多くなっています。

角層の状態も重要です。正常な角化過程を経てできた角層細胞には核がありません。しかし、炎症などの原因で表皮の増殖が著しく高まったときには角化の速度も異常に早まって、核の残ったままの角層細胞が作られる場合があります。これを不全角化と呼んでいます。顔面では肌荒れ、頭皮ではふけ症の人に多く認められます。

もう1つ「コーニファイドエンベロープ」（CE）という構造があります。これは角層細胞を包む膜で、成熟すると蛋白質の膜に脂質が修飾され、細胞間脂質がラメラ層に配向することによってバリア機能が発現します。この膜が未熟だとバリア機能が低下することがわかっており、改善する化粧品も販売されています。CEの成熟度も不全角化の程度も、角層を取り組織染色をして顕微鏡観察をすればわかります。

アトピー患者でフィラグリン遺伝子の異変が見つかって、フィラグリンが遊離アミノ酸の供給源であることがわかりました。ケラチン線維から外れたフィラグリンは、カスパーゼやブレオマイシン水解酵素などの分解酵素によってアミノ酸に分解され、NMFとして働きます。

肌質を正確に把握することは正しいスキンケアをするうえで大切なことです。

要点BOX
- 正常な角化過程を経てできた角層細胞は核がない
- コーニファイドエンベロープは角層細胞を包む膜で、未成熟ではバリア機能低下

肌質分類の基本的概念

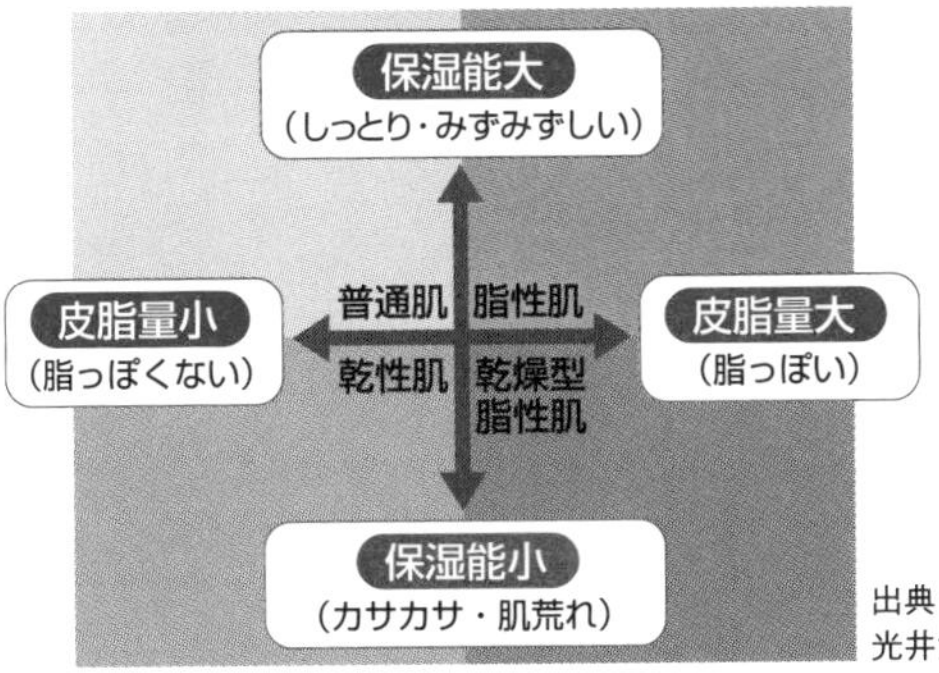

出典：「新化粧品学　第２版」
光井武夫編、南山堂、2001 年

正常な角層ができるまで

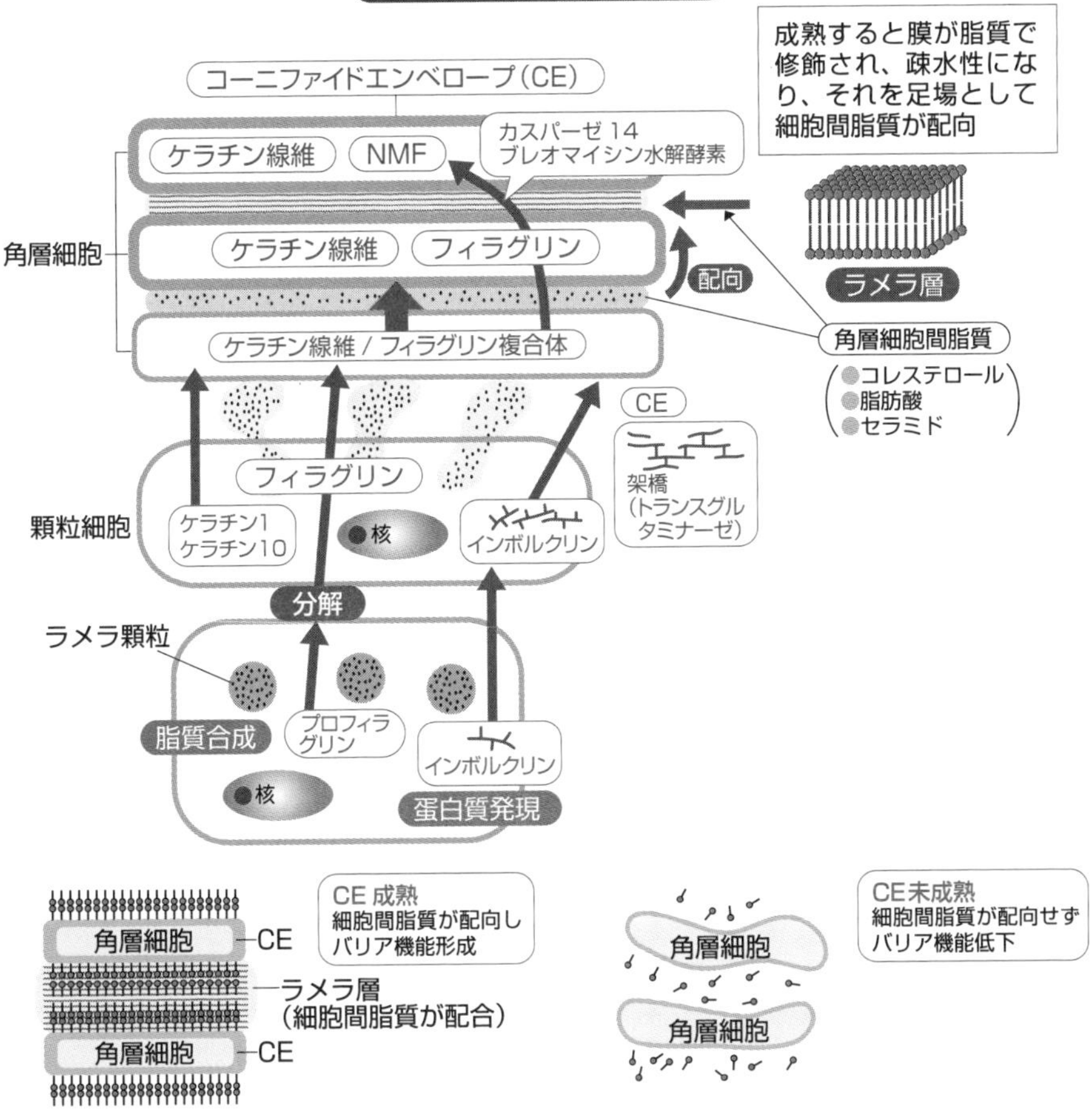

15 毛だって機能を持っている

毛には本来、保護・保温機能と感覚器としての機能があるといわれていますが、ヒトの場合でも頭髪は脳と頭蓋骨の保護、眉毛・睫《まつげ》毛は汗やほこりまたは日光から目を守り、鼻毛は粉塵や昆虫の侵入を防ぐ役目を果たしています。そして特に重要なことはその毛包に豊富な知覚神経の受容器を持ち、触覚に優れていることです。

よく大きさの比較で毛髪が例になりますが、日本人の毛髪の太さは80～150㎛で、断面の形は人種や部位によって円から偏平で、毛の形状も直毛、波状毛、縮毛の3種類に分かれます。

毛髪の仕組みをお話しします。表皮が真皮の方にくぼんで毛包を形成し、その上方には皮脂腺があります。ここで皮脂を分泌し、頭皮や毛髪にうるおいを与え、保護しています。毛包の中ほどには立毛筋があって、寒いときには自律的に収縮し、鳥肌を立てます。毛髪は表面に出ている毛幹と皮膚の中の毛根に分かれます。毛根の下の膨らんだ部分を毛球といい、毛球の中央部に球状にくぼんだ部分を毛乳頭といいます。毛乳頭には毛細血管や神経が入り込んでいて、栄養や酸素を取り入れ、毛髪の発生や成長をつかさどっています。毛乳頭に接したところに毛髪を作る毛母細胞と毛髪に色を与えるメラノサイトがあり、ここで毛髪が作られます。一方、毛幹は外側から中心に向かって毛小皮、毛皮質、毛髄質の3層に分かれます。毛小皮はキューティクルとも呼ばれ、ウロコ状に重なり内部を保護しています。無理なブラッシングや乱暴なシャンプーで傷ついたり、剥がれやすくなります。キューティクル表面には18-メチルエイコサン酸があり、毛髪を疎水性にし、摩擦を少なくして滑らかな感触にします。キューティクルケアにとって重要な成分です。毛髪は大部分がケラチン蛋白でペプチド結合やシスチンのジスルフィド結合、静電相互作用、水素結合などでその形状を保っています。

要点BOX
- ●毛には保護・保温と感覚器としての機能がある
- ●毛髪は表面に出ている毛幹と皮膚中の毛根に分かれる

毛髪の機能

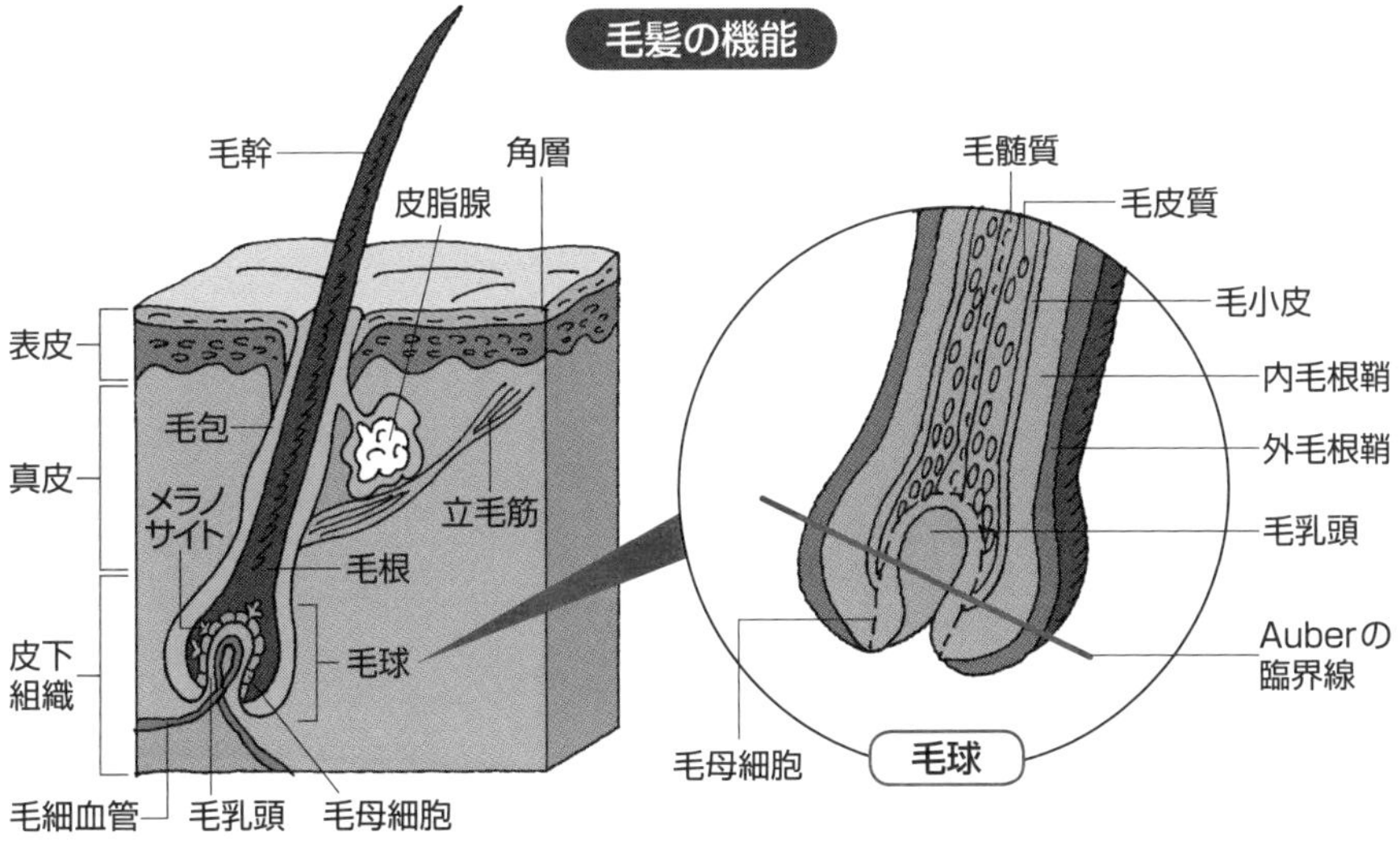

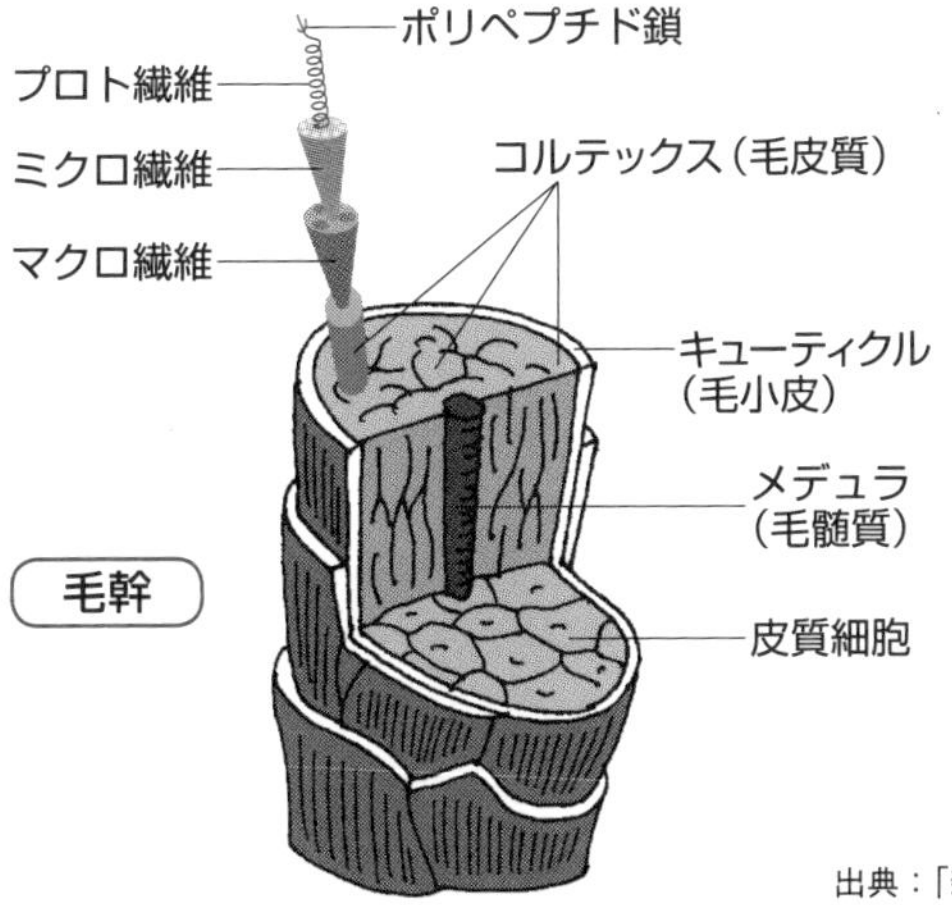

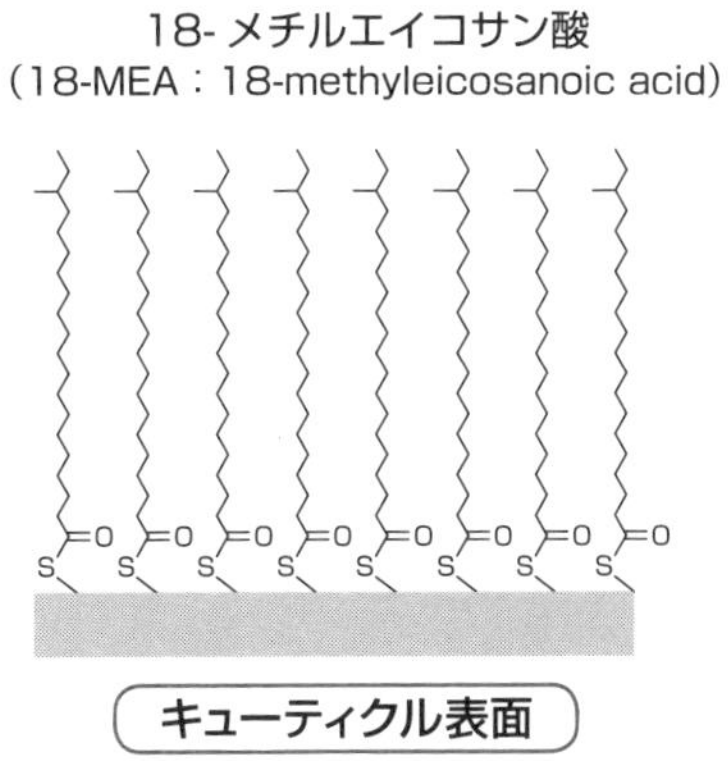

出典：「新化粧品学　第2版」光井武夫編、南山堂、2001年

	占有比（面積比）	性質	役割
キューティクル（毛小皮）	約 15%	硬い蛋白質 もろい 薬品に対して強い	内部を保護する つや、弾力性、色調を決める くし通り性に影響
コルテックス（毛皮質）	約 82%	柔らかい蛋白質 弾力性がある メラニンを含む 薬品に対して弱い	太さ、弾力性、色調を決める 毛髪の硬さ / 柔らかさに大きく寄与
メデュラ（毛髄質）	約 3%	多孔質蛋白質 細胞が 1 ～ 2 列配列	硬毛には存在するが軟毛には存在するとは限らない

16 毛の寿命

毛髪は一生伸び続けるわけではありません。1本1本の毛髪には独立した寿命があり、成長、脱毛、新生を繰り返しています。これをヘアサイクル（毛周期）と呼び、成長期、退行期、休止期に分けられます。ヒトの毛周期は3～7年と長く、成長期が90％を占めるので一般成人では薄毛にならないとされています。成長期は毛乳頭が大きく、毛母細胞が活発に働いて毛髪が伸びていきます。このとき、毛球が皮下組織まで達しています。退行期にはまず毛球でメラニンが産生されなくなります。そして毛母で細胞増殖が減少し、停止してしまいます。その後、立毛筋開始部の下まで毛根は収縮し休止期に入ります。休止期には将来、毛髪の再生の種となる毛芽が活発に分裂し、毛母細胞に分化します。そして次の新しい毛髪が生まれ、この新毛に押し上げられて自然に脱落するのが抜け毛です。新毛を作るときに、メラノサイトでメラニン合成ができない場合は白髪になります。

「男だけが禿るのは本当か?」とよく聞かれますが、男性型脱毛症、いわゆる若禿が男性に多いことはあると思われます。男性ホルモンであるテストステロンは、毛包で5α-レダクターゼによって、より活性の高いジヒドロテストステロン（DHT）に変換され、毛髪の成長期を短くし軟毛化を促進します。一方、髭では成長期を延長するので髭は濃くなります。

男性型脱毛症以外にも円形脱毛症があります。一般に「ストレスによって10円玉くらいの禿ができる」と思う方が多いかもしれません。単発から重症のものまでありますが、重症のものは「臓器特異的自己免疫疾患」であることがわかってきています。アトピー性皮膚炎との併発も多いと聞きます。それ以外にも、ふけの異常発生や細菌などによる頭皮の刺激、栄養不足、薬物による副作用など毛髪を薄くする要因は多く、男だけしか禿ないわけではないようです。

要点BOX
- ヘアサイクル（毛周期）とは髪の成長、脱毛、新生の繰り返し
- DHTが毛髪の成長期を短くし、軟毛化を促進

毛髪の発生・種類・ヘアサイクル

ヘアサイクル

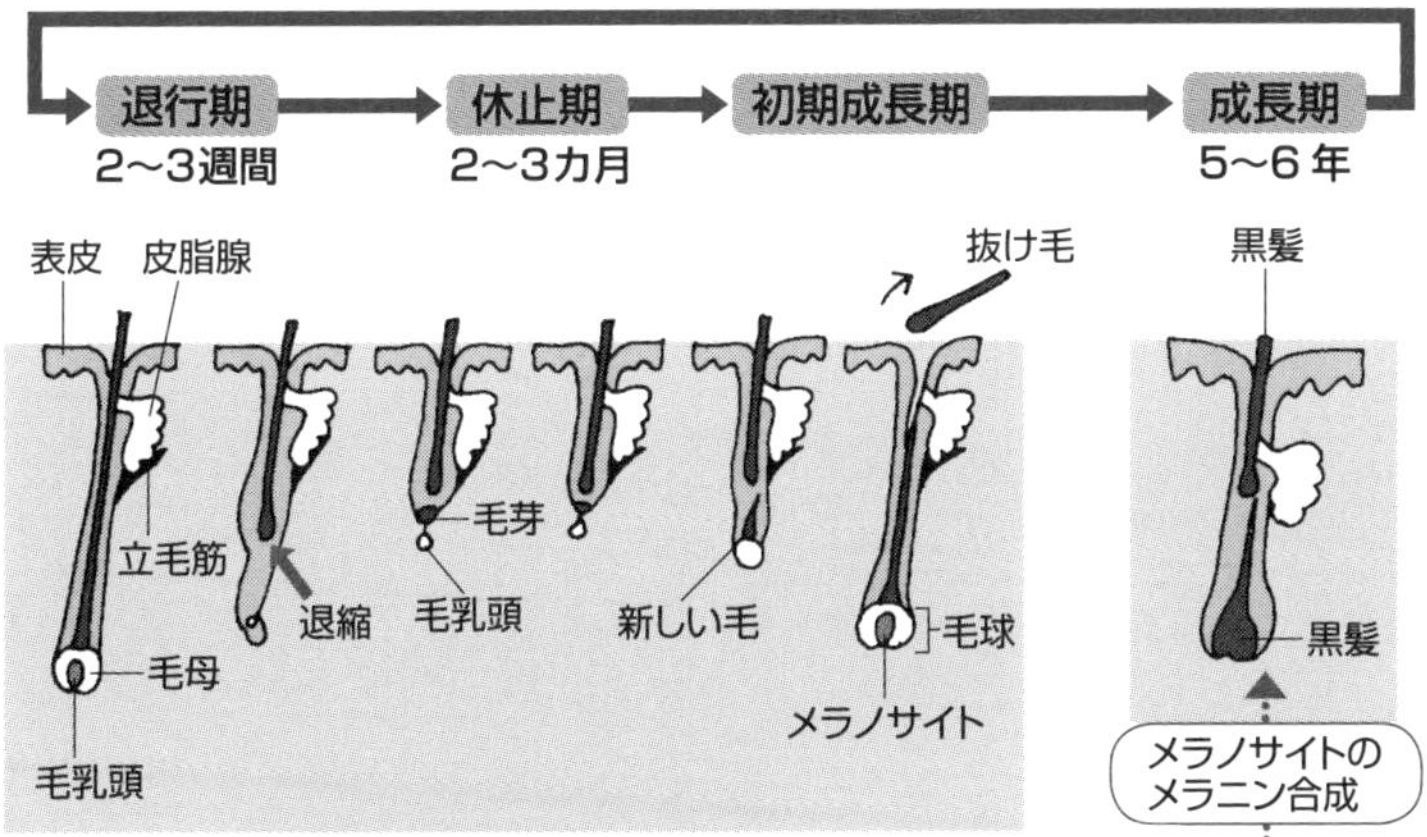

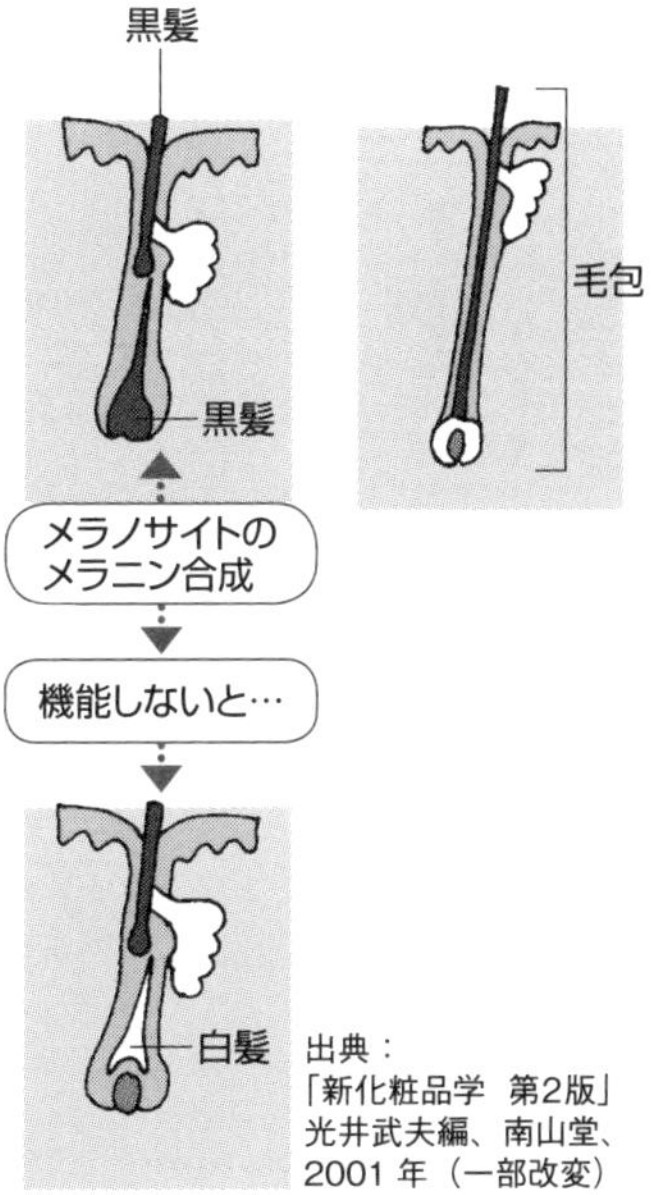

出典：
「新化粧品学　第2版」
光井武夫編、南山堂、
2001 年（一部改変）

男性型脱毛症の例

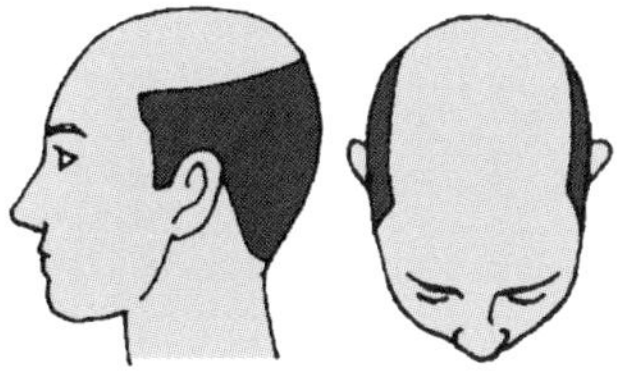

テストステロン
（男性ホルモン）
↓ 5α-リダクターゼ
ジヒドロテストステロン
（DHT）
↓
男性型脱毛症
（成長期短縮）

男性型脱毛以外の脱毛

脱毛の種類	症状	原因
円形脱毛症	円形の脱毛が 1 〜 2 カ所に起きるものから数十カ所のものや蛇行して抜けるものまである。	臓器特異的自己免疫疾患。
薬剤による脱毛	抗癌剤などの薬剤によって脱毛する。成長期に障害を与えるものと休止期の割合を増やすものの 2 種がある。	薬剤の副作用。成長期脱毛：抗癌剤、休止期脱毛：降圧剤、高脂血剤などの一部。
皮膚疾患による脱毛	皮脂腺が発達している部位の炎症により髪が細くなったり鱗のようなふけが出る。	脂漏性皮膚炎（皮膚にすむ真菌が皮脂を分解？）。
ホルモン分泌異常による脱毛	甲状腺ホルモンの異常によってつやが失われ細くなるばかりでなく脱毛する。	甲状腺ホルモンの低下によりヘアサイクルの休止期の髪が増加する。
その他	代謝の異常で亜鉛や鉄分が不足した場合。過激なダイエット。梅毒、ハンセン病、喫煙などで脱毛する場合がある。	

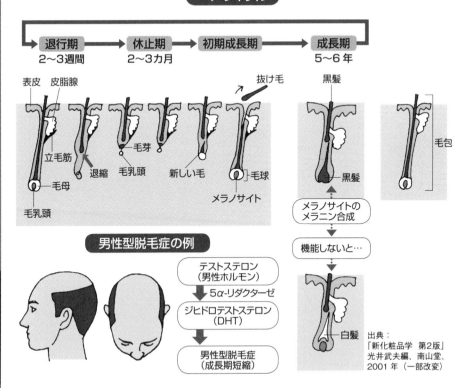

17 注目の的・幹細胞

分裂能力のある分化していない細胞

幹細胞とは分裂能力のある、分化していない細胞で、必要に応じて多くの異なる種類の細胞を産み出すことのできる細胞です。幹細胞には主に胚性幹細胞（ES細胞）、iPS細胞、成体幹細胞があります。

成体幹細胞は身体の組織に存在し、ある程度の多分化能を持ち、発生過程や細胞死、損傷組織の再生において新しい細胞を供給する役割を持ちます。哺乳類では皮膚、腸管上皮、血球系などの頻繁に細胞補充を必要とする組織に見出されます。

皮膚においては2001年が特筆すべき年で、表皮、真皮、脂肪組織に幹細胞が存在することが別々に報告されました。表皮幹細胞は表皮基底層に存在して新しいケラチノサイトを産み出します。老化した表皮ではターンオーバーが遅くなり、表皮が薄くなるのは表皮幹細胞の機能低下が考えられ、その機能維持のため抗酸化剤などが用いられています。その他に毛包のバルジ領域に存在する毛包幹細胞があり、こちらは毛の成長に関与します。

真皮幹細胞は真皮の線維芽細胞を産み出します。肌の「たるみ」「ハリのなさ」「深いシワ」は真皮のコラーゲンやエラスチンおよびヒアルロン酸などの減少にあります。これらの真皮の成分を作るのが線維芽細胞なので、真皮幹細胞が重要なことがわかります。

加齢によって失われる真皮の幹細胞が、高齢者であっても皮脂腺の周囲には十分に存在していることがわかりました。これを活用することで真皮の若返りに繋がることが期待されます。この真皮幹細胞は血管のまわりでのみ安定に存在でき、そのためには成長因子（PDGF）が必要です。

皮下脂肪組織にも間葉系幹細胞が見つかっており、これは骨や筋肉、脂肪細胞へ分化できることがわかっています。美容で行う脂肪吸引で取れた脂肪組織部分からこの幹細胞を取り出すことができるので、再生医療に使うことができると期待されています。

要点BOX

- ●幹細胞にはiPS細胞、ES細胞、成体幹細胞がある
- ●皮膚にも多くの種類の幹細胞が存在する

幹細胞の種類とはたらき

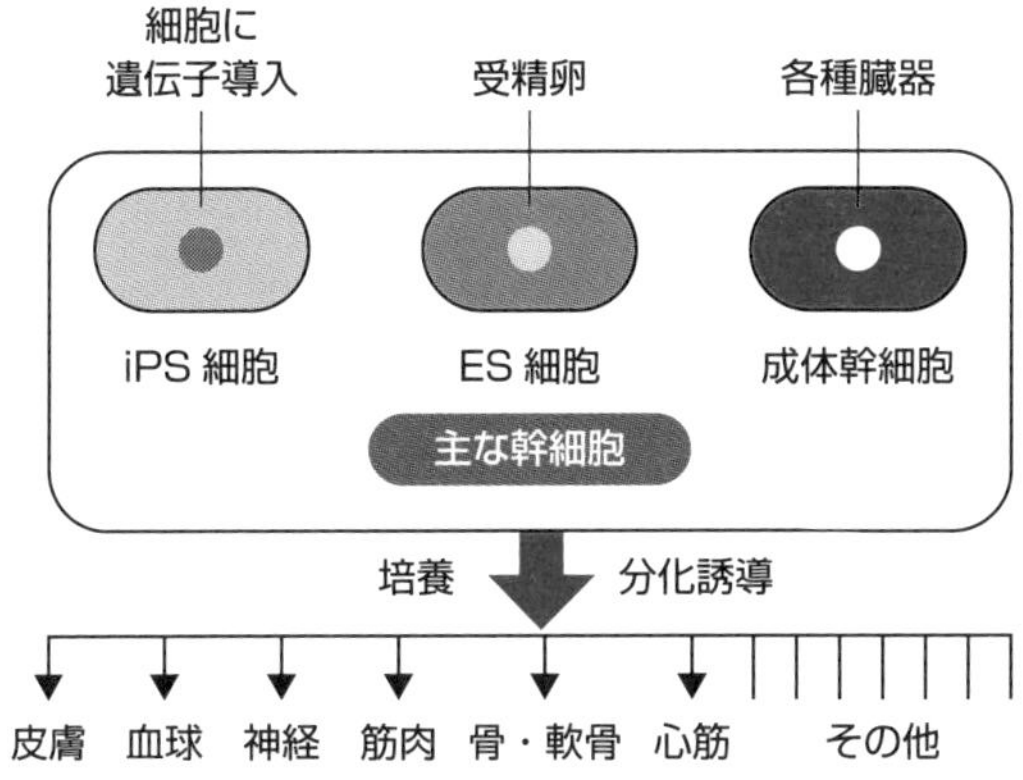

皮膚に存在する幹細胞

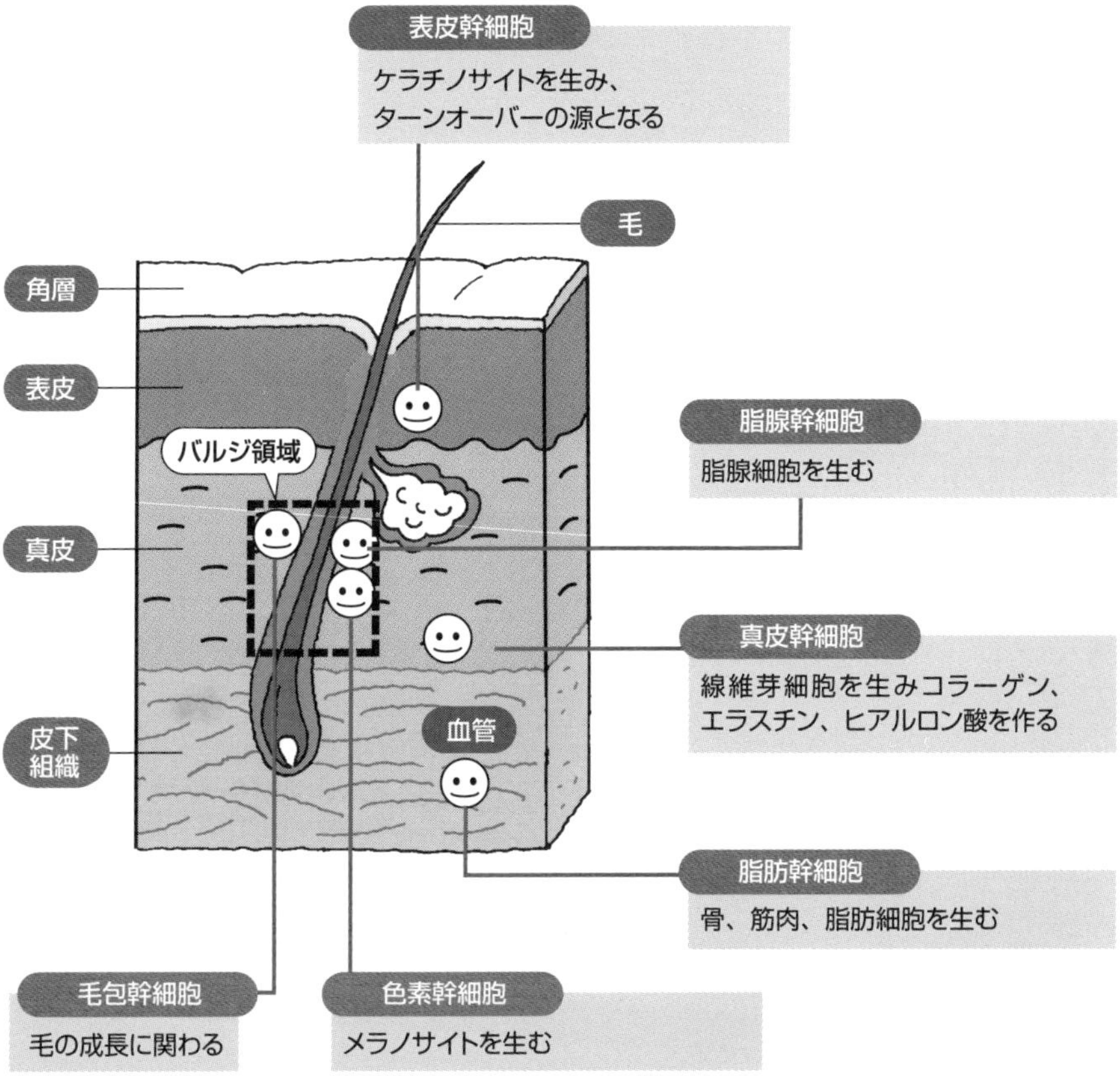

18 触ってわかる仕組み

触覚受容器

化粧品で重要な触覚は、特殊な受容器を持たず、体の末梢に散在する無数の受容器から脳に伝わります。また、皮膚感覚には触覚以外に圧覚、痛覚、温度感覚なども含まれます。

皮膚の表皮や真皮、皮下組織にはカプセルのような構造を持った触覚受容器があり、ほとんどの触覚情報を捉えています。また、触れたときに同時に感じる表面の暖かさや痛みなどは、神経の末端部がそのまま露出して終わっている自由神経終末で知覚しています。カプセルのような構造を持つ受容器には、接触したもののわずかな盛り上がりの検出に優れるマイスナー小体、材質や形を検出するメルケル触盤、振動数の高い刺激に感度が良いパチニ小体、局所的な圧迫などに反応するルフィニ終末などがあります。

毛のある皮膚では圧覚と低周波領域の振動を受容する触覚盤や毛が曲がるのを感知する毛包受容器などがあります。無毛部では触れた対象がどのような性質を持つのかを探るのに優れ、有毛部では接触した自分の皮膚感覚を捉えるのが得意です。温度感覚についてお話しましょう。温度感受性TRPV1チャネルは1997年に単離されました。カプサイシン、酸、熱という侵害刺激を受容します。TRPV1が活性化する43℃は生体に痛みを引き起こす閾値です。カプサイシンが入っている唐辛子を食べると「Hot!」と感じるのは偶然ではないようです。さらにTRPV1は血管拡張、血流増加、腸管運動促進などの生理的な作用も確認されています。その後、さまざまな温度感受性TRPチャネルが発見されています。より低温の18℃で活性化するTRPM8は清涼感を感じるメントールで活性化します。

皮膚の受容器で捉えた刺激は、電気信号として脳に伝わります。その脳への伝導路には痛覚や痒みなど生存に直接かかわる原始感覚系と、皮膚の触覚や圧覚など環境を探り識別する識別感覚系があります。

要点BOX
- 皮膚感覚には触覚、圧覚、痛覚、温度感覚などがある
- 温度感受性TRPチャネル

皮膚感覚の受容

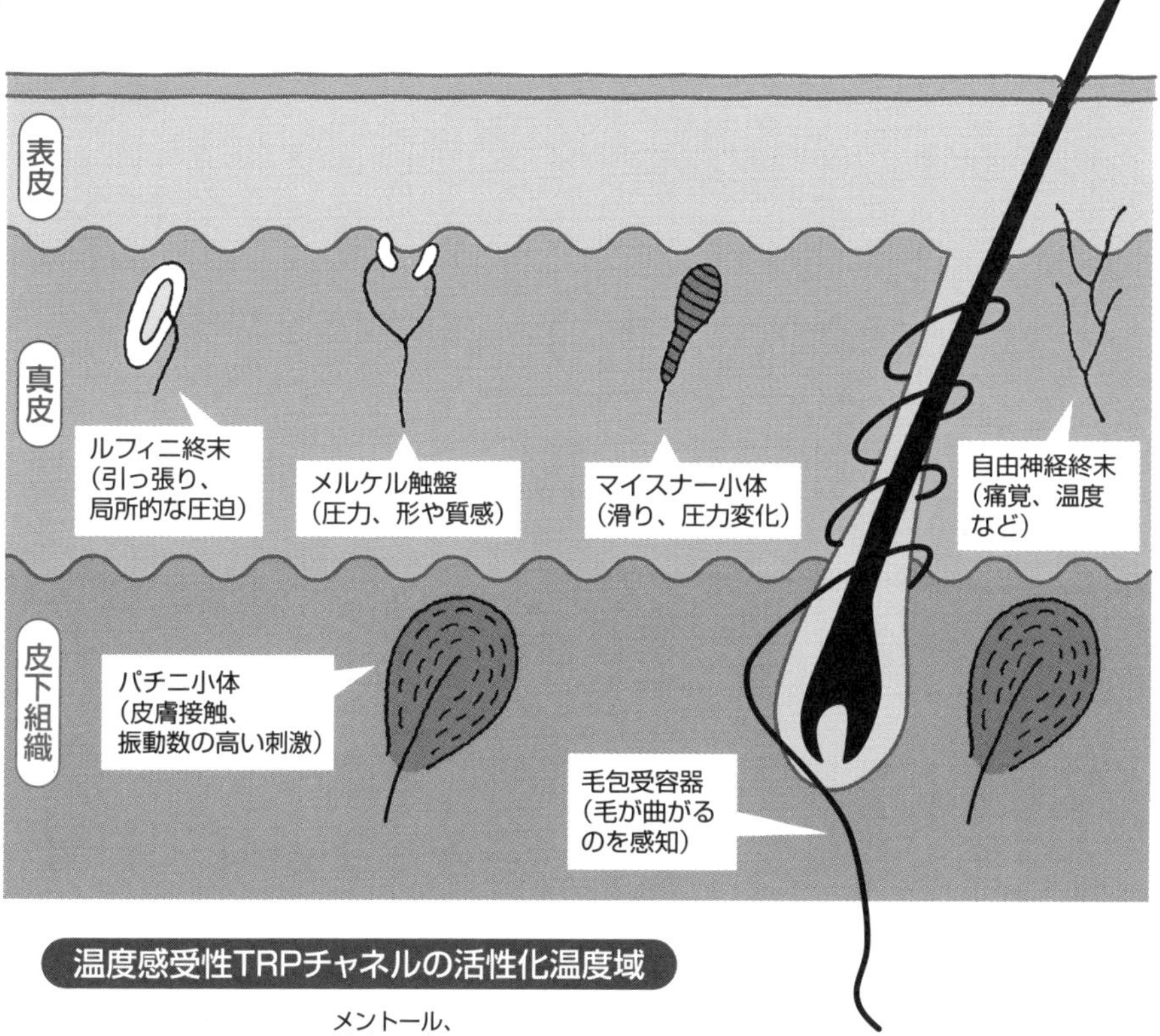

温度感受性TRPチャネルの活性化温度域

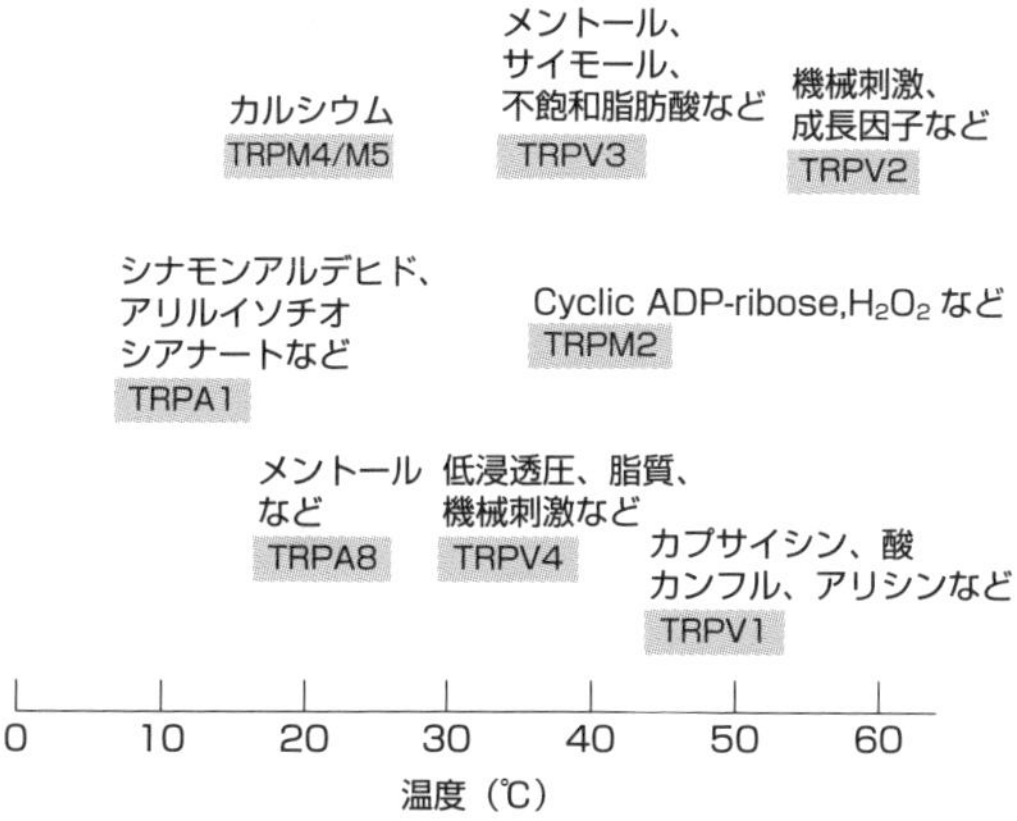

アリシン：ニンニクの辛味成分
アリルイソチオシアナート：ワサビの辛味成分
シナモンアルデヒド：シナモンの辛味成分
サイモール：タイムの主成分

※すべての TRP チャネルが皮膚にあるわけではありません

温度受容体TRPV1の模式図

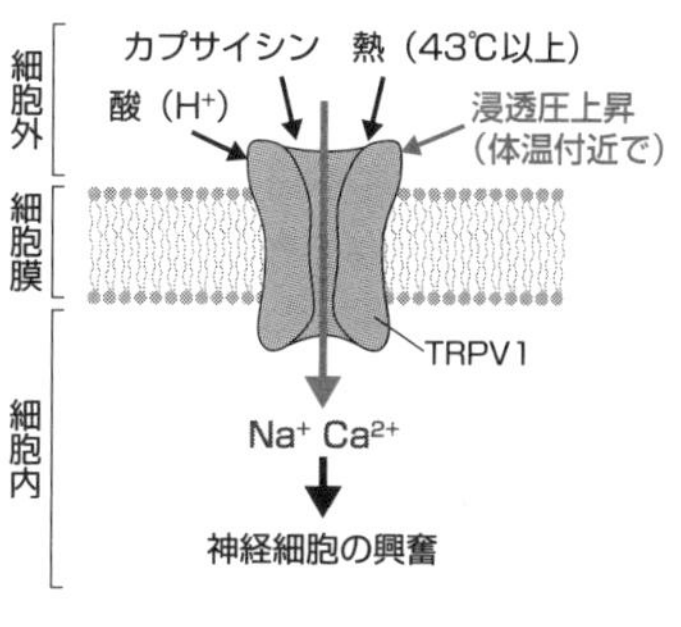

19 匂いがわかる仕組み

匂いをどうして感じることができるのでしょうか?

匂いの本体は揮発性の分子です。揮発性がなければ空気と一緒に鼻腔内に入ることができません。鼻腔内に届いた匂い分子は、天井部にある嗅粘膜に接触します。嗅粘膜は嗅粘液に覆われているので、匂い分子は嗅粘液に溶け込むことが必要です。こうして溶け込んだ匂い分子は匂いをキャッチする嗅細胞に接触します。嗅粘膜には500万個の嗅細胞があるといわれています。

嗅細胞は神経細胞で、核を持つ細胞体から1本のデンドライトと1本の神経軸索を伸ばしています。デンドライトの先端は、嗅組織から突出して少し膨らんだ形をしています。この部分は嗅小胞と呼ばれます。その先には運動性の繊毛《せんもう》が10本ほど派生していて、この繊毛が匂いを受け取るところです。この繊毛の膜は細胞膜と同じく脂質二重膜でできており、そこに蛋白質が浮かんでいます。この蛋白質が匂いを捕まえて生体の信号に変える働きをするのです。これを受容体といい、ヒトの匂い分子受容体は約350種類あることがゲノムからわかっています。

匂い分子が匂い分子の受容体にぴったりはまると、その情報は酵素に伝えられ、イオンチャネルが開いてカルシウムイオンとナトリウムイオンが入り込みます。匂いがなくて嗅細胞が興奮していないときは、細胞内が細胞外に対してマイナスの電位（マイナス70mV）になっています。そこにプラスのイオンが入ると電位がプラス側に変化し活動電位を発生させます。つまり、匂い情報を電気信号に変えたことになります。さて、嗅細胞は、すべて1本ずつだけの軸索突起を嗅覚の専用の脳である嗅球に進入させています。そして嗅球から大脳の一次嗅覚領、前頭葉、視床下部、大脳辺縁系に伝わっていくのです。嗅覚が他の感覚と比べて認識より情動に働きかけるのは大脳辺縁系に入るからといわれています。

要点BOX

- 分子が揮発性で嗅粘液に溶けることが必要
- 繊毛の蛋白質が匂いを捕まえて、生体信号に変える

嗅覚の機構

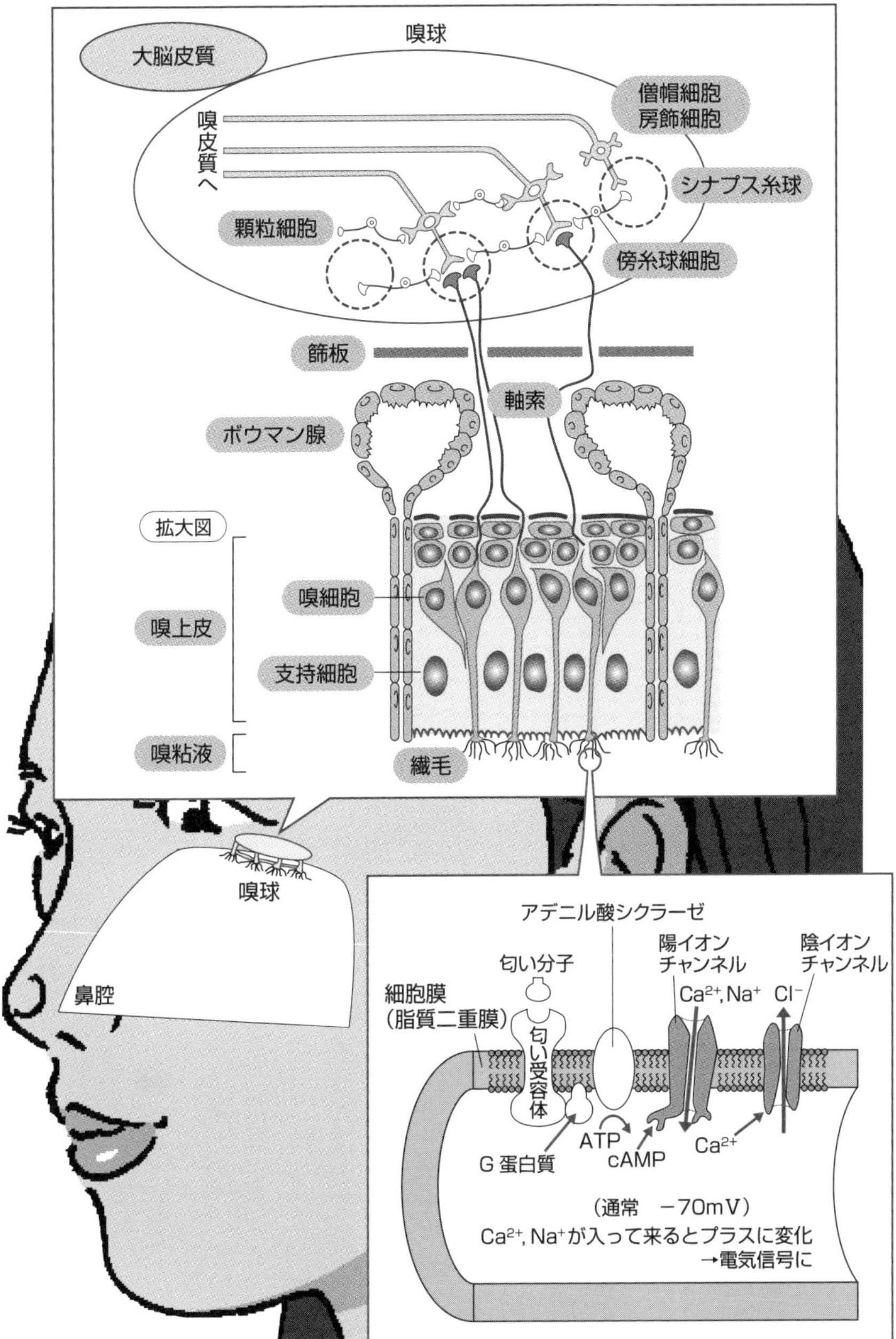

出典：「嗅覚生理学」倉橋隆、フレグランスジャーナル社、2004 年（一部改変）

20 見える仕組み

光の情報を電気信号に変える

五感の中で一番情報量が多いといわれているのが視覚です。視覚とは光の情報を脳に伝える感覚です。

月明かりではほとんどのものが白か黒の不鮮明な輪郭だけですが、明るい所では色彩が鮮やかで詳細までよく見えます。これは私たちの網膜に、夜用の桿体細胞系《かんたいさいぼうけい》と昼用の錐体細胞系という別々の視覚情報系があるからといわれています。

光が眼球に入り込むと角膜、水晶体、硝子体などを通り抜け網膜に達します。そして網膜の中で光エネルギーを神経信号（電気信号）に変え、その信号が視神経を介して脳に伝わります。眼の仕組みをカメラにたとえると、まぶたはレンズキャップ兼シャッター、角膜はフィルター、虹彩は絞り、水晶体は凸レンズ、硝子体はレンズからフィルム室の間、網膜はフィルムに対応します。中央付近の錐体細胞はカラーフィルム、周辺の桿体細胞は高感度の白黒フィルムになります。

桿体細胞の先端には、円柱形をした「外節」と呼ばれる部分があり、そこにはロドプシンという蛋白質が含まれていて、光が当たると変形します。外節の膜は嗅覚の場合と同じくイオンチャネルがあり、暗いところではイオンチャネルを通して常にプラスイオンが細胞内に入り、電流が一定に保たれています。このとき桿体細胞のシナプスでは、次につながるニューロンの活動を抑える神経伝達物質が放出されています。ここに光が来ると、ロドプシンの形が変わり、今まで開いていたイオンチャネルが閉じ、一定に保たれていた電流に変化が生まれてシナプスから神経伝達物質の放出が減ります。すると次につながっているニューロンの活動が起きてまた電流を生み出すのです。

こうして光が網膜に入ったことを電気信号で脳に知らせるのです。錐体細胞には「オプシン」という蛋白質があり、同じ仕組みで青、赤、緑を区別することができます。

要点BOX
- ●視覚情報系には昼用と夜用の細胞系がある
- ●光が当たると変形するロドプシンという蛋白質が、電流の変化を生む

目の構造と光の伝達

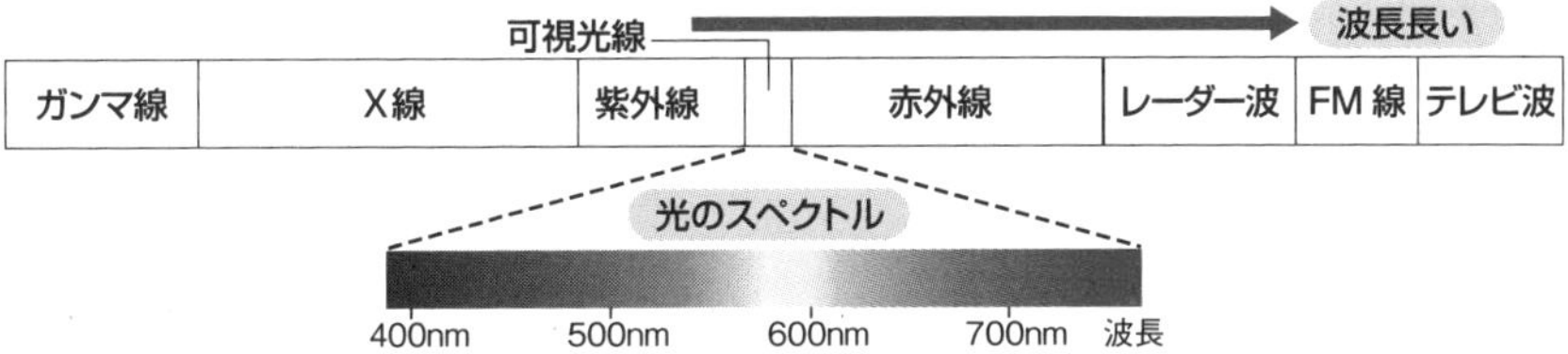

ヒトの4つの視物質の吸収スペクトル

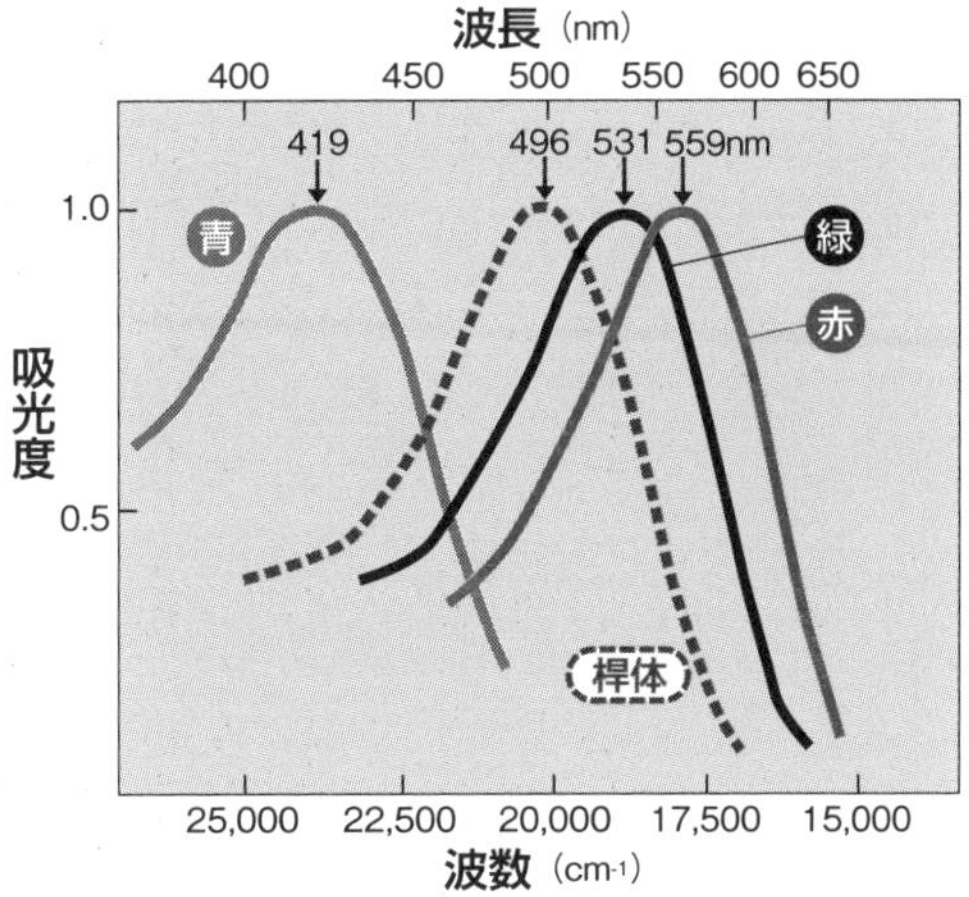

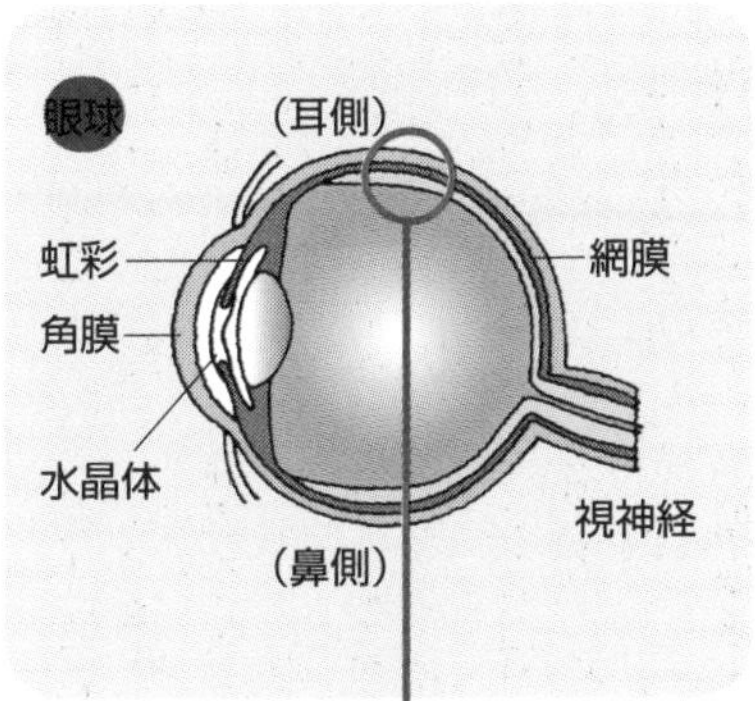

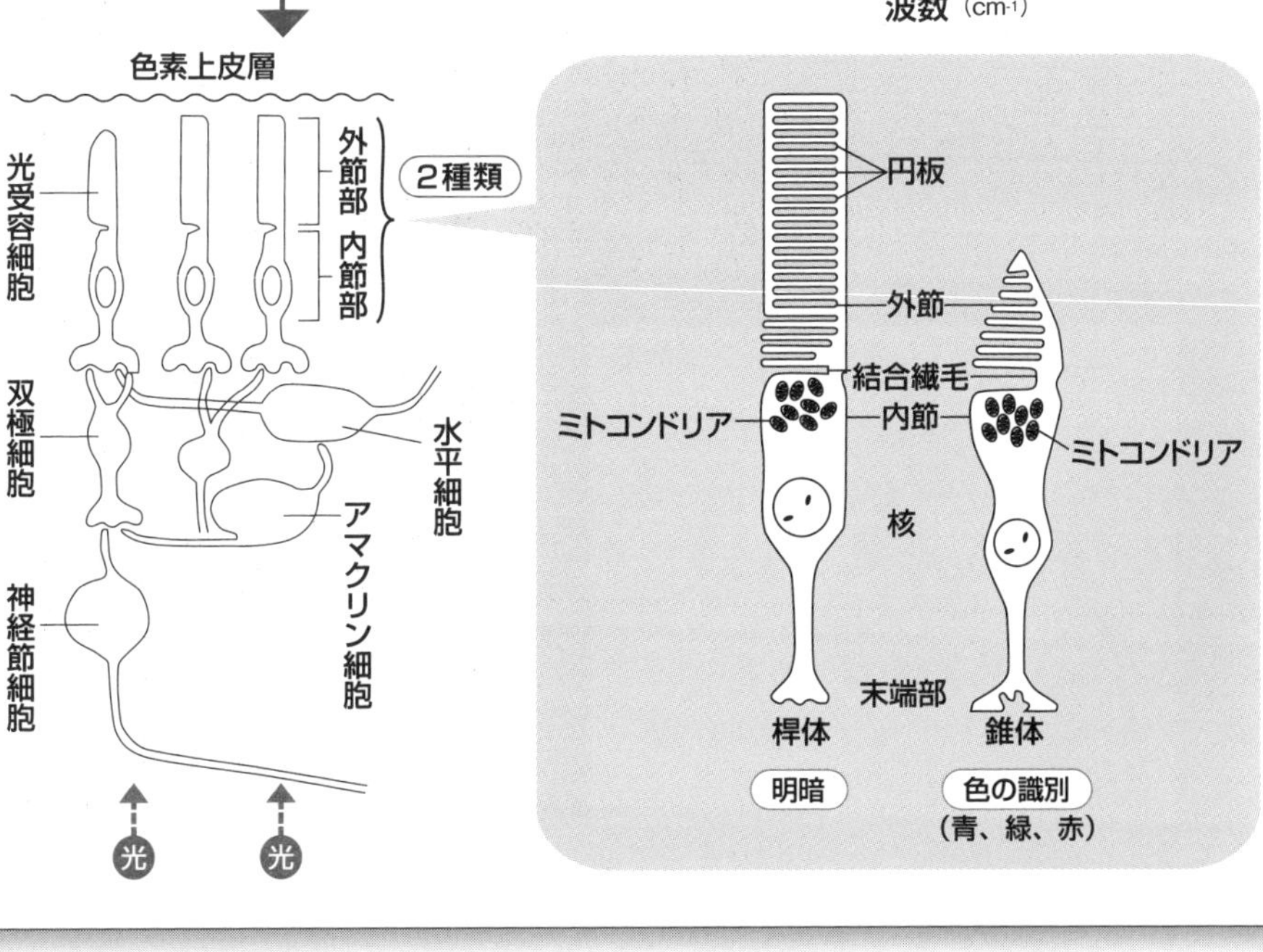

Column

心臓に毛が生えている?

「あの人の心臓には毛が生えている!」とは、厚かましいまたは度量のある人に使う言葉です。あなたはいわれたことがあるでしょうか? 毛の生えた心臓というのはあまり見たことがありませんが、心臓を作っている細胞には繊毛があるといいます。この繊毛による液体の流れによって体が形成され、私たちの左側に心臓があるのはそのためだともいわれています。古くから細胞には繊毛があり、細胞が自分のいる化学物質の濃度の環境を知って繊毛を使って好みの方向に移動したのだと思います。

繊毛の内部には2本の細い管を9本の管が円筒状に囲んだ奇妙な構造があり、これを9+2構造と呼んでいます。不思議なことにこの構造はヒトでもゾウリムシでも同じということです。繊毛の働きは水流を作ることにあって、例えばヒトでは脳髄液の流れを作っており、神経細胞の新生とも関連があるようです。

さて、細胞はそもそも脂質2分子膜でできた細胞膜で仕切られていて、水を少しは通しますがイオンは通しません。このため細胞の中と外でイオン濃度に差が生じます。この差を知ることは自分の環境を把握するために大変重要です。また、細胞はイオンチャネルというイオンが通過する小孔を持っています。これは膜蛋白質でできていて、刺激に応じて開閉しイオンを通過させます。

繊毛は外部環境を知るための視覚や嗅覚にも関係しています。嗅覚では匂いの受容体は繊毛膜上にあり、運動性はありませんが部分的に9+2構造を持っています。匂い物質が受容体に結合するとG蛋白質を介してイオンチャネルが開き、膜電位が上昇して電気信号が脳に伝わります。視覚では桿体の外節と内節は結合繊毛という9+0型繊毛でつながっています。繊毛の主要な機能は情報伝達経路に関与する複数の蛋白質を狭い空間に集めて効率の良い情報処理ができることです。生物が大昔に効率の良い方法を作ったのには驚かされます。

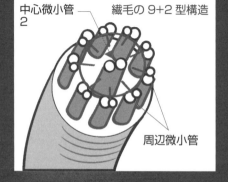

第3章

化粧品は何でできている?

21 化粧品の原料はどんなもの?

化粧品を構成している物質

化粧品を構成している主なものは、水、アルコールや保湿剤のような水性原料、油やロウのような油性原料、界面活性剤、色材、粉体、高分子化合物、薬剤、香料、安定化原料（紫外線吸収剤、酸化防止剤、防《ぼう》腐《ふ》防《ぼう》黴《ばい》剤《ざい》）、溶剤などです。

水、これは生体の基本となる物質です。皮膚でも最も重要で、皮膚の水分調節のためにスキンケアがあるといってもよいくらいです。皮膚には保湿機構がありますが、これを補助するために保湿剤や油性原料が使われます。

界面活性剤は洗浄に加えて可溶化、乳化、分散という重要な働きをしています。界面活性剤の使い方で基剤の機能が大きく変わるので、昔から化粧品研究の本流でした。

色材・粉体もファンデーションや口紅などのメーキャップには欠かすことができません。昔は白で肌の色むらを隠すという考えが主流でしたが、最近では絵の具のような色の使い方ではなく、干渉色などを使って透明感を持った色の補正を行っています。

高分子化合物は増粘剤として使われるばかりではなく、パックのような皮膜形成に欠かせないものです。

薬剤は肌荒れ改善、美白、にきび改善、収斂、制汗などの肌への効果および育毛などの毛髪への効果のあるものを配合しています。

香料は製品に心地良い香りを与え、さらに心理・生理効果はストレス緩和などに使われているのです。

紫外線から肌を守る紫外線防止剤は、化粧品の中味を紫外線から守ることにも使われています。中味によっては酸化や微生物に弱いものがあり、酸化防止剤や防腐防黴剤が使われることもあります。

これらの原料は皮膚や毛髪に常用されるので、①使用目的に応じた機能に優れている、②安全性が優れている、③酸化安定性などの安定性に優れている、④匂いが少ないなどの条件が必要となります。

要点BOX

- 化粧品を構成している主なものは、水、アルコール、水性原料、油性原料、界面活性剤、色材・粉体、高分子化合物、薬剤、香料、安定化原料、溶剤など

化粧品の原料

香料
賦香、マスキング、香りの生理・心理効果

生体関連
アミノ酸、ペプチド、ビタミン、植物抽出液

薬剤
美白剤、肌荒れ改善剤、にきび用剤、育毛剤、収斂剤、抗シワ剤、制汗剤

安定化原料
紫外線防止剤、酸化防止剤、防腐防黴剤、金属イオン封鎖剤

化粧品の原料
肌・髪への効果
基剤　安定化

油性原料
使用性、光沢、肌・髪の柔軟、成型剤

色材・粉体
彩り、カバー効果、皮脂吸着、使用性

保湿剤（水性原料）
肌・髪の水分保持、肌のキメを整える

精製水
水分補給、うるおいを与える

高分子化合物
増粘、皮膜形成、整髪、保湿

界面活性剤
洗浄、可溶化、乳化、分散、泡

化粧品に使われている原料の効用

心地良い香り アロマコロジー
香料

毛髪の働きを助ける
育毛剤

髪を美しく彩り スタイリングする
染料、高分子、パーマ剤

肌の働きを助ける
にきび用薬剤、収斂剤

美しく、魅力的に彩る
色材

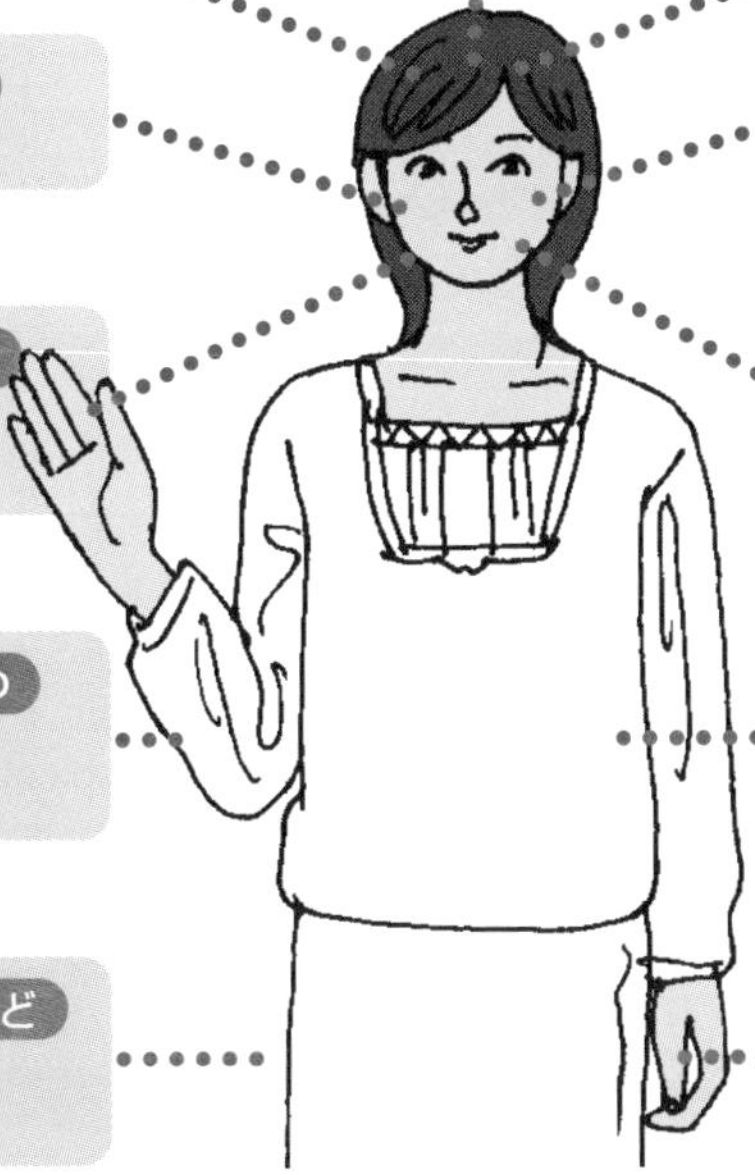

肌を健やかに整える
肌荒れ改善剤、保湿剤、油性原料

アンチエージング効果
美白剤、抗シワ剤、酸化防止剤

肌や髪を清潔に保つ
界面活性剤、油性原料

不快な体臭を防止する
制汗剤、粉体、抗菌剤、香料

使い心地、使用感など
粉体、増粘剤

外的刺激から肌を守る
紫外線吸収剤、酸化防止剤、防腐防黴剤

22 水の優れた特性

水素結合の力

地球上には約14億㎦の水が存在します。この中のほとんどは海水で、淡水は2・5%以下、しかも極地の氷を除くと1%以下になります。地球上の水は海を中心に蒸発し、雨や雪となって地表に戻ってきます。このように短期的に循環するため、有限資源ですが無限と考えられてきました。水は酸素原子1個のL殻の電子6個と水素原子2個のそれぞれのK殻の電子1個とが共有しH_2O分子を形成しています。水分子は酸素原子と水素原子とが直線的な共有結合ではないため、水分子内の酸素側は若干負電荷を帯び、水素側は若干正電荷を帯び極性を持っています。水は電気をよく通すと思われていますが、純水は極めて電気を通しにくい物質です。

物質には気体、液体、固体の三態がありますが、水は地球上で水蒸気、水、氷の三態をとって存在できる極めて珍しい物質です。水は分子量が18です。この分子量では融点はマイナス100℃、沸点はマイナス80℃が妥当ですが、実際は0℃と100℃と大幅に違っています。これは水の分子間の相互作用(水素結合)が密接に関与していて、会合体(クラスター)を形成していると考えると説明がつきます。4℃で、密度が一番大きくなり、冬でも池の底まで凍らないことが生命にとても有利でした。

水は、極めて多くの物質を溶解させることのできる優れた溶媒です。「似たもの同士はよく溶ける」と昔からいいますが、水は極性分子なので極性物質をよく溶かします。水と溶質との相互作用を水和と呼びますが、イオンや生体高分子の水和は生体反応に重要な役割を果たしています。このため、水を上手に使うことは化粧品でも非常に重要です。

また、昔から「飲むと健康体になる不思議な水」が伝えられており、新しく人工的な活性水の製造法が検討されていますが、科学的な実証データが十分ではないようです。

要点BOX
- ●水は地球上で水蒸気、水、氷の三態をとる極めて珍しい物質
- ●水は多くの物質を溶解させる優れた溶媒

水の循環

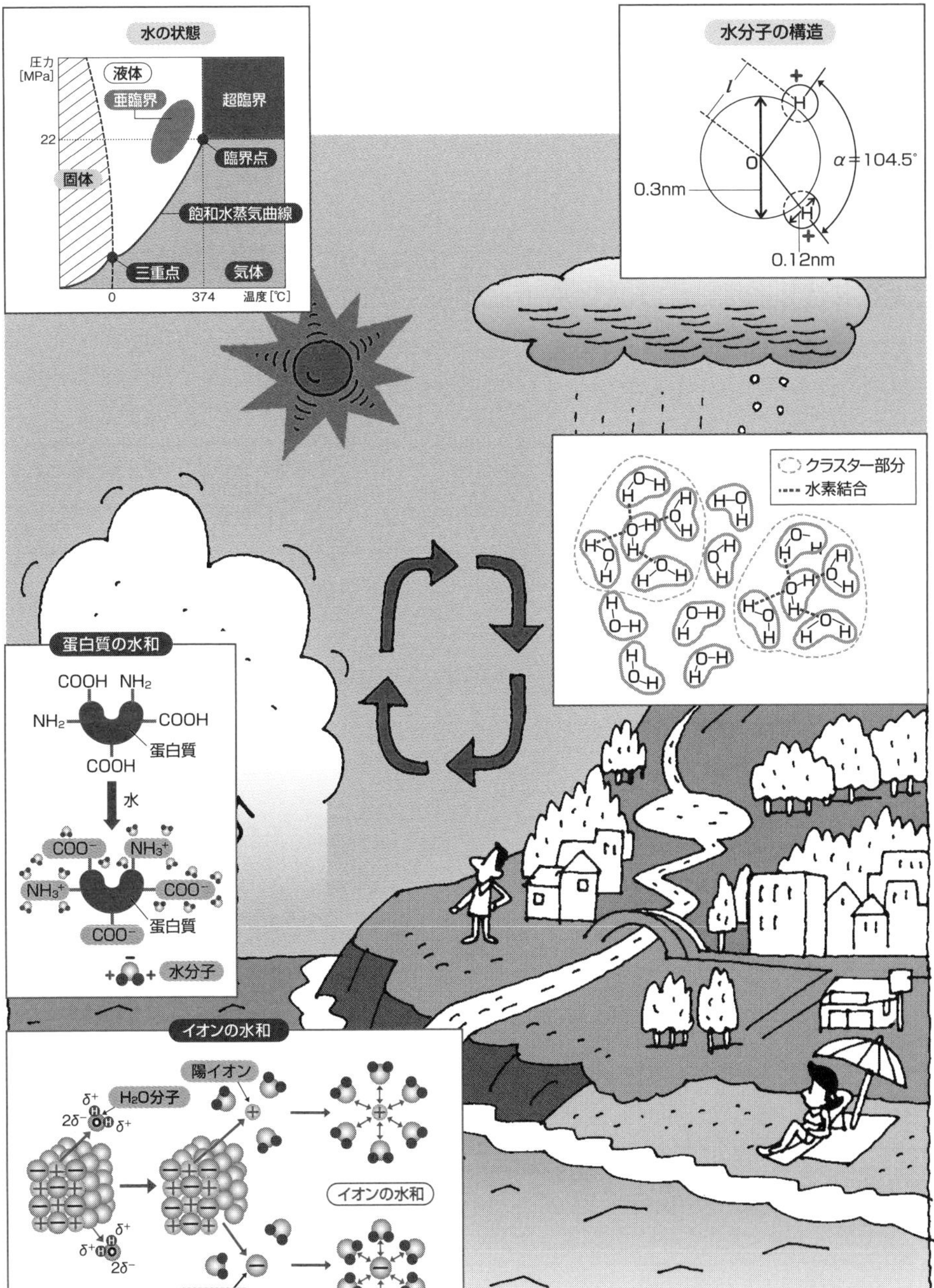
水の状態
圧力[MPa]
液体
亜臨界
超臨界
22
臨界点
固体
飽和水蒸気曲線
三重点
気体
0
374
温度[℃]
水分子の構造
+
l
H
O
α＝104.5°
0.3nm
0.12nm
クラスター部分
水素結合
蛋白質の水和
COOH NH2
NH2
COOH
蛋白質
COOH
水
COO⁻ NH3⁺
NH3⁺
COO⁻
蛋白質
COO⁻
水分子
イオンの水和
陽イオン
H2O分子
δ+
2δ−
δ+
δ+
δ+
2δ−
イオンの水和
陰イオン

23 化粧品とコロイド科学

さまざまな物質が混じり合った状態

化粧品の構成成分はわかりましたが、これらの成分はどのように混ざり合っているのでしょうか。化粧品の中味には乳液やネールエナメルのような液状、ヘアスプレーのようなエアゾール、シェービングフォームのような泡状、ポマードのようなゲル状など多くの状態があります。見た目は随分違って見えますが、溶け合ったものの中に溶け合わないものが混じり合った状態ということができます。これを分散系と呼びますが、このような状態やその変化を研究するのがコロイド科学や界面科学です。

分散系は一様に連続した媒質中に粒子が散らばって存在する系です。媒質は分散媒、粒子は分散相と呼ばれています。分散媒は気相、液相、固相があり、分散相も3つの相があります。エマルションは水と油、すなわち液相の中に液相粒子が存在するものですし、泡は液相の中に気相粒子が存在するものです。

粒子径が異なれば性質も異なります。分散粒子の大きさが1㎚(ナノメートル)程度のものは分子分散系、分散粒子が1㎛(マイクロメートル)を大きく超えて不均一になったものは粗大分散系、その中間の大きさの分散粒子はコロイド分散系と呼ばれています。

コロイド分散系には大きく2種類あります。1つは高分子溶液のような分子コロイドや比較的小さな分子やイオンの会合体である会合コロイドといった熱力学的に安定で混ぜるだけで自然に生成する系です。化粧水は会合コロイドになります。

もう1つは分散コロイドで熱力学的に不安定な系で、時間が経つにつれて分離してしまいます。乳液は水が油、または油が水に分散したエマルション、カーマインローションは水に粉が分散したサスペンションです。ファンデーションではエマルションの水相や油相に粉体が分散しているものもあり、より複雑になっています。これらの混ざり合わない「水と油」を混ぜるのが界面活性剤です。

要点BOX

- ●化粧品の中味には、液状、エアゾール、泡状、ゲル状など多くの状態がある
- ●界面活性剤が水と油を混ぜる役目をする

分散系の化粧品

		分散媒		
		気相	液相	固相
分散相	気相	なし	(泡) ヘアムース、シェービングフォーム 	(キセロゲル) スポンジ、発泡スチロール、シリカゲル 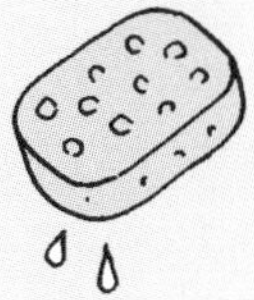
	液相	(エアゾール) ヘアスプレー 	(エマルション) 乳液、クリーム、化粧水 	(ゲル) ポマード、寒天、コンニャク 
	固相	(エアゾール) パウダースプレー 	(サスペンション) カーマインローション、ネールエナメル (顔料入り) 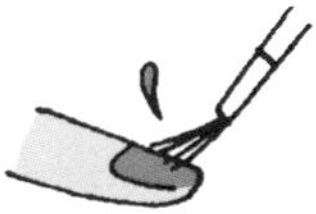	(固体コロイド) 色ガラス 

コロイド粒子の大きさ

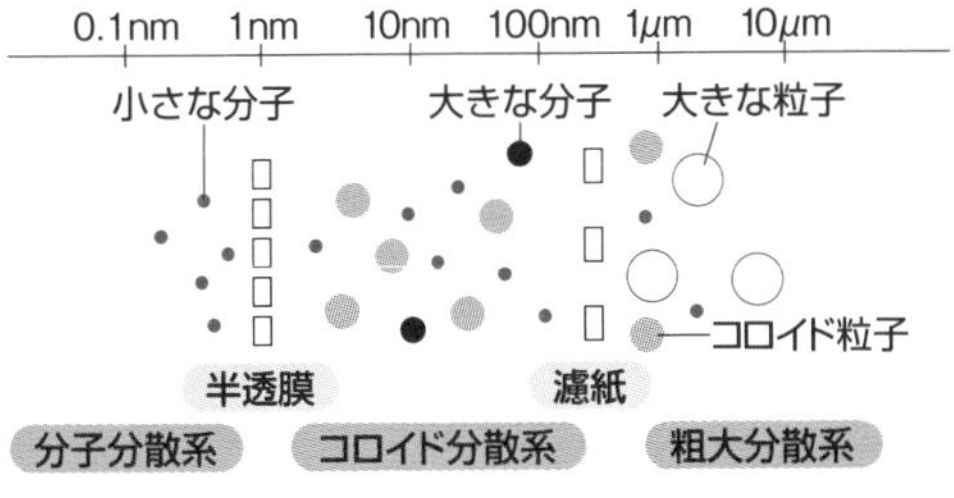

分子分散系
透明でチンダル現象を起こさない。半透膜を通過する

コロイド分散系
チンダル現象を示す。濾紙は通るが半透膜は通過しない。ブラウン運動をする

粗大分散系
大きな粒子は濾紙を通過しない。濁る

コロイドの種類

分子コロイド
高分子物質がそれ自体コロイド領域の大きさを持つ。
でんぷん、蛋白質の水溶液

会合コロイド
両親媒性物質が数十個以上集まって塊を形成したもの。界面活性剤

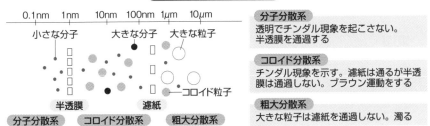

分散コロイド
熱力学的に不安定な系や固体が分散したもの

24 界面を上手く作る物質

界面活性剤の種類と機能

界面活性剤という言葉を知っている人は多いと思います。界面に吸着して、界面張力を著しく低下させる物質です。乳化剤、可溶化剤、湿潤剤、洗浄剤と呼ばれることもあり、なかなかの役者です。

界面活性剤の特徴は水になじみやすい部分(親水基)と、油になじみやすい部分(親油基または疎水基)の両方を持っていることです。水とも油とも仲良しなので水と油の仲立ちをします。界面活性剤を水に溶解した場合、親水基がイオン(アニオン性、カチオン性、両性)に解離するものと解離しないもの(非イオン)に分類されます。

アニオン界面活性剤は親水性の部分が陰イオンに解離するもので、カルボン酸型、スルホン酸型などがあります。いわゆる石鹸もアニオン界面活性剤です。カチオン界面活性剤は陽イオンに解離するもので、石鹸と逆で逆性石鹸ともいいます。消毒のために使ったことがあるかもしれません。毛髪に吸着して柔軟効果や帯電防止効果を示すのでヘアリンスに用いられています。

両性界面活性剤は条件によって陰イオンと陽イオンに解離する基を有する活性剤です。

非イオン界面活性剤は水酸基やポリオキシエチレン鎖を親水基としたものです。

親水基・親油基バランス(HLB)という値があり、溶解度、濡れ、浸透力、乳化力、可溶化力などの目安になります。親水性が高いほどHLBが高く、可溶化剤、洗浄剤、水中油型乳化剤などに用いられ、低いものは消泡剤、油中水型乳化剤などに適しています。界面活性剤の濃度が高くなると界面活性剤の分子がいくつか集合し、会合体を形成します。この会合体をミセルといい、それを形成するのに必要な濃度を最小ミセル濃度(cmc)といいます。水の系ではミセルは界面活性剤の親油基を内側にして親油基と水との接触を減らし安定化します。

要点BOX

- 界面活性剤は親水基と親油基を持ち、親水基によってイオン型と非イオン型に分類
- 界面活性剤の分子が集合した会合体をミセルという

界面活性剤の濃度と物理性質の変化

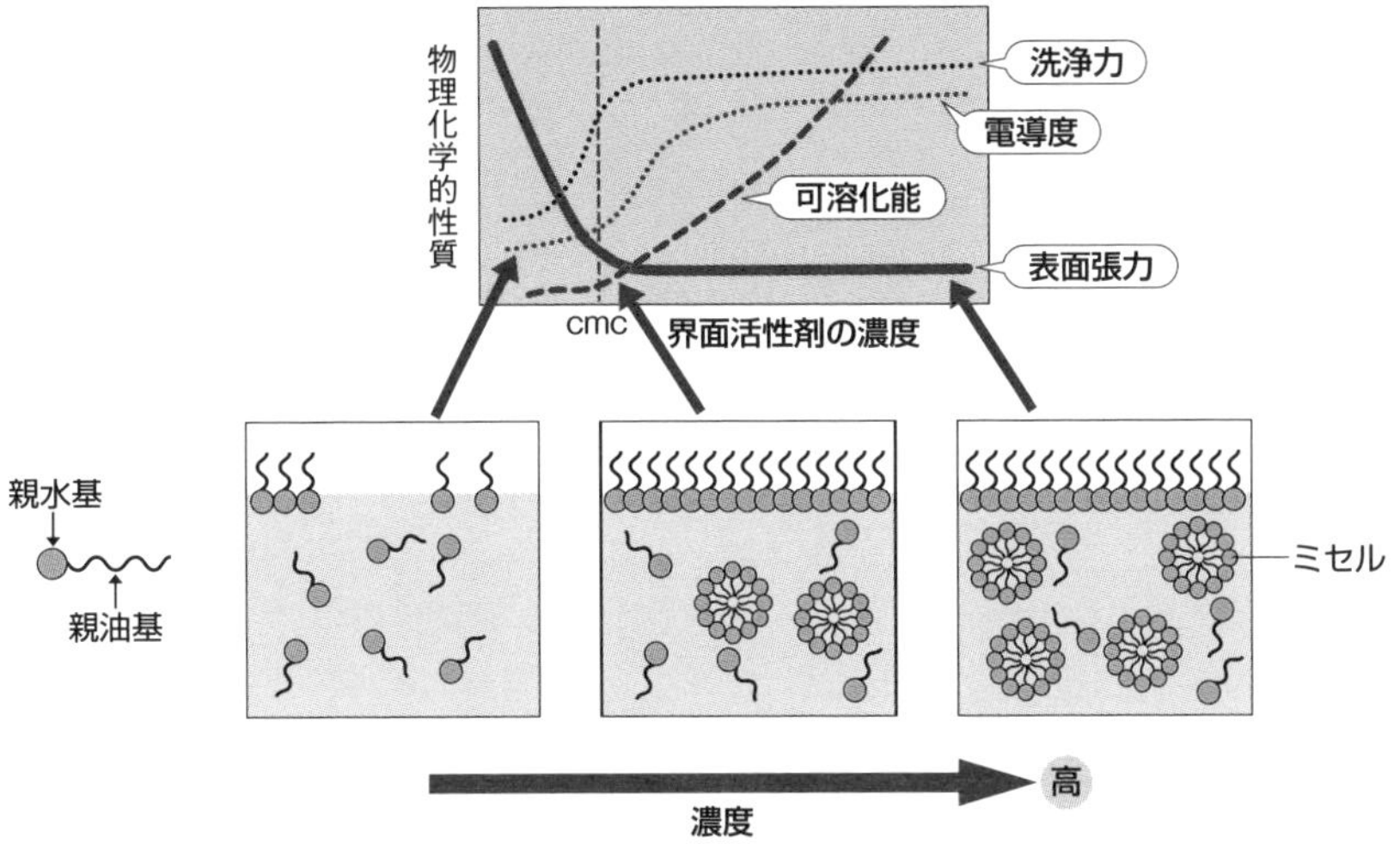

界面活性剤の構造と種類・用途

親油基	親水基	活性剤の種類・用途
炭化水素基 $CH_3-(CH_2)_n-$ $CH_3-(CH_2)_n-CH=CH-(CH_2)_m$ $CH_3-(CH_2)_n-CH(R)-(CH_2)_m$ $R-C_6H_4-O-$	**陰イオン基** $-COO^-M^+$　$-SO_3^-M^+$　$-OSO_3^-M^+$ $-O(CH_2CH_2O)_nSO_3^-M^+$　$-O-P(=O)(OH)-O^-M^+$	**アニオン界面活性剤** 石鹸、洗剤、乳化剤、分散剤
メチルポリシロキサン（シリコーン）基 $CH_3-Si(CH_3)_2-O-[Si(CH_3)_2-O]_m-[Si(CH_3)((CH_2)_3O-)-O]_n-Si(CH_3)_2-CH_3$	**陽イオン基** $[-N(CH_3)_2\cdot CH_3]^+X^-$　$[-N(CH_3)_2-CH_2-C_6H_5]^+X^-$	**カチオン界面活性剤** 殺菌剤、柔軟剤、帯電防止剤、乳化剤
フルオロカーボン基 $CF_3-(CF_2)_n$ $CF_3-(CH_2)_n$ $CF_3-(CF_2)_n-(CH_2)_m$ $CF_3-[(O-CF(CF_3)-CF_2)_n-(O-CF_2)_m]-$	**両性イオン基** $R-{}^+N(CH_3)_2-CH_2CH(OH)CH_2SO_3^-$（OH（または H）） $RCONH(CH_2)_3-{}^+N(CH_3)_2-CH_2COO^-$ $-COOCH(CH_2-COO-)CH_2-O-P(=O)(O^-)-OCH_2CH_2N^+(CH_3)_3$	**両性界面活性剤** 柔軟剤、染色助剤 殺菌剤
R：炭化水素基（直鎖または分岐） M^+：陽イオン X^-：陰イオン	**非イオン基** $-O(CH_2CH_2O)_nH$　$CH_2-CH(OH)-CH_2OH$ 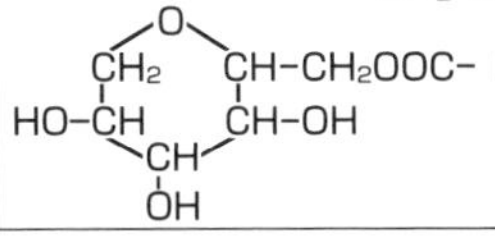 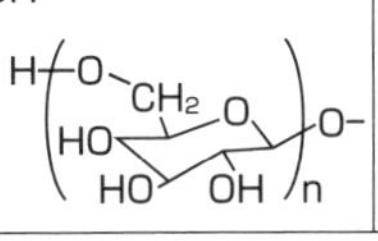	**非イオン界面活性剤** 洗浄剤、乳化剤、浸透剤、可溶化剤

25 混ざらないもの同士を混ぜる

可溶化とエマルション

界面活性剤の水溶液は水に溶けにくい物質を透明に溶かすことができます。これを可溶化といい、cmc以上の濃度で溶けにくい物質をミセル中に取り込みます。熱力学的に安定な系です。同じ現象は界面活性剤の油溶液にもあり、逆ミセルに水が可溶化される場合もあります。水と油のように、互いに溶け合わない液体同士の分散系をエマルションといい、このような状態にすることを乳化と呼びます。

エマルションは熱力学的に不安定な系で長期間放置すると、クリーミングなどを起こして分離していきます。粒子径が揃っていない場合には、小さな油滴が溶解して大きな油滴が成長するオストワルド熟成が起こることもあります。エマルションは白濁していますが、これは分散媒と分散相の屈折率が異なり、粒子径が10 0nmより大きい場合に起こります。粒子径が十分小さい場合や屈折率が同じ場合は透明です。

エマルションには水の中に油が存在する水中油型(O/W)と逆の油中水型(W/O)があります。一般には親水性の乳化剤では水が連続相のO/W型、親油性ではW/Oになります。わかりやすくいえばO/W型は生クリームで、W/O型はバターです。コーヒーに生クリームは混ざりますがバターは混ざりません。また生クリームを激しくかき混ぜてホイップクリームを作ろうとして、バターになってしまうことがあります。これを転相といいます。この現象をうまく使えば汚れをきれいに落とすことができます。

ところで、化粧品に液晶が使われているって知っていますか? 結晶と液体の中間的な状態を液晶といいますが、界面活性剤と水が濃厚な状態で混じり合うと液晶ができます。どのタイプの液晶になるかは、界面活性剤が並んだときの曲がり具合(曲率)を示す臨界充填因子によって決まります。ヘキサゴナル液晶、キュービック液晶、ラメラ液晶などはよく出てくる言葉なので覚えておきましょう。

要点BOX
- ●エマルションにはO/W型とW/O型がある
- ●エマルションは、クリーミング、凝集、合一、オストワルド熟成が起きて分離することがある

可溶化と乳化の違い

	可溶化	乳化
外観	透明	乳白色
相	1相	2相以上
熱力学安定性	安定	不安定
粒子径（nm）	5〜10	100〜10000

エマルションの生成過程

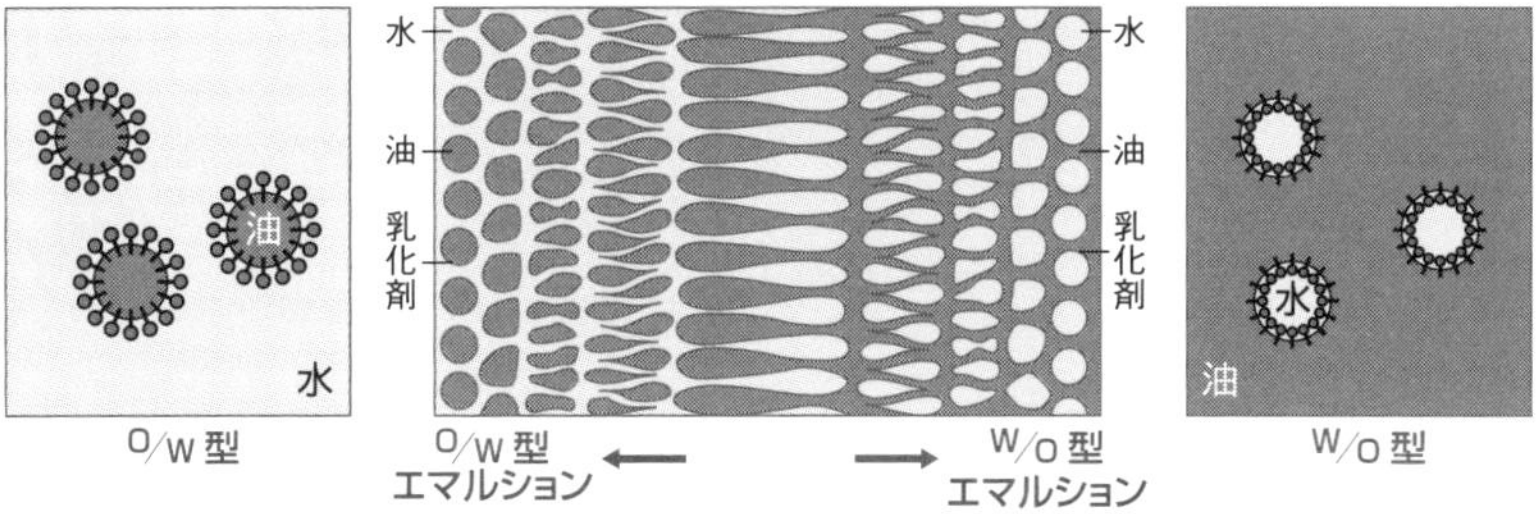

乳化物の分離の過程

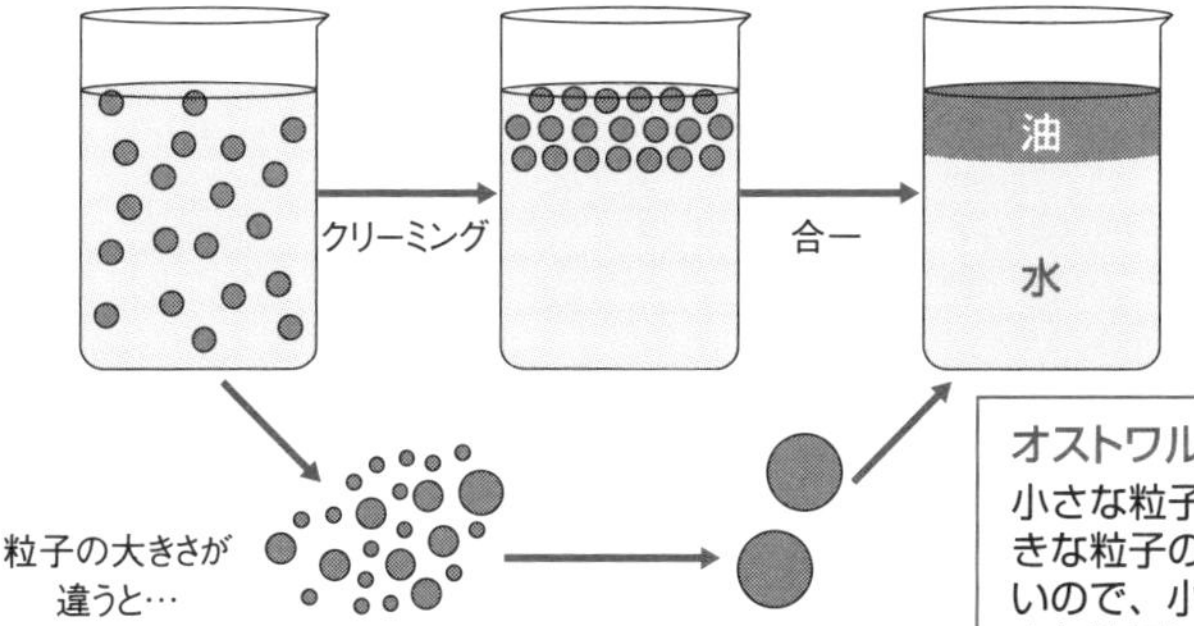

オストワルド熟成
小さな粒子の表面溶解度は、大きな粒子の表面溶解度より大きいので、小さな粒子は溶けて大きな粒子に移動する

界面活性剤水溶液の主な液晶

液晶	モデル図	構造の特徴	光学的性質
ヘキサゴナル液晶（H_1）		親水部を水相に向けた棒状ミセルが並行に配列した六方晶系構造	異方性
キュービック液晶（$▽_1$）	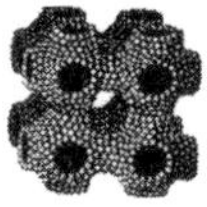	ラメラ構造基本としたバイコンティニアス（両連続）構造	等方性
ラメラ液晶（$L\alpha$）	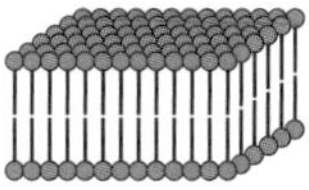	親水部を水相に向け、配列した2分子膜構造	異方性

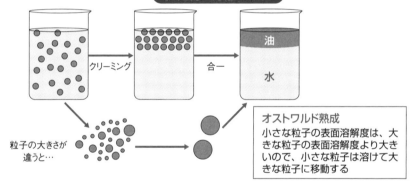

26 泡の秘密

ホイップクリームやカプチーノは好きですか? 泡のやさしい感じがします。化粧品にも泡は多く使われています。「泡」という漢字を分解すれば「水が包む」になり、液体が気体を包んでいるのです。泡状になるとふんわりとソフトな感触となり、べたつき感がなくなります。どうしてこんな自然な感触になるのでしょうか? その理由の1つに熱の移動が挙げられます。10℃の水に触ると冷たく感じますが、同じ温度の泡を触ってもあまり冷たく感じません。それは空気の熱伝導度が水のそれに比べて1桁小さく、熱が伝わっていかないからです。ムースのように液体に比べて空気の比率が大きくなると、それに触れたときに熱の移動速度が小さくなって冷たさを感じず、接触している感じが少なくなります。また、べたつきの感じがなくなるのは気泡の体積拡大効果によるものです。

石鹸水中に空気を吹き込むと、水の表面に泡ができます。泡を細かく見てみると液膜で気体が蜜蜂の巣のように分離されているのがわかります。3個の気泡が接触している場合、液膜が120度で接触しているときが最も安定していて、これをプラトー境界と呼びます。時間が経つと水面と上部では泡の構造が異なります。水面付近では界面活性剤分子が気泡表面に吸着する速度が現象を支配します。それより上になると膜厚数百nmでは表面粘度、数十nmではマランゴニー効果、数nmでは疎水性相互作用と静電反発力が主に作用し、それ以下の薄さになると泡が破壊します。泡の表面は物理化学的に疎水性で、疎水性物質を泡表面に吸着することができます。ビールで泡を立てると苦味が泡に吸着され、ビールがまろやかになるのもこのためです。

ボッティチェッリのヴィーナスの誕生に描かれているように、美の女神ヴィーナスは海の泡から生まれました。泡は美しさとうつろいやすさから感覚的な魅力を人々に与えているのだと思います。

要点BOX

- ●泡を触っても、同じ温度の水より冷たく感じない
- ●泡の表面は疎水性で、疎水性物質を吸着することができる

泡の性質

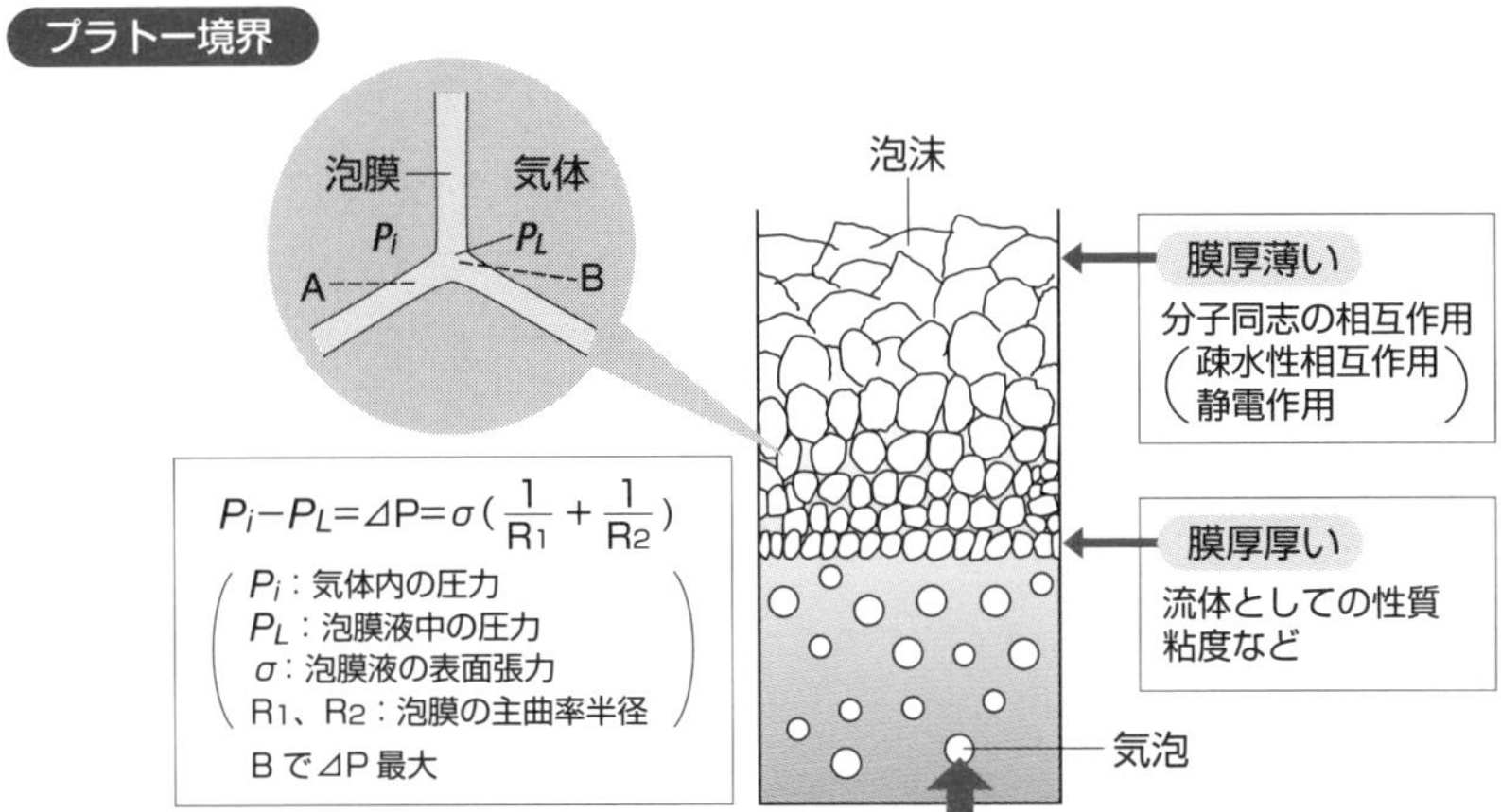

$$P_i - P_L = \Delta P = \sigma\left(\frac{1}{R_1} + \frac{1}{R_2}\right)$$

（P_i：気体内の圧力
P_L：泡膜液中の圧力
σ：泡膜液の表面張力
R_1、R_2：泡膜の主曲率半径）
BでΔP最大

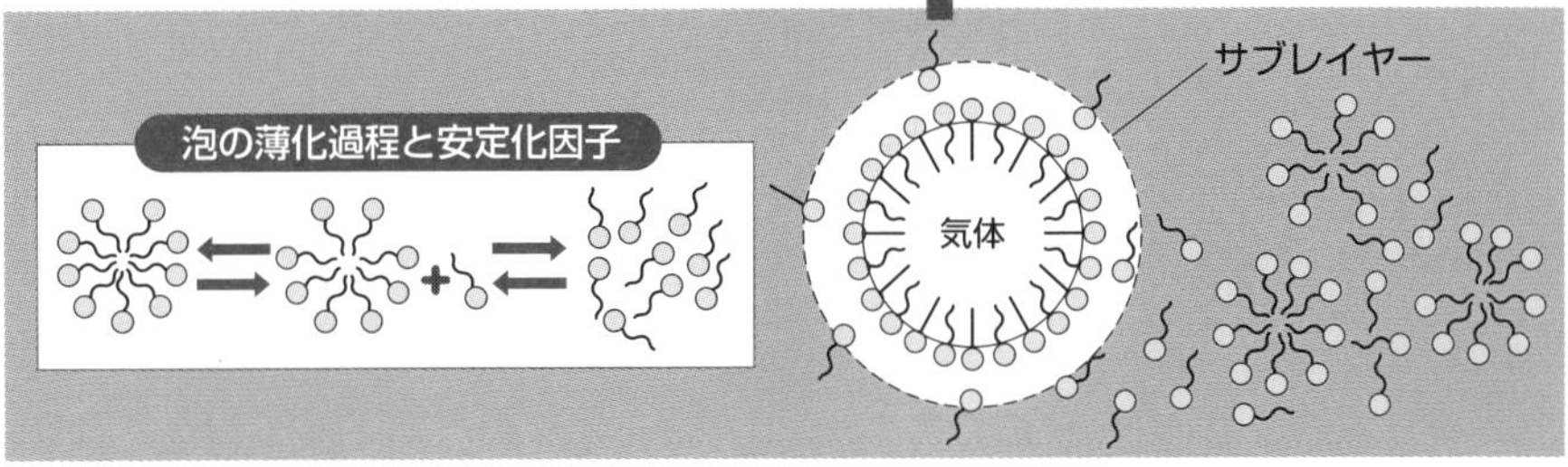

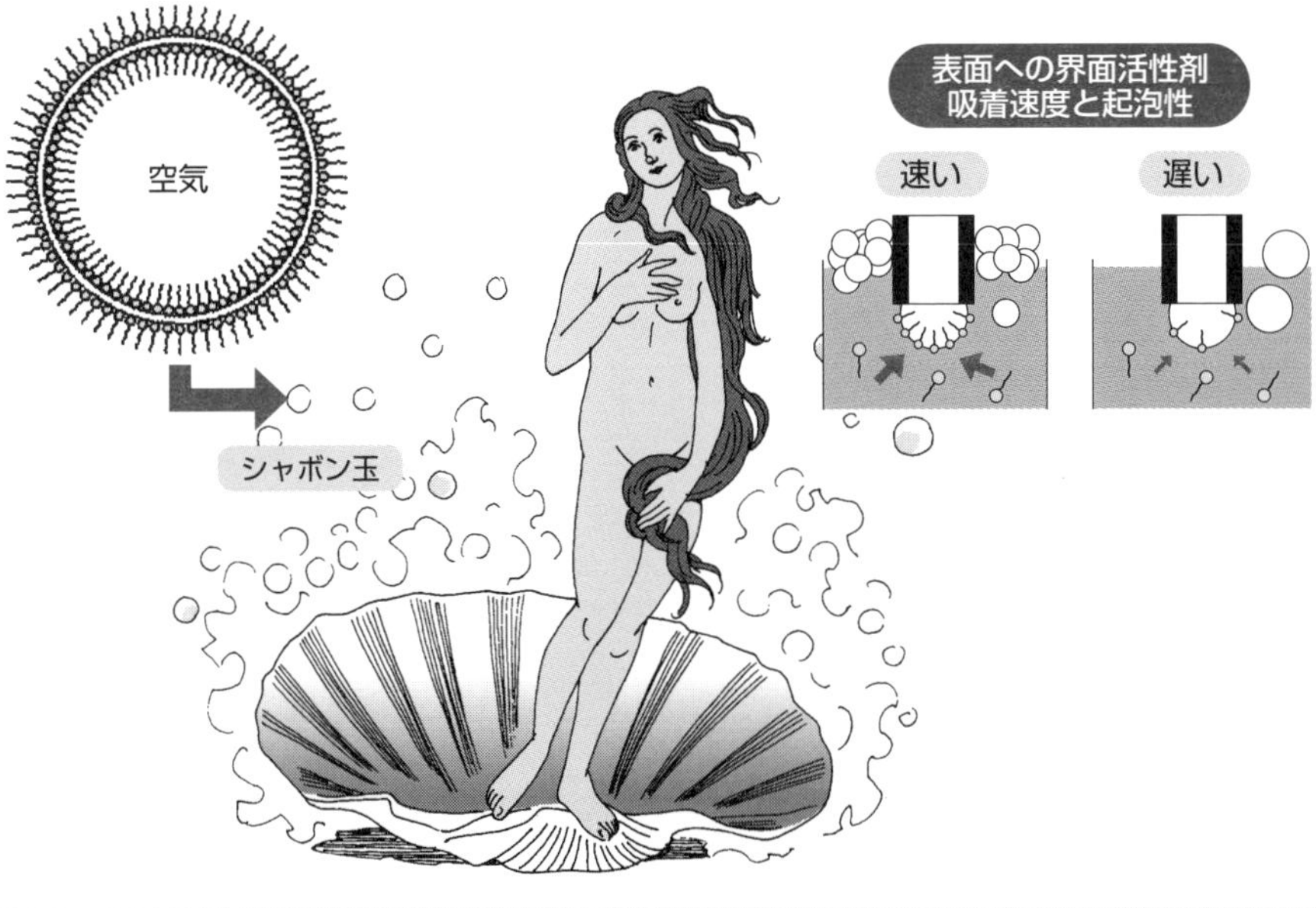

27 古くて新しい油の使い方

油性原料の種類と機能

油性原料は化粧品の構成成分として一番広く使われているものです。皮膚からの水分の蒸散を抑制し、使用感を向上させるために用います。

油脂はその中でも多く使われているものであり、脂肪酸とグリセリンのトリエステルを主成分としています。動植物界に広く分布し、オリーブ油、ヒマシ油、頭髪に使われてきたツバキ油などがあります。

ロウ類は高級脂肪酸と高級アルコールのエステルが主成分です。これには、口紅に使われるカルナバロウやミツロウなどがあります。

炭化水素も、通常炭素数15以上の飽和炭化水素が使われており、流動パラフィン、ワセリン、スクワランなどがあります。

高級脂肪酸にはステアリン酸やラウリン酸などで油性原料として使われる以外に、水酸化ナトリウムやトリエタノールアミンなどと併用して石鹸を生成して乳化剤として使われています。

高級アルコールはセチルアルコールやステアリルアルコールなどが乳化安定助剤として使われ、エステルとしてはミリスチン酸イソプロピルが色素などの溶解剤として使われています。

光沢を出す油は屈折率が高いという特徴を持っています。また、撥水性といえばシリコーンです。主骨格はシロキサン結合で側鎖にメチル基を持っています。炭化水素と比較すると結合エネルギーが大きく、耐熱性、耐酸化性などに優れます。結合の回転エネルギーはほぼ0で自由度の高い柔軟な分子です。通常の粘度のものはべたつきのない油として、分子量の小さなシリコーンは揮発性油として使われています。使用時に揮発するので、高分子などがしっかりと肌に密着し、取れにくくなるのです。また、撥水・撥油性のフッ素系油が使われることもあります。

一方、水性原料としてはエタノールや保湿剤が使われています。

要点BOX
- ●油性原料は油脂、ロウ、炭化水素、高級脂肪酸、高級アルコール、エステル、シリコーン油
- ●シリコーンはべたつきのない油、揮発性油

化粧品の油性原料

類別	特徴	具体例
油脂類	高級脂肪酸とグリセリンから成る。常温で液状のものを脂肪油、固体のものを脂肪と呼ぶ場合もある。	ヒマシ油、オリーブ油、ヤシ油
ロウ類	高級脂肪酸と高級アルコールとのエステルが主成分で常温で固体のもの	カルナウバロウ、キャンデリラロウ、ミツロウ
炭化水素類	直鎖炭化水素、側鎖炭化水素で液状からペースト状、ロウ状のものがある。	ワセリン、流動パラフィン、スクワラン
高級脂肪酸類	一般式 RCOOH で表される化合物。油脂やロウのけん化分解などによって得られる。	ラウリン酸、ミリスチン酸、ステアリン酸、オレイン酸
高級アルコール類	一般式 ROH で表される化合物。	ラウリルアルコール、ステアリルアルコール、コレステロール
エステル類	ロウと同様、一般式 RCOOR' で表される化合物。高級アルコールと一価アルコールから合成されるものを指し、天然のロウと区別する。	乳酸ミリスチル、ミリスチン酸イソプロピル、ミリスチン酸ミリスチル
シリコーン油	シロキサン結合 (Si-O-Si-) を含む有機ケイ酸化合物。撥水性が高く軽い使用感がある。	ジメチルポリシロキサン、メチルフェニルポリシロキサン

ポリエチレンとジメチルポリシロキサンの分子構造と特性の比較

ポリエチレン（炭化水素）

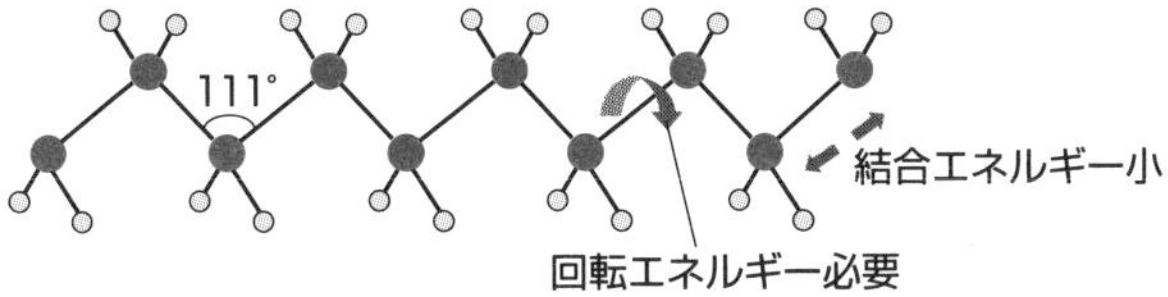

ジメチルポリシロキサン（シリコーン）

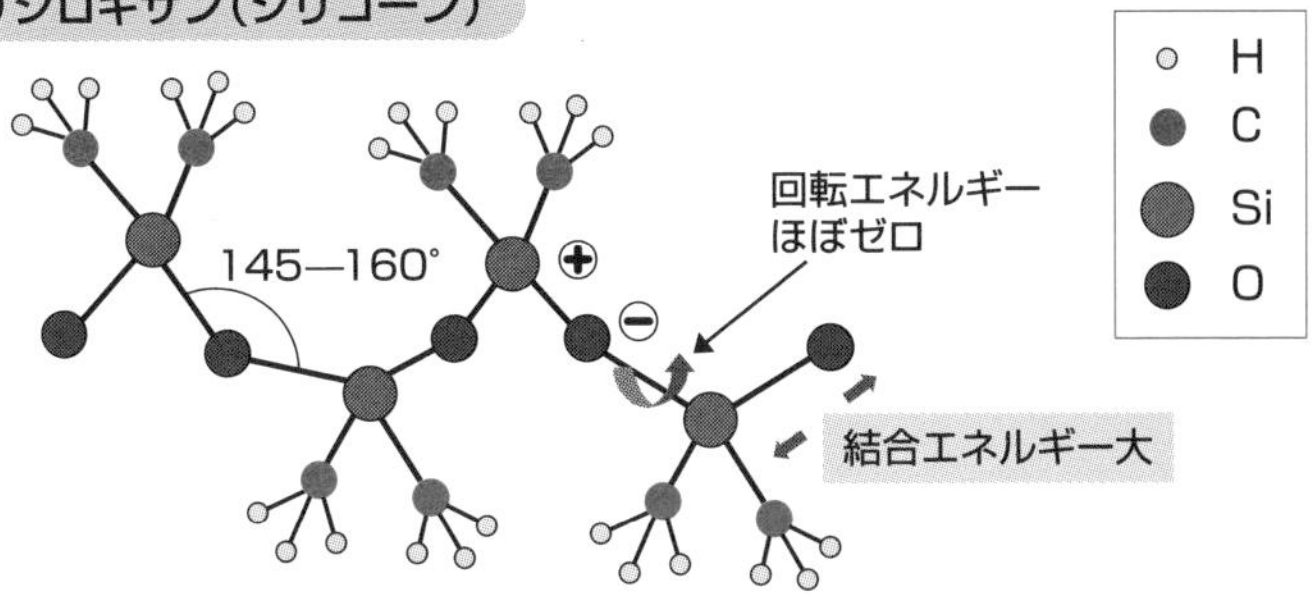

28 高分子の働き

高分子増粘剤や皮膜形成剤

高分子は主に樹脂粉体、増粘剤、皮膜剤、保湿剤、界面活性剤として用いられています。増粘剤は製品の粘度を調節する目的で使われています。粘度を調節して使用性を良くし、安定性を高めることができ、乳化粒子の合一や粉体の沈降を防ぎます。

増粘剤としては水溶性高分子が用いられています。昔は天然高分子が多く不安定な要素が多かったのですが、最近は合成、半合成が増えています。カルボキシルメチルセルロースはセルロースの水酸基を部分的に水に溶解するようにしたもので、保護コロイド性に優れ、透明な増粘溶液を作ります。そのため、クリーム、乳液、シャンプーなどに使われています。

皮膜剤はパック、ヘアスプレー、アイライナー、マスカラ、ネールエナメルなど幅広く使われています。ポリビニルアルコール、ニトロセルロース、高分子シリコーンなどが用いられ、水やアルコールまたは酢酸エチルなどの溶剤に溶解させて皮膚、毛髪、爪などに塗布し、溶剤が蒸発すると皮膜を形成します。高分子ミクロゲルといって高分子の微粒子が分散したものも使われ、増粘挙動や使用性が異なります。

高分子にも保湿性のあるものがあります。ヒアルロン酸です。ヒアルロン酸はN・アセチルグルコサミンとグルクロン酸が交互につながってできている分子量200万くらいの高分子で、この減少がシワに大きく影響します。昔はニワトリのトサカなどから取っていましたが、現在では醗酵法でも作られています。

また、ヒアルロン酸の水酸基にアセチル基を導入したアセチル化ヒアルロン酸は優れた角層柔軟効果を発揮し、スーパーヒアルロン酸と呼ばれています。この効果は高分子保湿剤に親油基を導入することで親油的な皮膚表面に保持されやすくし、結果として高分子本来が持つ保湿効果が増強される錨型保湿剤という概念で説明されています。

要点BOX

- ●増粘剤は使用性を良くし、安定性を高め、乳化粒子の合一や粉体の沈降を防ぐ
- ●錨型保湿剤は皮膚の保湿効果を増強する

高分子の使い方

使い方	配合目的		用途	代表的原料
粉体として使う	・使用感を高める（球状など） ・質感のコントロール ・干渉色の付与		球状高分子粉体はメーキャップ製品に用いられる。積層板状高分子はラメ剤としてメーキャップに使われる	ポリエチレン末、ナイロンパウダー、高分子ラメ剤
溶解して使う	増粘剤	・製品の粘度を調節する ・滑らかな使い心地にする	乳液やリキッドファンデーションの乳化粒子の合一や粉体の沈降を防ぐ。製品の粘度調節	キサンタンガム、カルボキシメチルセルロース、カルボキシビニルポリマー
	皮膜剤	・パック機能がある ・整髪・毛髪保護作用がある ・エナメル等の皮膜を形成する	パック、ヘアスプレー、セット剤の皮膜。アイライナー、マスカラの化粧くずれ防止。エナメル	ポリビニルアルコール、ポリビニルピロリドン、ニトロセルロース、高分子シリコーン
	保湿剤	・肌の水分を保持する ・肌のキメを整える	分子量によって保湿性が変化。アセチル基を入れるとさらに効果が高くなる。化粧水、乳液など	ヒアルロン酸ナトリウム、アセチル化ヒアルロン酸ナトリウム
	界面活性剤	べたつきがなく、安全性の高い界面活性剤として用いる	ポリイオンコンプレックスとして界面活性剤フリーのエマルション調製などの利用	アルキル変性カルボキシビニルポリマー、両親媒性ポリカチオン、ポリイオンコンプレックス

アセチル化ヒアルロン酸

構造

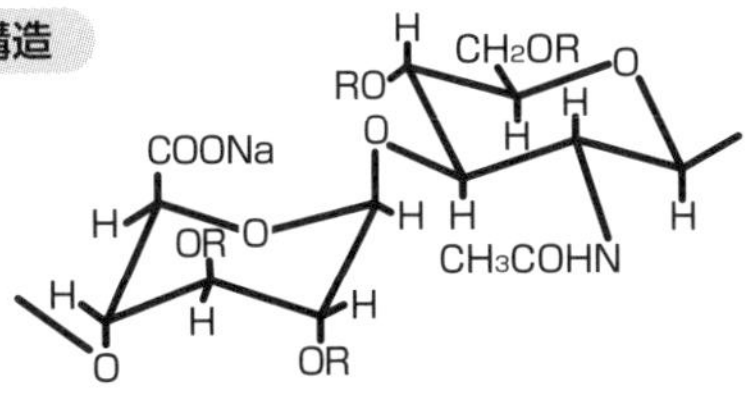

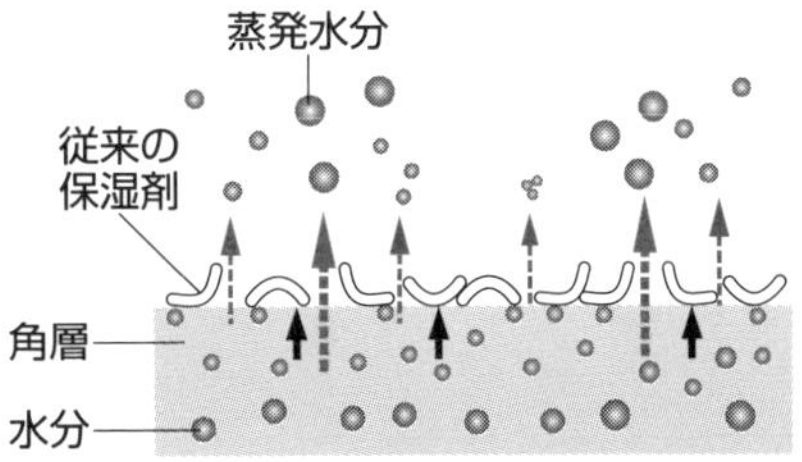

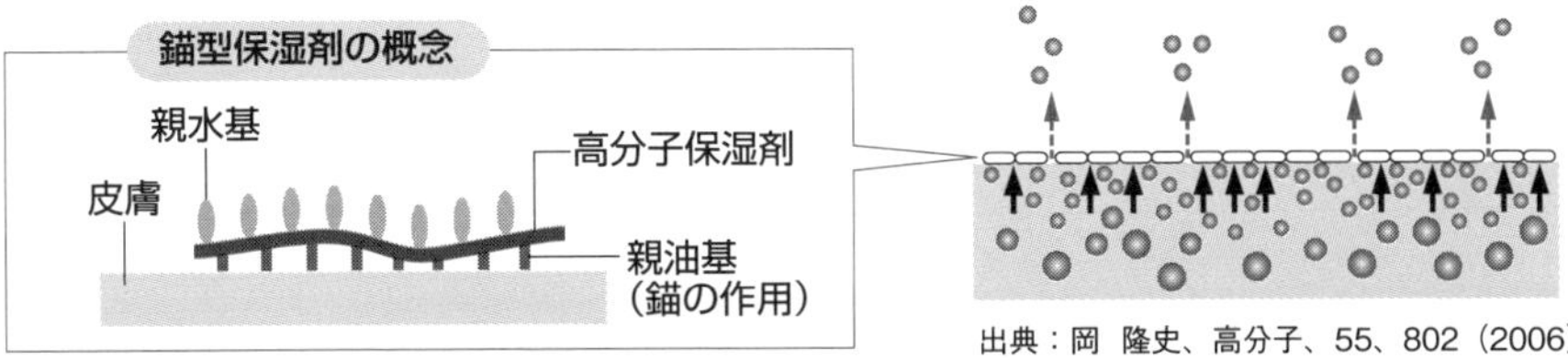

出典：岡　隆史、高分子、55、802（2006）

29 メーキャップは色が命

色を出す顔料、染料

「メーキャップは色が命」とメーキャップの開発者はいいます。色を出すものを色材といいますが、色材は皮膚や髪に好みの色彩を与え、健康で魅力的な容貌を作る魔法の力を持っています。

色材にはいろいろな分類法がありますが、性質を中心に分けると理解しやすくなります。色材は大きく染料と顔料に分かれます。染料は水や油、アルコールなどの溶媒に溶解し、化粧品基剤中に溶解状態で存在し彩色できる物質です。水に可溶なものを水溶性染料、油やアルコールに可溶なものを油溶性染料と呼びます。有機合成色素と天然色素が利用されています。また、染料を不溶化したものをレーキと呼んでいます。

水や油などに溶解しない色材を顔料と呼びます。顔料は有機顔料、無機顔料、レーキ、高分子に分かれます。有機顔料は鮮やかな色が売りですが退色する傾向があります。

化粧品における無機顔料の役割は大きく、着色顔料は製品の色調を調整し、白色顔料は色を調整するだけではなく、シミやソバカスを隠すことにも使います。無機顔料である二酸化チタンや酸化亜鉛の超微粒子は、紫外線の防御にも使われています。

体質顔料は着色というより光沢や使用感の調整に使われます。パール剤はニシンなどの鱗から取った魚鱗箔が使われていた時代もありますが、現在では二酸化チタン被覆雲母（雲母チタン）が主に使われています。二酸化チタンの膜厚を変えていろいろな干渉色を出していますが、これはシャボン玉の虹色と同じ原理です。球状のパール剤も開発され、口唇の縦ジワを目立たなくするために使われています。雲母チタンだけではなく、屈折率の異なる高分子の多層膜によるラメやフォトニック結晶のように構造で発色するものを構造色といいます。

要点BOX
- ●色材は大きく染料と顔料に分かれる
- ●染料は水溶性染料と油溶性染料に分かれる
- ●水や油などに溶解しない色材を顔料と呼ぶ

化粧品に使われる色材

染料 水や油、アルコールなどの溶媒に溶解し、溶解状態で彩色できる色材	**有機合成色素** 合成で作られたタール系染料	アゾ系染料	サンセットイエロー FCF（黄）、 オイルレッド XO（赤）
		キサンテン系染料	テトラブロモフルオレセイン（赤）、 ローダミン B（赤）
		キノリン系染料	キノリンイエロー SS（黄）、 キノリンイエロー WS（黄）
		トリフェニルメタン系染料	ブリリアントブルー FCF（青）
		アンスラキノン系染料	キニザリングリーン SS（緑）
	天然色素 動植物由来と微生物由来がある。着色力、耐光性、耐薬品性に劣るが、安全性や薬理の面から見直されている	カロチノイド系	β-カロチン（橙：ニンジン）、 カプサンチン（橙〜赤、パプリカ）
		フラボノイド系	カルサミン（赤：ベニバナ）、 シソニン（紫赤：シソ）
		フラビン系	リボフラビン（黄：酵母）
		キノン系	アリザリン（橙：西洋アカネ）、 シコニン（紫：紫根）
		ポリフィリン系	クロロフィル（緑：緑葉食物）
		ジケトン系	クルクミン（黄：ウコン）
		ベタシアニジン系	ベタニン（赤：ビート）
顔料 水や油などに溶解しない色材。分散して使用する	**無機顔料** 古くは天然鉱物を利用していたが現在は合成が主流。耐光、耐熱性に優れるが鮮やかさが劣る	体質顔料	マイカ、タルク、カオリン、硫酸バリウム
		白色顔料	二酸化チタン、酸化亜鉛
		有色顔料	赤色酸化鉄、黄色酸化鉄、群青
		パール剤	雲母チタン、魚鱗箔
		機能性顔料	窒化ホウ素、フォトクロミック顔料
	有機顔料 構造内に可溶性基を持たない合成顔料	アゾ系顔料	パーマトンレッド（赤）
		インジゴ系顔料	ヘリンドンピンク CN（赤）
		フタロシアニン系顔料	フクロシアニンブルー（青）
	レーキ 染料を不溶化した色材	レーキ顔料	リソールルビン BCA（赤）
		染料レーキ	タートラジン Al レーキ（黄）
	高分子粉体 球状は使用性良好。積層板状のものは干渉色が出る	板状粉体	ポリエチレンフタレート、 ポリメチルメタクリレート積層粉体
		球状粉体	ポリエチレン、ナイロン、 ポリメタクリル酸メチル

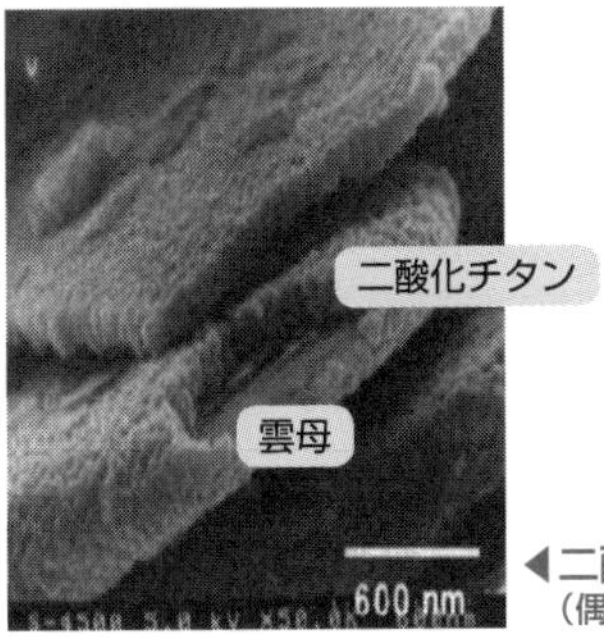

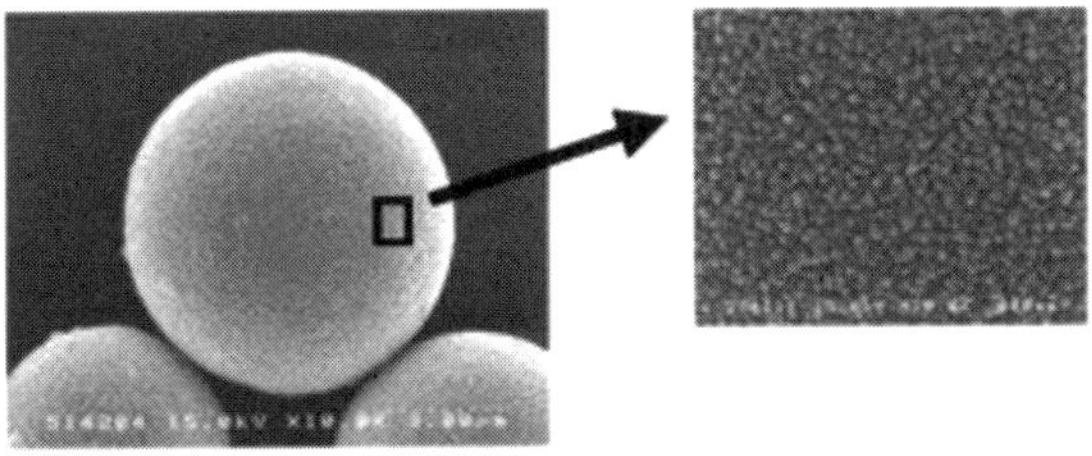

▲球状パール剤とその表面状態

◀二酸化チタン被覆雲母の電顕写真
（偶然二酸化チタンの剥がれているものを撮影）

提供：資生堂

30 活躍する粉体

化粧品に使われる無機粉体や高分子粉体

化粧品には多くの粉体が使われています。粉体は固体の小さな粒ですが、化粧品では20nm～20μm程度の範囲の粉体が使われています。1000倍くらい違いますね。また、粉体は「物質としての性質」以外に「粉体・粒子としての性質」があり、大きさや形状が異なると「見かけ密度」や「充填性」が異なります。粉体にはさらさらして流れやすいものから流れにくいものまでありますが、これは粉体粒子の付着・凝集性の違いによります。平らな面に粉体を落として積み上げたときの山すその傾斜角を安息角といいます。

また、粉体にはもう1つ「表面の性質」というやっかいなものがあります。粉体を固め、凹凸のない面に水滴や油滴を乗せると液滴が広がって面を濡らします。液滴と固体の面が接する点での接点と固体表面がなす角を接触角といいます。この角度が小さいほど濡れやすいのです。

粉体に油や水を加えていくと「ぱさぱさ」、「ねばねば」、「どろどろ」に変化します。スラリー状態では粉体の分散が重要になります。分散には粒子の液体への「濡れ」以外にうまく「解砕」することが必要で、さらにそれを「安定化」させなければなりません。粒子同士の電荷による反発や粒子に吸着した高分子の反発などで分散安定性を保ちます。

粒子径が小さくなると、表面積が増えるので吸着や触媒反応が起こり、共存成分を分解して製品の劣化につながります。そこで「あるがままの表面」をデザインして触媒活性のない表面にします。それ以外に親水・疎水の表面デザインとしては、化粧崩れや油分散性向上のためのシリコーン処理や水分散性向上のためのシリカ処理があります。さらに、皮膚になじむように生体親和性を付与したり、表面電荷を制御して皮膚上の不要な酵素を吸着したり、微細構造制御で新しい光学粉体を開発したりと、粉体表面デザインはいろいろな場面で活躍しています。

要点BOX

- 化粧品では20nm～20μm程度の粉体を使う
- 粉体には物質の性質、表面の性質、粒子としての性質がある

粉体の性質

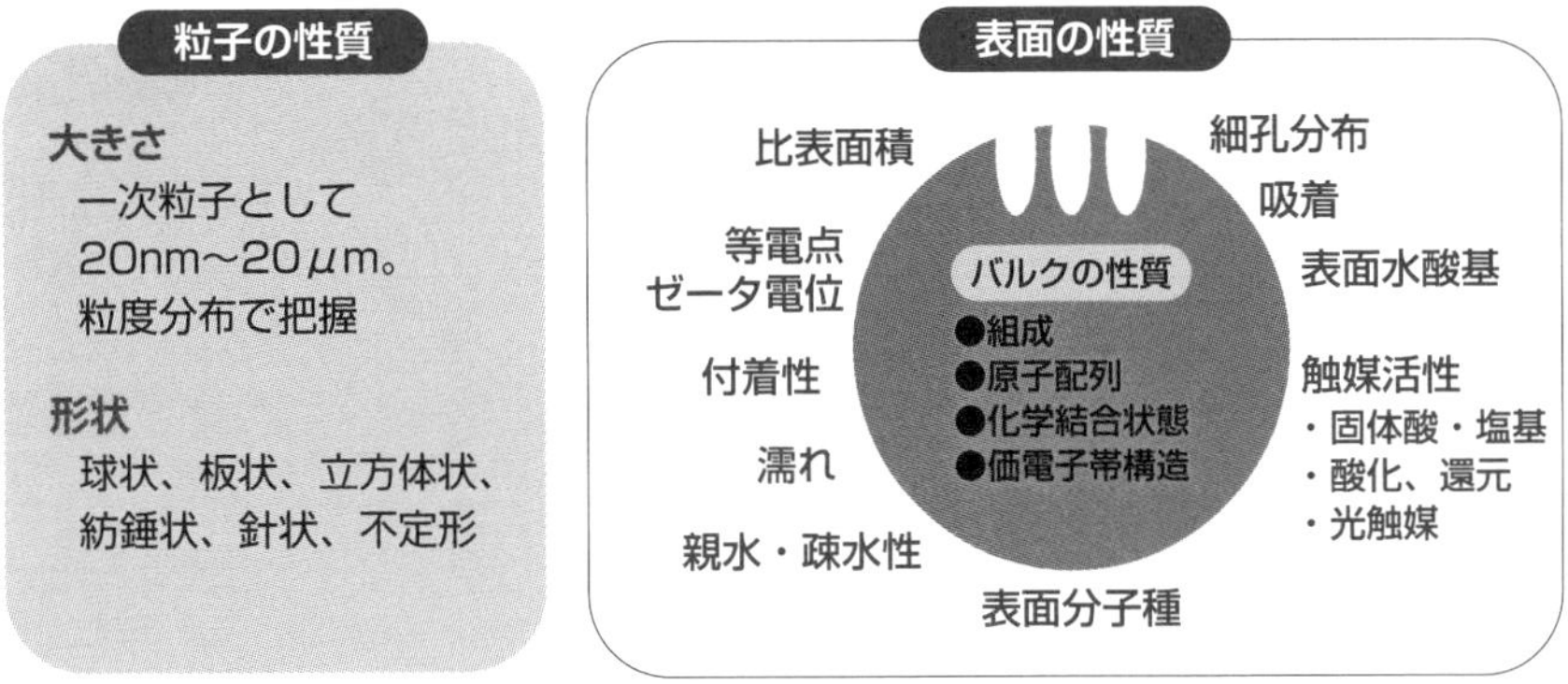
粒子の性質
大きさ
一次粒子として
20nm～20μm。
粒度分布で把握
形状
球状、板状、立方体状、
紡錘状、針状、不定形
表面の性質
比表面積
細孔分布
吸着
等電点
ゼータ電位
表面水酸基
付着性
触媒活性
・固体酸・塩基
・酸化、還元
・光触媒
濡れ
親水・疎水性
表面分子種
バルクの性質
●組成
●原子配列
●化学結合状態
●価電子帯構造

化粧品粉体表面のデザインと特性

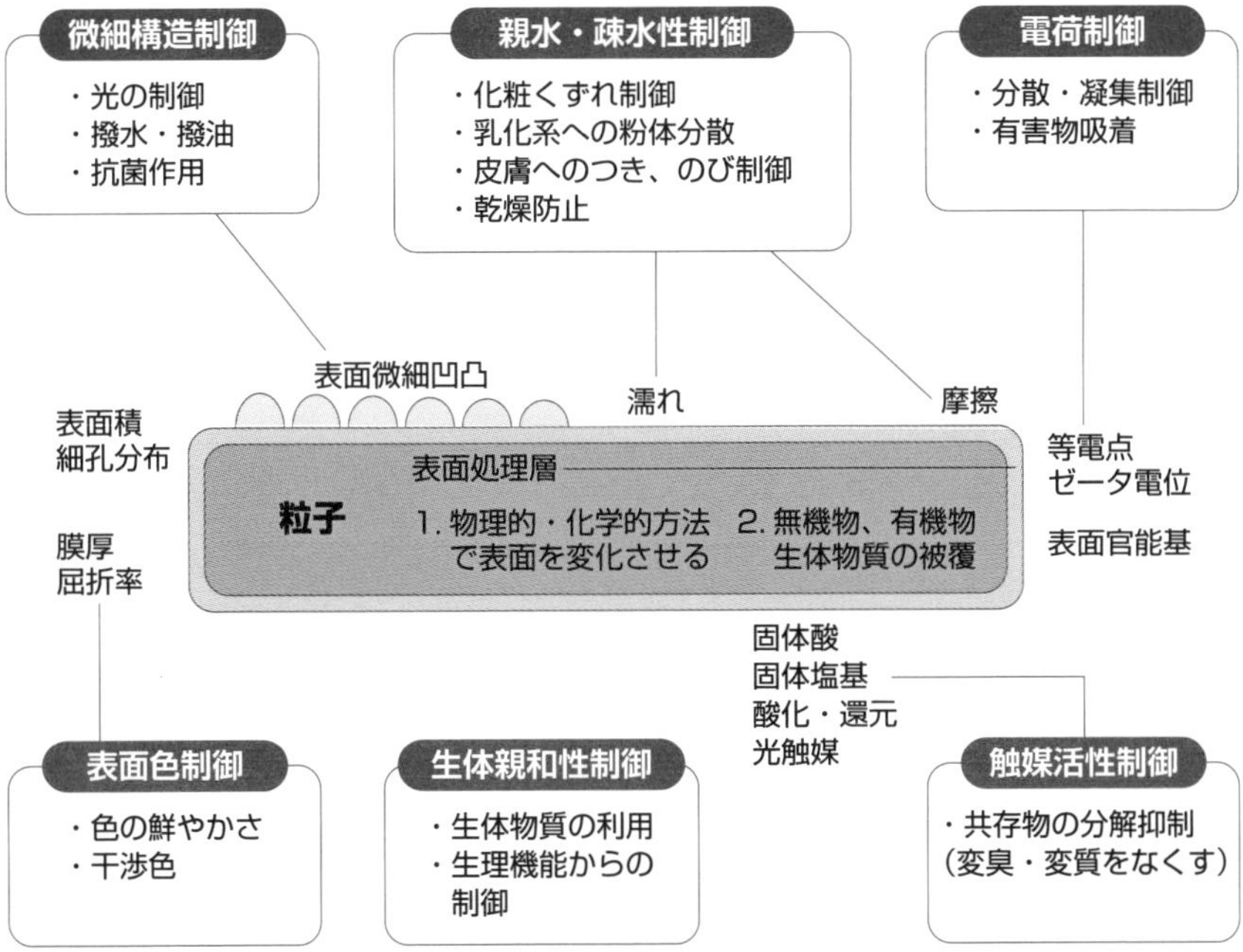
微細構造制御
・光の制御
・撥水・撥油
・抗菌作用
親水・疎水性制御
・化粧くずれ制御
・乳化系への粉体分散
・皮膚へのつき、のび制御
・乾燥防止
電荷制御
・分散・凝集制御
・有害物吸着
表面微細凹凸
濡れ
摩擦
表面積
細孔分布
等電点
ゼータ電位
表面処理層
粒子
1. 物理的・化学的方法で表面を変化させる
2. 無機物、有機物生体物質の被覆
表面官能基
膜厚
屈折率
固体酸
固体塩基
酸化・還元
光触媒
表面色制御
・色の鮮やかさ
・干渉色
生体親和性制御
・生体物質の利用
・生理機能からの制御
触媒活性制御
・共存物の分解抑制
(変臭・変質をなくす)

31 紫外線から身を守ろう

紫外線吸収剤や紫外線散乱剤の役割

紫外線により、皮膚だけではなく、化粧品の容器も色が変化したり、脆弱《ぜいじゃく》になったりします。それを防ぐのが紫外線吸収剤と紫外線散乱剤です。これらの特徴を上手く活かして紫外線防御化粧品を作っています。特に紫外線散乱剤だけを用いたものはノンケミカルと呼ばれています。

紫外線吸収剤を化粧品に使う場合は、①毒性がなく皮膚障害を起こさない安全性の高いもの、②紫外線吸収能力が高く、吸収する波長範囲の広いもの、③紫外線や熱などで簡単に分解しないもの、④化粧品に使われる油などに溶けること、が必要になります。

現在使われている紫外線吸収剤はベンゾフェノン、パラアミノ安息香酸、パラメトキシ桂皮酸、サリチル酸といった紫外線を吸収する化学構造を基本に持っています。この物質を溶媒に溶解させてその吸収特性からA領域、B領域の紫外線吸収剤を選びます。

二酸化チタンや酸化亜鉛の超微粒子も紫外線防御に使われています。二酸化チタンはUVB、酸化亜鉛はUVAの防御粉体として使われています。可視光の波長より小さい大きさの粒子を使えば可視光の散乱が減り、塗っても白くなくなります。この用途に用いられる粉体は一般に紫外線散乱剤といわれていますが、散乱だけではなく紫外線を吸収する能力もあります。

光を吸収して電気に変える物質(光半導体)がありますが、二酸化チタンはその1つです。可視光ではエネルギーが弱いので電子を励起させることができませんが、紫外線のエネルギーは強いので吸収して電子を励起できます。そうすると電子が動くので、電気が流れることになります。もちろん、化粧品で感電するような強い電気は流れません。ただ、電子や電子が抜けた穴(正孔)がいろいろな触媒作用(光触媒)をすることがあるので、表面処理をして不活性化しています。

要点BOX

●紫外線の有害作用から守る紫外線吸収剤・散乱剤
●紫外線散乱剤は紫外線の散乱効果と吸収効果を持っている

紫外線吸収剤と紫外線散乱剤

	紫外線吸収剤	紫外線散乱剤
吸収の原理	有機化合物の特定波長の紫外線吸収を利用して紫外線を防御する。	光半導体のバンドギャップを利用して、紫外線を吸収するが可視光は吸収しない無機化合物で紫外線を防御する。紫外線の散乱による防御も加わる。
メリット	・紫外線防御効果が高い ・透明性が高い ・沈殿しない	・アレルギー性が低い ・粒径や形状制御で様々な機能を持たすことができる ・べたつかない
デメリット	・べたつくなど感触が良くないものがある ・化粧品用油に溶けにくいものがある ・光安定性を考慮しなければならないものがある	・白くなる ・きしむ ・分散性が悪く、制御が必要なものがある ・光触媒活性がある
成分の表示名称	メトキシケイ皮酸オクチル、オキシベンゾン -1、オキシベンゾン -3、t- ブチルメトキシベンゾイルメタン、オクトクリレン、オクチルトリアゾンなど	酸化チタン、酸化亜鉛、酸化セリウム

紫外線散乱剤

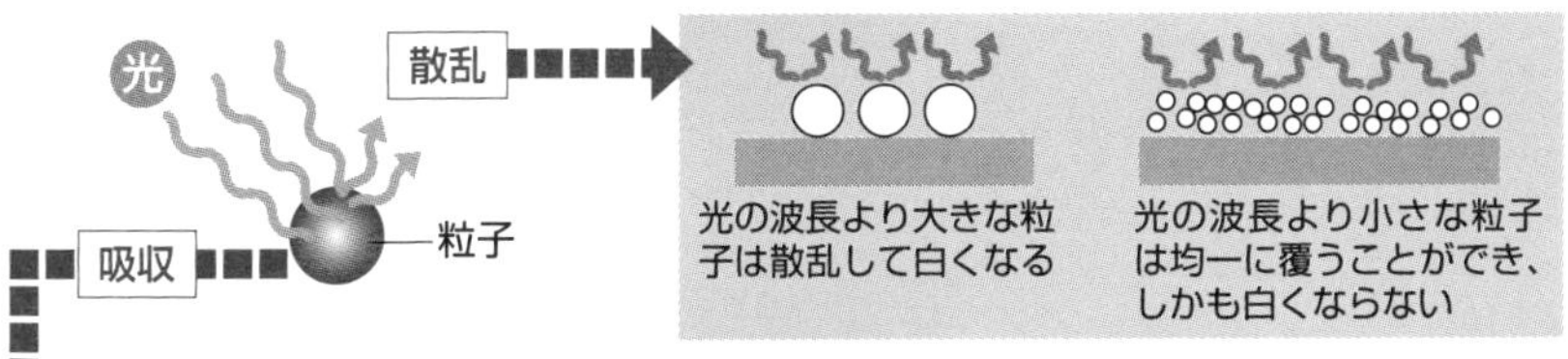

光半導体の機構

バンドギャップ(eV)=1240／波長(nm)

(例)●二酸化チタン:ルチル型 3.0eV:413nm
アナターゼ型 3.2eV:388nm

●アナターゼ型を例にとると388nmより短い紫外線を吸収し、電子が移動する

32 香りを付ける

香料の起源は香りの良い乳香のような樹脂や草木を焚くことから始まりました。また、古くから、人が病気やケガをすると身のまわりにある動物や植物を使って治してきました。その中には香りの良いものが多く、次第に香料としても使われるようになりました。薬と香料は同じものだったのです。

11世紀のイスラム文明によって蒸留法が発明され、エチルアルコールを使えるようになったことが香料文化の発展に大きく貢献しました。その後、天然香料の製造技術の発達と、19世紀後半の合成香料の進歩が現在の香料とフレグランスの大衆化を実現しました。

化粧品から香料を考えてみると、昔からオリーブオイルや牛脂などに花などで香り付けしたものが香油やポマードとして使われていました。香料を化粧品に使う第一の目的は豊かな香りを持たせ、使う人の魅力を引き出すことです。香水、オーデコロンのようなフレグランスだけではなく、スキンケア製品やメーキャップ製品でも同じブランドで同じ香りを使うことは、ブランド全体のイメージを作るうえで重要です。

次に重要な役割はマスキング効果です。化粧品の基剤には特有な匂いを持つ原料が配合されている場合があり、香料で原料臭を消すのです。嗜好《しこう》が高く魅力的な香りは化粧品の使用感や効果に影響を与え、商品の総合評価を高めます。

香料は大きく天然香料と合成香料に分けることができます。天然に存在する植物や動物から、蒸留、抽出、圧搾などの分離操作で取り出したものが天然香料です。花や果実などから抽出したものが植物性香料、動物の分泌腺などから採取したものが動物性香料で、ムスク油（麝香《じゃこう》）、アンバーグリス油（龍涎香《りゅうぜんこう》）などがあります。一方、合成で多くの香料が作られています。同じ構成原子でも、シス・トランス異性体や光学異性体は香りが異なります。野依先生の不斉合成法は香料分野に活かされています。

香料の役割と機能

要点BOX

- ●エチルアルコールの蒸留法が香料文化を発展
- ●香料には、①豊かな香りで魅力を引き出す、②マスキングの効果、がある

香料の種類

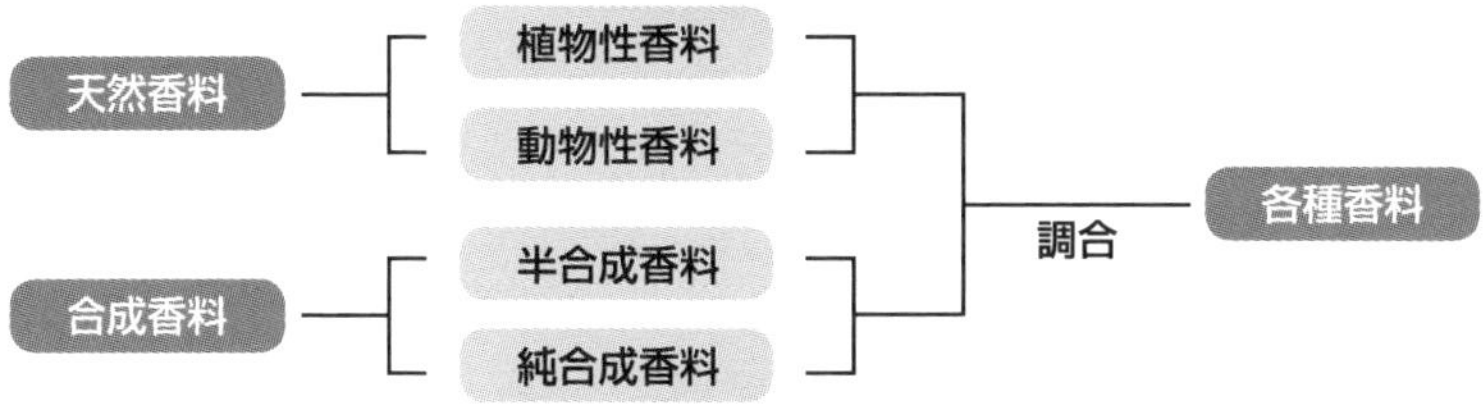

代表的な天然香料

区分	オリジン	一般名称	採取法	主な成分
植物性香料	根	ベチバー	水蒸気蒸留法	クシモール、ベチベロール
	樹皮	シナモン	水蒸気蒸留法	ケイヒアルデヒド、オイゲノール
	材	サンダルウッド	水蒸気蒸留法	α、β-サンタロール、α、β-サンタレン
	葉	ゼラニウム	水蒸気蒸留法	シトロネロール、ゲラニオール、リナロール
	花	ローズ	水蒸気蒸留法	β-フェニルエチルアルコール、シトロネロール
		ジャスミン	溶剤抽出法	ジャスモン、ジャスミンラクトン、ベンジルアセタート
	果実	レモン	圧搾法	リモネン、テルピネン、ピネン、シトラール
		オレンジ	圧搾法	リモネン、ヌートカトン、n-デシルアルデヒド、シトラール
	樹脂	ガルバナム	溶剤抽出法	ピネン、カレン、リモネン、大環状ラクトン類
	スパイス	クローブ	水蒸気蒸留法	オイゲノール、アセチルオイゲノール
		ペパーミント	水蒸気蒸留法	メントール、メントン、イソメントン、メンチルアセタート
動物性香料	ジャコウ鹿	ムスク	アルコール浸漬	ムスコン、3-メチルシクロペンタデカン-1-オン
	マッコウ鯨	アンバーグリス	アルコール浸漬	アンブレイン、アンブリノール、ジヒドロヨノン

シス - トランス異性体

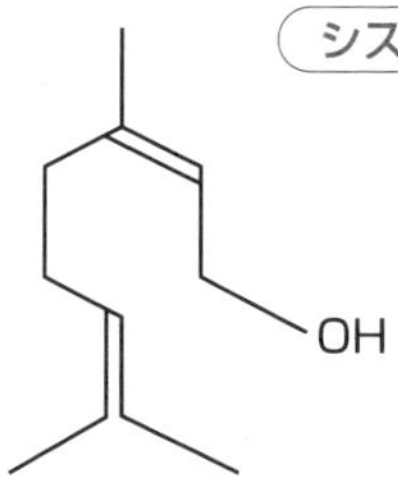

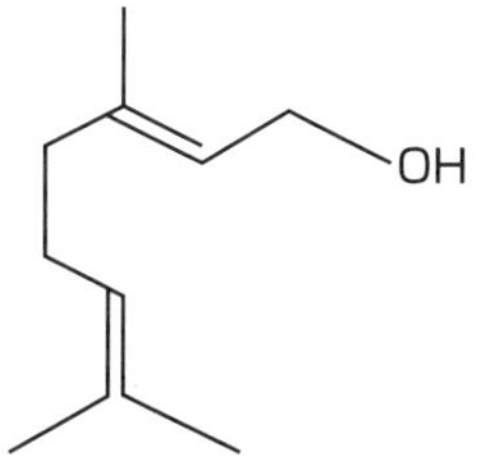

ネロール

ゲラニオールよりもバラ香は少ないが、柑橘系のさわやかなみずみずしい香調を持っている

ゲラニオール

おだやかで甘く、優雅なバラの香気を有している

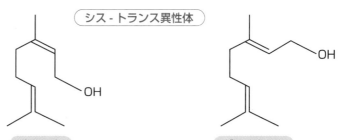

Column

カメレオンの色

メーキャップ化粧品の研究をやっていると動物の色が気になります。オスのパンサーカメレオンは、興味のあるメスと出会うと、緑色から鮮やかな黄色に素早く変わります。とても不思議です。なぜでしょうか？

カメレオンの皮膚には虹色素胞と呼ばれる細胞からなる層があって、大きさの揃ったナノ結晶が均一に分布しています。このナノ結晶はＤＮＡの構成成分であるグアニンでできていて、これが色の変化を引き起こします。

魚の鱗に含まれている銀色の板状の粒もグアニン結晶で、昔は魚の鱗からグアニン結晶を取り、パール剤としてネールエナメルなどに入れていました。

『ナノ結晶』は虹色素胞にまんべんなく分布しており、１つひとつが光を反射しています。そして、カメレオンの皮膚の色は、この『ナノ結晶』同士の間隔に大きく関係しているのです。

カメレオンは、この結晶の間隔を自由に操作することができます。リラックスしているときは結晶が格子状になっており、主に青色光を反射します。しかし興奮すると細胞外マトリクスの浸透圧が変化して、ナノ結晶の間隔が広がります。その結果、黄色や赤色の反射が増えるのだといいます。

カメレオンの種類によっては、色を変える層の下に赤外線の反射を調節する層を持った種類もいるそうです。この層のナノ結晶は少し粒子が大きいといいます。この粒子の間隔を大きくすることで可視光より波長の長い赤外線の反射をコントロールして、太陽の熱から身を守っているのです。

粒子が並んで色を出す仕組みはオパールと同じで、コロイド結晶といいます。同じ大きさの粒子を分散させると、粒子間の反発エネルギーの大きさに従って規則正しく粒子が並びます。この粒子の間隔が広がると反射する色は長波長になり、青から赤に変化します。カメレオンは分散液のイオン濃度などをコントロールして粒子間の斥力を調整し、粒子間の距離をコントロールしているようです。

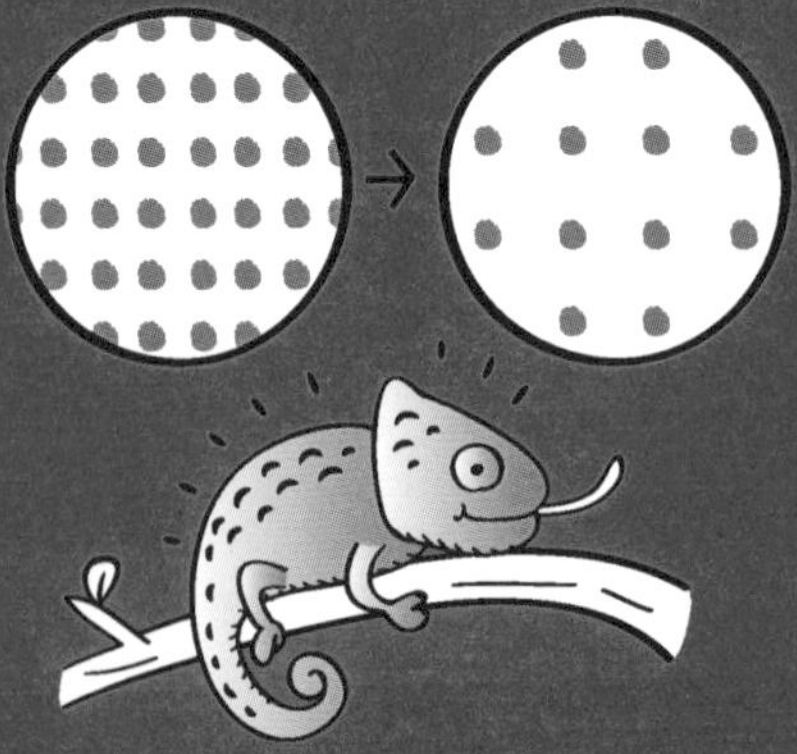

第4章
化粧品の作り方とその性質

33 化粧品が世にでるまで

化粧品の特性を踏まえて中味、外装を決める

さあ、それでは化粧品のできるまでを見てみましょう。まず、商品企画を練ります。市場動向やファッション動向などのニーズを捉えて、ターゲットを決めて企画を作ります。そして、研究部門の新しいシーズとドッキングさせて製品の設計をします。中味をどうするか、容器・外装をどうするか大きく2つの設計をします。目的の化粧品の特性を考えて中味の配合成分を選択します。

例えばスティック型乳化口紅を作るとしましょう。基剤を作るためにオイルとワックスを選びます。この種類によって使用感が異なります。乳化口紅なので水、グリセリン、界面活性剤も選択します。そして、目的の口紅の色に従って色材を選びます。色材の種類によっては口紅が固まりにくいものがあるので、配合禁忌を考えながら選びます。酸化防止剤と香料も場合によっては加えることにします。原料はできるだけ精製して不純物を除去してから使います。また、色材もオイル・ワックス系に分散しない場合は表面処理をして使います。このように安定性や安全性も考えて原料の規格・基準が決定されます。この規格に合格したもの以外は工場で受け入れられません。

さて、選ばれた原料を混合して試作実験をします。そして目的に合った処方ができると使用試験をします。使用試験で満足のいく品質が得られ何度作っても同じものができるかどうか確認したら、研究所で作ったものが工場で大量生産できるかどうか工場実験をします。少量ではできても、量産時の温度分布や撹拌速度の問題などで大量生産が難しいものも時々あります。大量生産できることを確認したら製品規格を定め医薬部外品は承認申請します。医薬部外品では承認（化粧品は届出）の後、工場で大量生産されます。作られた製品は厳密な検査を受け、お店に並ぶことになるのです。

要点BOX
- ●安定性や安全性も考えて原料の規格・基準を決定
- ●量産化された中味・外装で最終決定

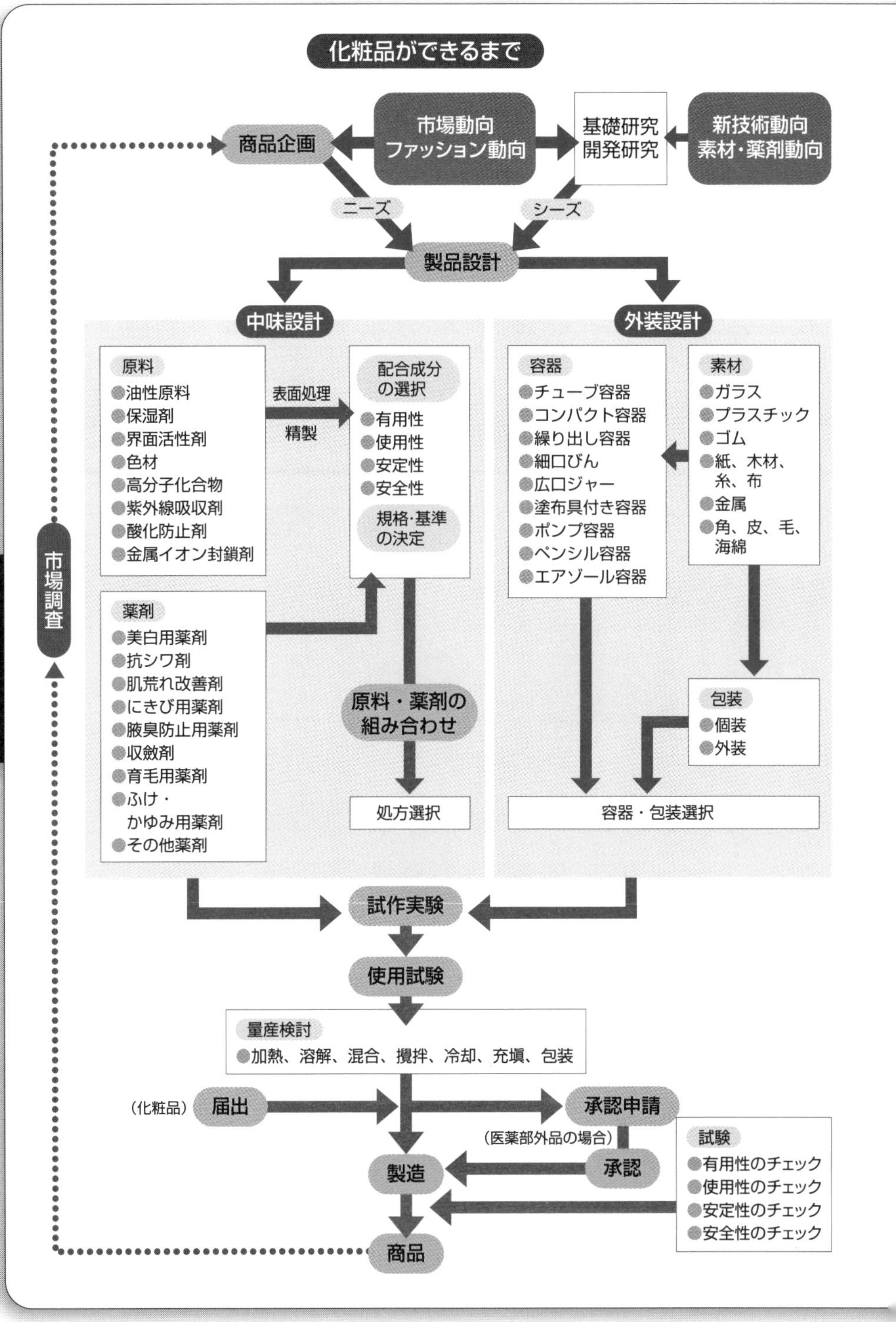
化粧品ができるまで
商品企画
市場動向
ファッション動向
基礎研究
開発研究
新技術動向
素材・薬剤動向
ニーズ
シーズ
製品設計
中味設計
外装設計
原料
油性原料
保湿剤
界面活性剤
色材
高分子化合物
紫外線吸収剤
酸化防止剤
金属イオン封鎖剤
表面処理
精製
配合成分の選択
有用性
使用性
安定性
安全性
規格・基準の決定
薬剤
美白用薬剤
抗シワ剤
肌荒れ改善剤
にきび用薬剤
腋臭防止用薬剤
収斂剤
育毛用薬剤
ふけ・かゆみ用薬剤
その他薬剤
原料・薬剤の組み合わせ
処方選択
容器
チューブ容器
コンパクト容器
繰り出し容器
細口びん
広口ジャー
塗布具付き容器
ポンプ容器
ペンシル容器
エアゾール容器
素材
ガラス
プラスチック
ゴム
紙、木材、糸、布
金属
角、皮、毛、海綿
包装
個装
外装
容器・包装選択
試作実験
使用試験
量産検討
加熱、溶解、混合、攪拌、冷却、充填、包装
（化粧品）
届出
承認申請
（医薬部外品の場合）
承認
製造
試験
有用性のチェック
使用性のチェック
安定性のチェック
安全性のチェック
商品
市場調査

34 化粧品を大量に作る装置

中味の製造装置、成型・充填・包装装置

化粧品の製造装置は、中味の製造装置と成型・充填・包装装置に大きく分かれます。化粧水は混合機を用い、乳液やクリームは混合機以外に乳化機と冷却機が必要です。また、固形粉体製品は粉体の粉砕機と混合機が必要になります。リキッドファンデーションや口紅など粉体の入ったクリーム状やスティック状の製品はこれらの装置のすべてが必要になります。

分散機、乳化機は羽根を回転させて分散するディスパーミキサーやタービンを高速回転させステーターとタービンの間を通過させて、せん断力、衝撃、対流によって均一で細かい乳化粒子を得るホモミキサー、固定された表面と高速ローターの狭い間隙に液体を通過させるコロイドミルなどがあります。乳化粒子を小さくするために高圧ホモジナイザーも使われており、この装置を用いるとナノレベルの乳化粒子を作ることができます。同じ組成であっても透明で粘度の低いものを作ることができるのです。

粉体の混合機・粉砕機は湿式、乾式がありますが、乾式ではV型混合機、円錐型スクリュー混合機、ハンマーミルなどがあります。また、粉体と液体を混ぜて歯磨きのようなペーストを作るためにリボン型の練り合わせ機・ニーダーが、口紅やエナメルの色材部分にはローラーも使われています。粉体をより微分散させるために、1㎜程度の硬い小さな球のビーズと一緒にして粉砕・分散するビーズミルも使われています。

急激な温度降下によって性質が変化する系では、二重釜に冷却水を通しパドル式の攪拌で冷却する装置も使われます。また、高温で乳化された乳化系を連続的に急冷却するには、ジャケット付きシリンダーのある連続攪拌混練熱交換機などを使います。こうしてできた中味は充填されますが、口紅のようにオイルやワックスを固める製品は、充填時の冷却条件で硬さや使用性が変わる場合があるので条件を細かく規定して充填しています。

要点BOX
- ●中味製造は混合、粉砕、乳化、分散
- ●冷却条件で変わる物性
- ●外装は成型、充填、包装

化粧品の製造装置

装置	対象物	乳液・クリーム	化粧水	パウダリーファンデーション	口紅
混合機	粉体	×	×	○	×
	液体、粉体 / 液体	○	○	×	○
粉砕機	粉体	×	×	○	×
乳化機	液体	○	×	×	×
分散機	液体 / 粉体	×	×	×	○
冷却機	液体、粉体 / 液体	○	×	×	○
成型機	粉体	×	×	○	×
充填機	液体、粉体、粉体 / 液体	○	○	○	○
包装機	−	○	○	○	○

化粧品製造に使用される装置

装置	対象物と作用	具体的な装置	
混合機	粉体：2種類以上の粉体をかき混ぜて均質な混合物にする。	●回転型：容器自体が回転 ●円筒型、二重円錐型、V型など  V型混合機	●固定型：容器が固定していてその中でスクリュー、リボン型の羽根が回転する 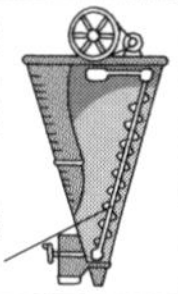
	液体、粉体／液体：液体および粉体の混ざった液体を混合する。攪拌力が主。	●低速攪拌機 ・アンカー型掻取ミキサーやパドル型ミキサー ・プラネタリーミキサー（混練）。さまざまな羽根の形がある。ニーダーなど	
粉砕機	粉体：化粧品では、すでに粉砕されたものを用いることが多く、凝集をほぐす目的が多い。	●圧縮粉砕機：ディスクグラッシャなど ●衝撃圧縮粉砕機：ハンマーミルなど ●剪断粉砕機：カッティングミルなど ●摩擦粉砕型：パンミル、遠心ボールミルなど	
乳化機	液体：剪断力（ひきちぎる力）やキャビテーションの力を利用して乳化させる。	●高速高剪断攪拌機としてホモミキサーやウルトラミキサーがある ●高圧ホモジェナイザーは超高圧下なので微細エマルションも製造できる 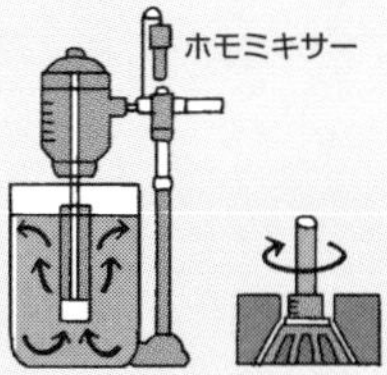 	
		●超音波乳化装置はキャビテーション力によって局所的な乳化を行う。超音波発生には機械的振動方式と電気的振動方式がある	
分散機	粉体／液体：衝撃力（ぶつかる力）を使って分散させる。	●ディスパーミキサーは粉体を液体に分散させるサスペンション系に適する。 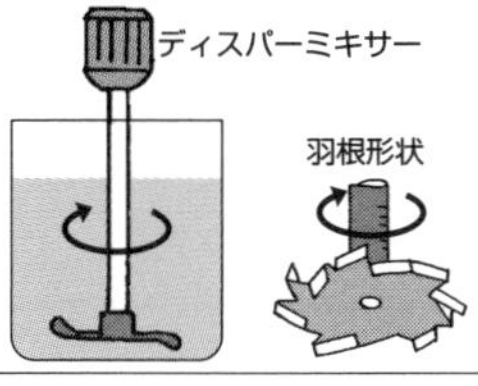 	●ボールミル、ビーズミルなどではジルコニアビーズなどに回転剪断力を加えその力によって分散させる。 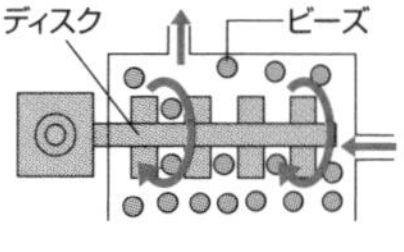

35 見た目と使い勝手も重要です

化粧品の容器・包装の機能

化粧品にはさまざまな形の容器が使われています。化粧品や乳液など液体に使われている細口ボトル、クリームやペースト状の中味ではチューブ、マスカラに使われる塗布具付き容器、ファンデーション用コンパクト容器、口紅用繰り出し容器、エアゾール容器など千差万別です。エアゾールではノズルによって泡や霧を作ることができます。材質もプラスチック、金属、ガラス、紙など多様で、それらをうまく組み合わせて使っています。

化粧品の容器は3つの機能を持っています。1番目は「中味を保護する」という機能で、使い終わるまで中味の品質を保証しなくてはなりません。光や酸素から中味を守るのは当然ですが、容器が中味の成分を吸着したり、容器から可塑剤などが溶出してはなりません。

2番目は「利便性」で開けやすさ、持ちやすさ、使いやすさなど人間工学的機能です。鋭角部のある容器は肌を傷つける可能性があります。また誤使用されない形態も必要です。高齢化社会に向けて高齢者用だけではなく、すべての人々が快く使えるユニバーサルデザインの容器が必要です。

3つ目は店頭などで人を視覚的な魅力で引き付ける「販売促進性」です。ファッション性の高い化粧品容器はデザイン性、商品の持つアピールポイントを前面に出す必要があります。

この3つの基本機能以外に地球環境保護などの社会適合性や、経済性も加味されて容器は開発されているのです。今までにない新しいタイプの製品は、予想外のところで思わぬ問題が発生する場合があります。1995年にPL法が施行され、容器に関しても、①設計上の欠陥、②製造上の欠陥、③表示上の欠陥が挙げられています。これらの欠陥を未然に防止する設計が必要なのは当然ですが、試作品の使用テストをさまざまな状況で十分に行うことが大切です。

要点BOX

●化粧品の容器には、中味の保護、利便性、販売促進性の3つの基本機能がある
●PL法、環境などの社会適合性や経済性も必要

容器の種類

細口ボトル容器

化粧水、乳液、シャンプーなど

チューブ容器

粘度の高いもの用
クリーム、洗顔フォーム、ヘアカラーなど

ポンプ容器

美容液、シャンプー、香水など

広口ジャー容器

クリームなど粘度の高いもの用

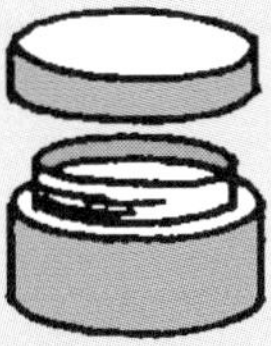

塗布具つき容器

マスカラ、ネールエナメル、アイライナー、リップグロスなど

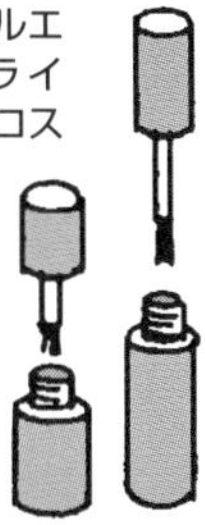

エアゾール容器

ヘアフォーム、ヘアスプレー、育毛剤など

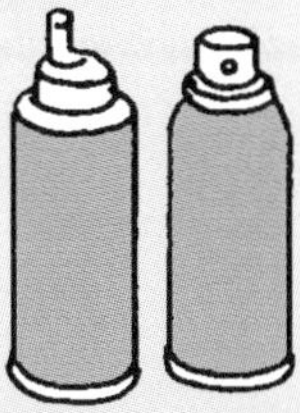

コンパクト容器

ファンデーション、アイシャドー、頬紅など

繰り出し容器

口紅、コンシーラーなど

その他

ルースパウダー、ヘアカラー、アイライナーペンシルなど

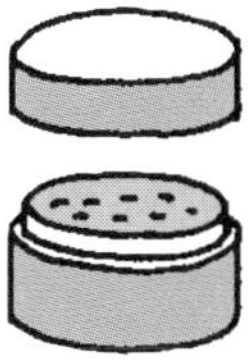

容器・包装用の素材

分類	内容
プラスチック	加工性が良く透明、不透明、着色や加飾しやすいため多く使用される。ポリエチレン(PE)、ポリプロピレン(PP)、ポリエチレンフタレート(PET)、ポリスチレンなどがある。
ガラス	通常透明ガラスびんが使われる。主にソーダ石灰ガラスを使用。重量はあるが高級感が出せる。高級な香水ビンにはクリスタルガラスが使われる。
金属	主にアルミニウムや真ちゅうが使用される。鉄はサビやすいためスズメッキやコーティングを行って使用される。
紙	個装には板紙、外装には段ボールが用いられる。

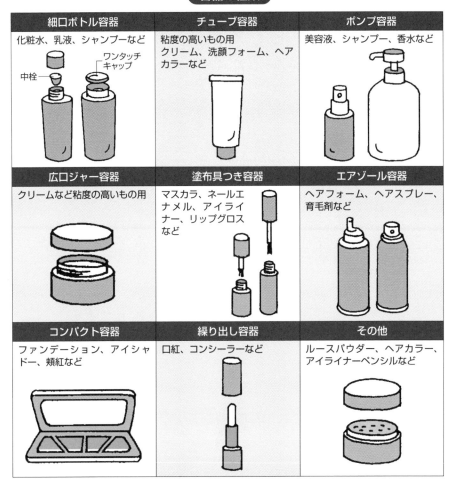

36 昔から使われてきた石鹸

紀元前2500年頃、石鹸の原型が登場します。メソポタミア文明で有名なチグリス・ユーフラテス川流域で発見された粘土板には、くさび形文字で石鹸作りのレシピが記録されており、「油1に対し植物灰5・5」と刻まれていたそうです。脂肪酸と炭酸カリウムの反応だったのでしょう。ヒトが使った最初の化学反応かも知れません。

石鹸は天然油脂もしくは脂肪酸を原料とし、油脂ケン化法や脂肪酸中和法で作られています。一般に目にする石鹸は、脂肪酸のナトリウム塩で固形ですが、脂肪酸のカリウム塩（カリ石鹸）はナトリウム塩よりさらに水に溶けやすい液体状の石鹸です。浴室で石鹸を使うと洗面器の周りに石鹸カスができます。これは脂肪酸のカルシウム石鹸で水には溶けません。このような石鹸を金属石鹸といい、マグネシウム塩や亜鉛塩があります。これらに洗浄性はありませんが潤滑性はあるので、潤滑剤や離型剤として使われます。

石鹸を大量に作るには苛性ソーダ（水酸化ナトリウム）が必要です。苛性ソーダの製造法にはルブラン法やソルベー法があります。その後、食塩水を電気分解した電解ソーダ法が工業化され、安価に大量に作られています。

脂肪酸はそれぞれの炭素数（Cの数字）によって性質が異なります。炭素数が10以下では洗浄力が弱く、20以上になると水に溶けにくくなるので石鹸には適しません。飽和脂肪酸を使用すると固く酸化しにくい石鹸になります。ラウリン酸からステアリン酸までがよく使われます。二重結合のある不飽和脂肪酸は水に溶けやすく酸化しやすい石鹸になります。オレイン酸、リノール酸などがあります。それ以外に、ヒマシ油に存在する水酸基を持ったリシノレイン酸は固くて水に溶けやすい石鹸を作ります。これは透明石鹸に使われることがあります。

要点BOX

●石鹸は油脂ケン化法や脂肪酸中和法で作られる
●脂肪酸の炭素数や不飽和度で石鹸の性質が変わる

油脂ケン化法

古来からの方法で品質が安定しづらいが、個性的な石鹸を作りやすい

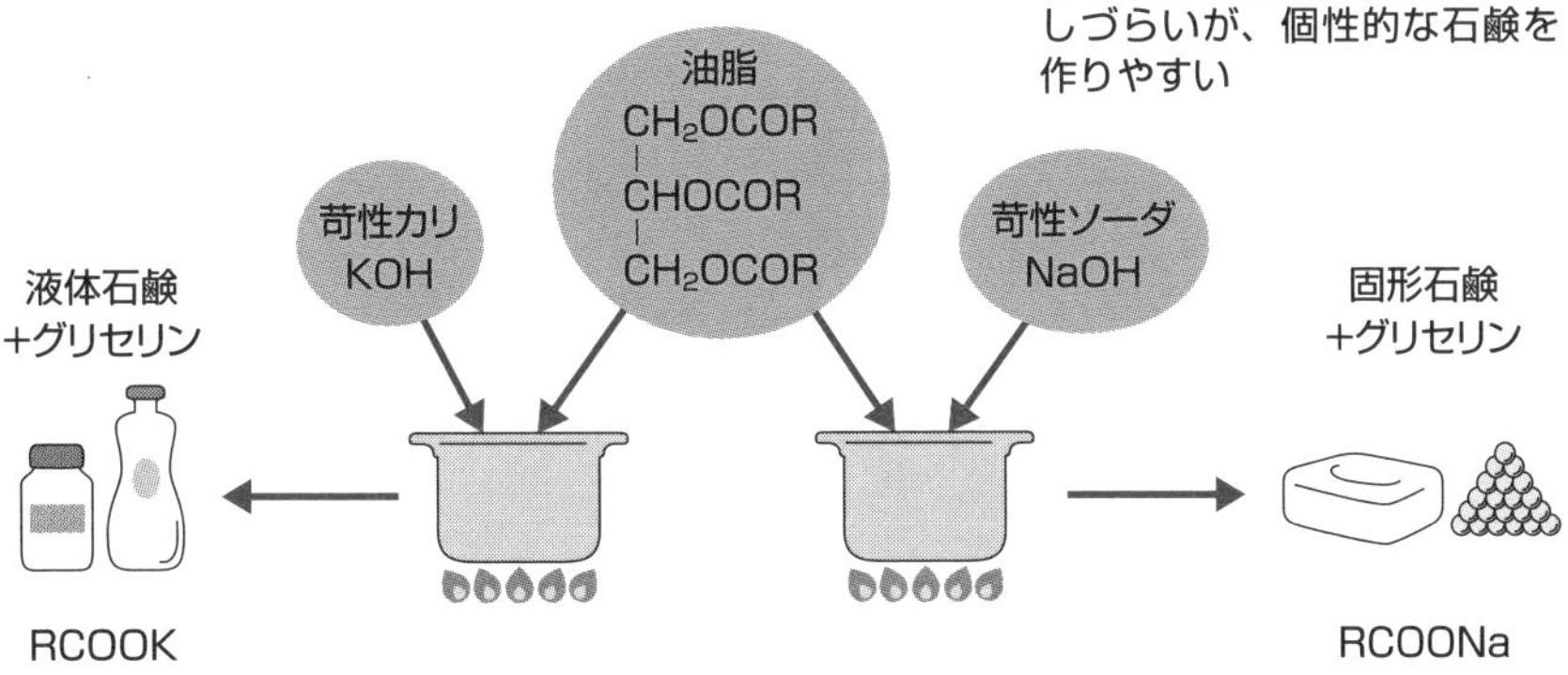

脂肪酸中和法

脂肪酸とアルカリを中和させて作る。
塩析不要。大量生産しやすい

$$RCOOH + NaOH \longrightarrow RCOONa + H_2O$$

$$RCOOH + KOH \longrightarrow RCOOK + H_2O$$

石鹸に影響する脂肪酸の性質

脂肪酸名	石鹸にしたときの性質	多く含む油
ラウリン酸 (C12)	固い石鹸で、冷水にもよく溶け、起泡力があって良好な泡を生成する。洗浄力はある。皮膚刺激がややある。	ヤシ油、パーム核油
ミリスチン酸 (C14)	ラウリン酸より水溶性は劣るが、泡の持続性は良い。	ヤシ油、パーム核油
パルミチン酸 (C16)	冷水には溶けにくく、泡は少し大きめで持続性がある。洗浄力は大きい。	パーム油、ココアバター、牛脂
ステアリン酸 (C18)	高温では水に溶け、洗浄力が高い。耐硬水性はなく、固い石鹸である。	シアバター、牛脂
オレイン酸 (C18:1)	ステアリン酸と炭素数は同じであるが、不飽和結合を含むため水溶性が良い。泡立ちも良く洗浄力を発揮する。	オリーブ油、パーム油、牛脂、つばき油
リノール酸 (C18:2)	オレイン酸より軟質で水溶性であるが洗浄力は悪くなる。	コーン油、グレープシード油
リノレン酸 (C18:3)	洗浄力が余りなく、酸化しやすいので主原料になることはない。	月見草油、くるみ油

※ カッコ内の表記は（炭素数：二重結合の数）を表している

37 汚れの落とし方

洗浄の機構とメーク落とし

　皮膚や髪のためにまず汚れを落としましょう。皮膚の汚れには皮脂膜や剥離した角層、汗が乾いて残った塩分と尿素、ちり、ほこり、あるいは化粧品の残りなどがあります。油性の汚れと汗や垢などが混ざっているので、水だけではうまく洗浄できません。このため昔から石鹸が使われていました。

　石鹸による洗浄の第一歩は、湿潤、つまり濡らす過程で、汚れがついている皮膚や髪を洗浄液と接触させることです。次に汚れを脱離させることで、その後には再汚染防止が必要となります。これには汚れ粒子を分散させ、安定したエマルションにすればよいのです。石鹸は弱アルカリ性なので、モノアルキルリン酸ナトリウム（MAP）やアシルグルタミン酸ナトリウム（AGS）などを使った中性の洗顔料やボディシャンプーなどが開発されています。

　顔の場合は、メーク落とし、洗顔料が主に用いられます。メーク落としは「油性の汚れを油に溶かして落とす」ものでメーク汚れを溶かし出し、化粧綿などでふき取ります。水で洗い流すタイプとして水／油／界面活性剤／ポリオール系のラメラ型液晶があります。これをメーキャップ化粧品になじませマッサージをすると、水の揮散とともにいったんW／O型に転相し、汚れは油相に溶け込み、水で洗うとO／Wのエマルションになって水できれいに洗えるのです。

　高分子シリコーンの汚れをしっかりとるために、シリコーンをよく溶かす揮発性シリコーンを含んだバイコンティニュアスマイクロエマルションを利用したものもあります。この状態は水と油との界面張力がとても低い状態なので、水性汚れと油性汚れの両方をメーク落としにすばやくなじませて取り込みます。すすぎ時には汚れを含んだ油相は小さな乳化粒子になって、すっきり、さっぱり洗い流せるのです。この系を泡状にして、泡が弾けるときのエネルギーを利用してメイクを溶かし出すものまであります。

要点BOX

- ●石鹸による洗浄の第一歩は、汚れがついている皮膚や髪を石鹸液に濡らすこと
- ●メーク落としは、油性の汚れを油に溶かすこと

汚れを取り除く化粧品

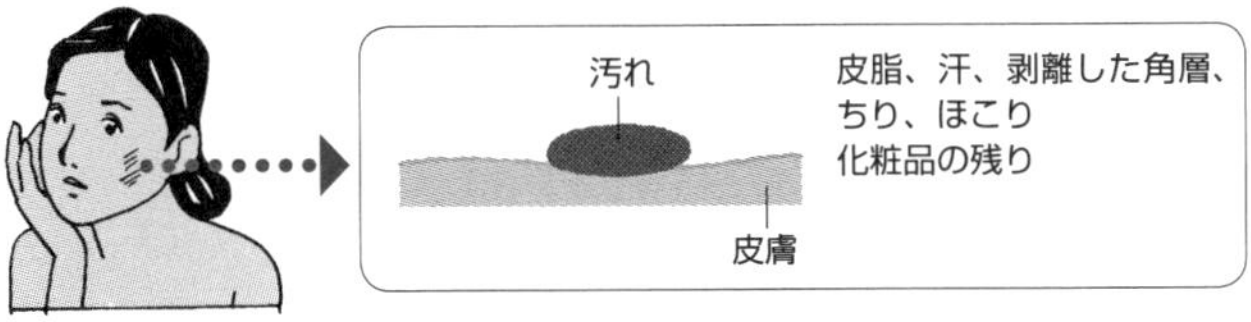

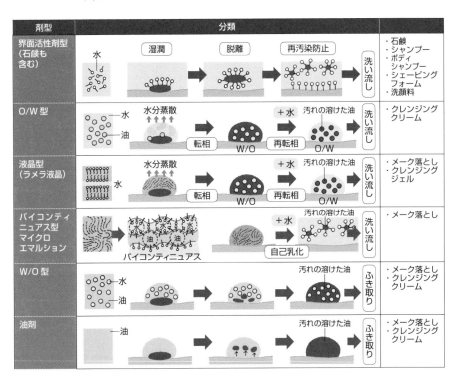

剤型	分類	
界面活性剤型 （石鹸も 含む）	水 湿潤 → 脱離 → 再汚染防止 → 洗い流し	・石鹸 ・シャンプー ・ボディシャンプー ・シェービングフォーム ・洗顔料
O/W 型	水 油 水分蒸散 → 転相 W/O → ＋水 再転相 汚れの溶けた油 O/W → 洗い流し	・クレンジングクリーム
液晶型 （ラメラ液晶）	水 水分蒸散 → 転相 W/O → ＋水 再転相 汚れの溶けた油 O/W → 洗い流し	・メーク落とし ・クレンジングジェル
バイコンティニュアス型 マイクロエマルション	→ 水 油 バイコンティニュアス ＋水 自己乳化 → 汚れの溶けた油 → 洗い流し	・メーク落とし
W/O 型	水 油 → → 汚れの溶けた油 → ふき取り	・メーク落とし ・クレンジングクリーム
油剤	油 → → 汚れの溶けた油 → ふき取り	・メーク落とし ・クレンジングクリーム

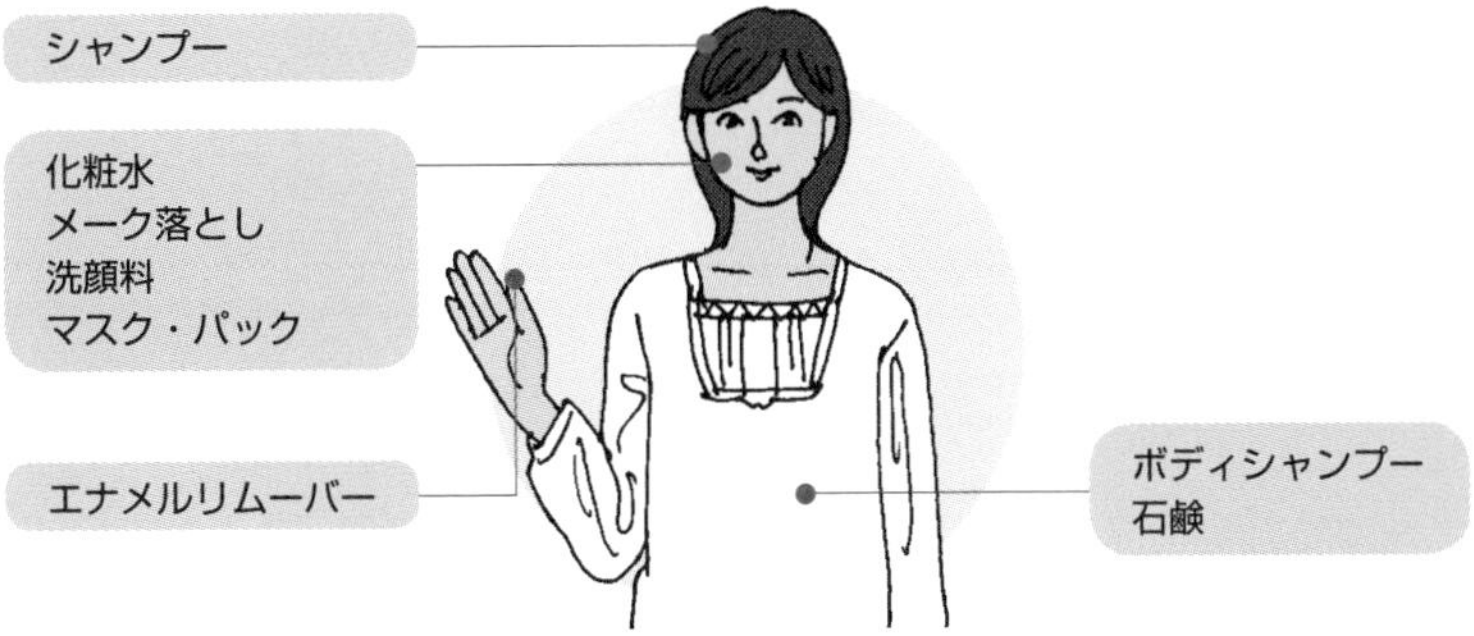

38 シャンプーもリンスも進化しました

洗浄だけではない機能

シャンプーに期待するものはもはや洗浄だけではありません。「髪をいたわる」、「洗いあがりがきしまない」など、ダメージケア効果や毛髪の質感改善が望まれています。

シャンプーの主な成分はアニオン性、両性および非イオン性の界面活性剤などの洗浄成分と、カチオン性ポリマーやシリコーン油などのコンディショニング成分です。界面活性剤については、最近、アミノ酸系がマイルド性と環境への優しさから使われています。カチオン性ポリマーはカチオン化セルロースやカチオン化グアーガムが用いられ、分子量や電荷密度を調整して使われています。

汚れを落としながらコンディショニング成分を毛髪に吸着させるなんてすばらしいですね。これは「コアセルベート」を考えることで設計できます。コアセルベートは、界面活性剤（アニオン性、両性）とカチオン化ポリマーが水で希釈されていく洗浄過程において生成する複合体です。これが水に溶けないため毛髪に吸着し、コンディショニング効果を示すのです。一方、リンスはカチオン界面活性剤が毛髪に吸着することによって効果を発揮します。

昔、リンプー（リンスインシャンプーを当時そう呼んでいた）が開発されたときとてもびっくりしました。「シャンプーとリンスを混ぜるだけではないか」ですって？シャンプーの主成分はマイナス電荷を帯びたアニオン界面活性剤で、リンスの主成分はプラスの電荷を帯びたカチオン界面活性剤です。両方を単純に混ぜると静電的な相互作用で複合体を形成して不溶化してしまいます。「シャンプーしながらリンスをしたら髪の毛が固まった」というクレームも聞きました。ある研究員がカチオン活性剤とアミノ酸系のアニオン活性剤を特定の割合で混合すると水に溶ける複合体を形成することを見つけました。この発見がリンスインシャンプーを産んだのです。旅行などにとても便利ですね。

要点BOX

- 汚れを落とし、コンディショニング成分を毛髪に吸着させる機能を持つコアセルベート
- 水に溶ける複合体がリンスインシャンプーを産んだ

シャンプーの成分と効果

分類	成分	作用・効果
水	精製水	界面活性剤などの溶解
起泡洗浄剤	アニオン界面活性剤	主起泡洗浄剤。アミノ酸系のナトリウム塩など
	両性界面活性剤	安全性向上や増粘などの補助的な目的で使用
	ノニオン界面活性剤	補助的に用いられる
添加剤	油分	ラノリン誘導体、エステル油、シリコーン油など
	コンディショニング剤	カチオン化セルロースなど、希釈時に毛髪に付着
	基剤調整剤	保湿剤、増粘剤、乳濁剤、色素など
	安定化剤	金属イオン封鎖剤、紫外線吸収剤、防腐剤など
	薬剤	ふけ、痒みの防止薬剤。トリクロロカルバニリド、イオウ、サリチル酸など

リンスの成分と効果

分類	作用・効果
精製水	界面活性剤などの溶解
カチオン界面活性剤	毛髪に吸着して摩擦係数を下げ、滑らかにする。静電気を防止する。 毛髪に光沢を与え、保護する。代表的なものは塩化アルキルトリメチルアンモニウムがあり、アルキル基の大きいほど効果が高い
油分	炭化水素、高級アルコール、エステル油、シリコーン油など
保湿剤	グリセリン、プロピレングリコール、1,3-ブチレングリコール、ポリエチレングリコールなど

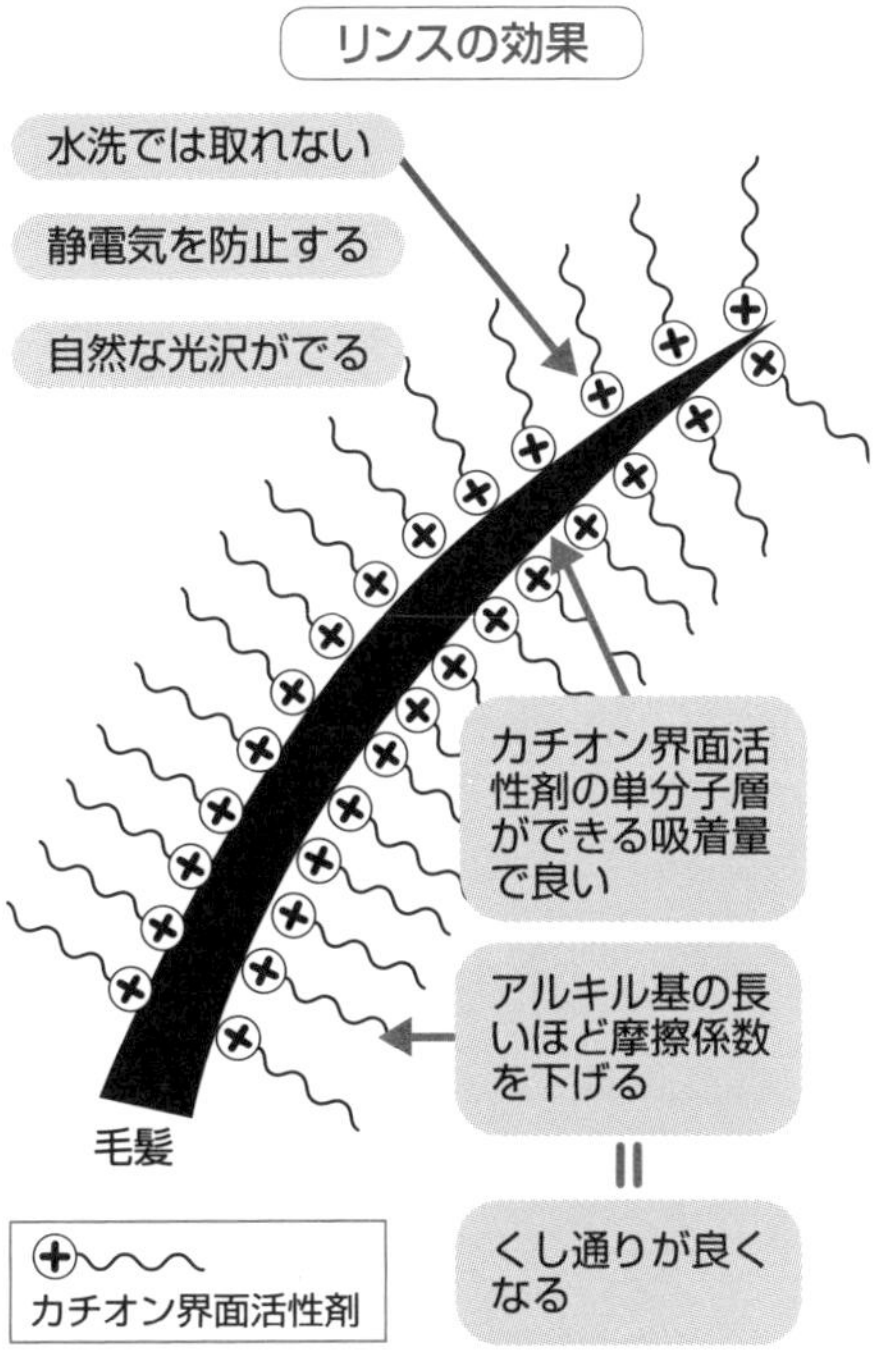
リンスの効果
水洗では取れない
静電気を防止する
自然な光沢がでる
カチオン界面活性剤の単分子層ができる吸着量で良い
アルキル基の長いほど摩擦係数を下げる
=
くし通りが良くなる
毛髪
カチオン界面活性剤

39 保湿成分知ってますか

ヒューメクタントとエモリエント剤

健康で美しいとされる肌には透明感があり、ふっくらとした柔らかさと表面の滑らかさを兼ね備えています。このためには角層がうるおっている必要があり、保湿効果は化粧品にとって大切です。

皮膚には乾燥から生体を守る機能が備わっていることは前にも述べました。しかし、加齢による皮脂量の低下、クレンジングや洗顔による洗浄、温度や湿度の変化、紫外線の影響などによって皮膚表層の水分は失われがちになります。これらをケアするのが保湿化粧品です。皮膚保湿を支える主要成分である水分、脂質、NMFに着目し、これに化粧品成分である水、油性成分、保湿剤で対応するモイスチャーバランス理論が提唱されています。

肌に水を塗りますと、一時的に水分量は高まりますが、蒸散して元の状態に戻ります。そこで水分保持効果のある物質を配合することになりますが、1つは保湿剤で、グリセリンなどのポリオール類、ヒアルロン酸などのムコ多糖類、アミノ酸類などで、水への親和性が高く保水性のある物質です。ヒューメクタントと呼ばれることもあります。特に高分子のところで紹介したアセチル化ヒアルロン酸は適度な疎水性で皮膚になじみ、皮膚柔軟効果に優れます。もう1つは油性成分です。吸湿性や保水性は低いのですが、閉塞性が高く水分蒸散を抑え、エモリエント剤と呼ばれることもあります。天然油脂、高級脂肪酸、ラメラ構造を作るセラミドなどがあります。

保湿剤と油性成分の両者をバランス良く配合したものが乳液やクリームです。保湿剤が入ればよいだけではありません。剤型も大変重要で、一般的にはO/W型よりもW/O型の方が水分蒸散抑制能に優れています。ラメラ構造で保水性と閉塞性を兼ね備えたO/W型の剤型も開発されています。

お風呂から上がって5分以内の皮膚が湿っている間に塗ると効果的です。

要点BOX

- ●水溶性成分のヒューメクタントと油溶性成分のエモリエント剤
- ●モイスチャーバランスは水分、油分、保湿剤

保湿作用のある物質

名称	特長	化学式
グリセリン	最も古くから用いられてきた保湿剤。 油脂より石鹸または脂肪酸を製造する際の副生物として得られる。無色、無臭。	CH_2OH | $CHOH$ | CH_2OH
プロピレングリコール	グリセリンに似た外観、物性を示す。 グリセリンに比べて粘度が低いため使用感が良い。1,2- プロピレングリコールが一般的。	CH_3 | $CHOH$ | CH_2OH
1,3-ブチレングリコール	無色透明な粘性の液で臭いはほとんどなく、水、アセトン、エタノール、エチルエーテルによく溶ける。多価アルコールの中では比較的穏やかな吸湿性を示す。香料の保留剤にも使われる。	CH_2OH | CH_2 | $CHOH$ | CH_3
ポリエチレングリコール	平均分子量 200 から 600 までは常温で液体で、それ以上になると半固体となる。無色無臭で吸湿力は分子量の増大とともに減少する。クリーム、乳液などに使用される。	$HO(CH_2CH_2O)_nH$
ソルビトール	桃などの果汁に含まれる糖アルコール。白色、無臭の固体でクリーム、浮液、歯磨きに使用される。	CH_2OH | $(CHOH)_4$ | CH_2OH
トレハロース	保湿効果が高く乾燥から肌を守る。 化粧品、乳液、クリームに配合される。	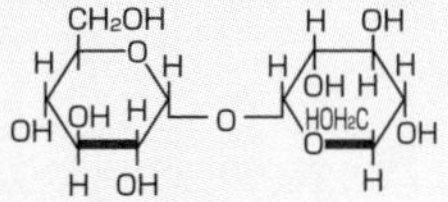
乳酸ナトリウム	乳酸塩は NMF 中に存在する天然保湿成分。多価アルコールに比較して高い吸湿力を示す。	$CH_3CH(OH)COONa$
2- ピロリドン -5- カルボン酸ナトリウム	NMF 中の保湿成分。グルタミン酸の脱水反応によって生成。無臭。優れた吸湿、保湿効果を示す。	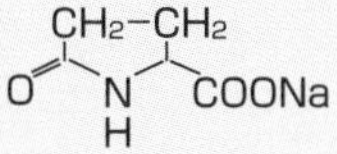
ヒアルロン酸ナトリウム	N- アセチルグルコサミンとグルクロン酸とが交互に結合した酸性ムコ多糖類。結合組織内では細胞間隙に水を保持したり、皮膚のみずみずしさに寄与する。	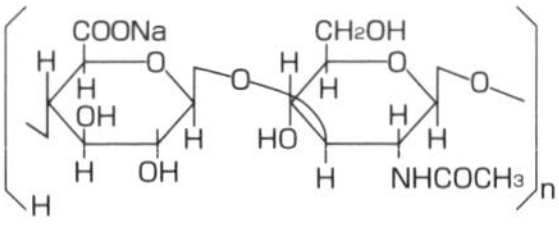
尿素	少量の配合で角質の柔軟・保湿効果があり乾燥から肌を守る。多量に配合して肘やかかとなどの硬い角質を取り除いて滑らかにする。	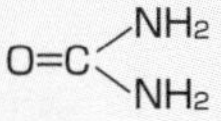

アセチル化ヒアルロン酸は高分子の28項参照

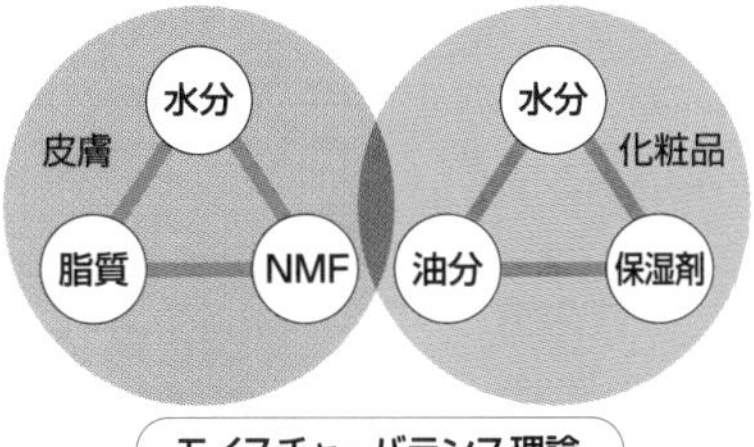

モイスチャーバランス理論

40 スキンケア製剤の作り方

化粧水、乳液、クリーム

　化粧水は角層に水分や保湿成分を供給し、皮膚のモイスチャーバランスを整える目的で使われています。構成成分は水、アルコール類、保湿剤、油性原料、界面活性剤、香料、薬剤、安定化剤などです。

　化粧水は少量の油分を界面活性剤で可溶化した透明で液状のものが一般的でしたが、最近は肌なじみの改善やエモリエント性を高めるために油分を多く含んだ透明〜半透明の化粧水が出ています。

　油を多く含んで、なおかつ透明にするにはどうすればよいでしょうか? 油の粒を小さくして光が散乱しないようにすればよいですね。これには高圧ホモジナイザーというものを使います。これを使えば200㎚程度の微細エマルションを簡単に作ることができます。さらに粒子を小さくしたい場合は、水相にグリセリンなどの多価アルコールを入れて高圧ホモジナイザーで乳化させるとよいでしょう。この方法を使うとクリーム処方を化粧水状にすることができるのです。この化粧水とクリームはまったく同じ成分なのですよ!

　乳液とクリームは水分、保湿剤や油分を皮膚に補給することを目的にしています。乳液とクリームの成分はほぼ同じですが、乳液はクリームより油分量、特にロウなどの固形油分が少なく流動性があります。使用性はみずみずしく皮膚によくなじみます。

　乳液、クリームはともにO／W型、W／O型、さらにはO／W／O型などのマルチプルエマルションがあり、目的に合わせて使い分けられています。O／Wエマルションを作るには水と油と親水性界面活性剤を用います。水相に界面活性剤を溶解させ、それに分散相である油相を攪拌しながら添加していく……とても自然です。でも、油相に界面活性剤を添加しておいてそれを水相に添加していく方が粒子の小さなエマルションができるのです。これは界面活性剤が油相から親和性の高い水相に分配・拡散していく過程で界面張力が低くなるためといわれています。

要点BOX

- 化粧水の構成成分は水、アルコール類、保湿剤、油性原料、界面活性剤、香料、薬剤、安定化剤など
- 微細エマルションの作り方

クリームの粒子径

	(a)	(b)	(c)
乳化粒子径	1～10μm	120nm	30nm
粘度	1020mPa・s	18mPa・s	10mPa・s
調製条件	ホモミキサー	高圧ホモジナイザー	高圧ホモジナイザー（水溶性溶媒高濃度）

粒子径を変化させたクリーム処方の状態

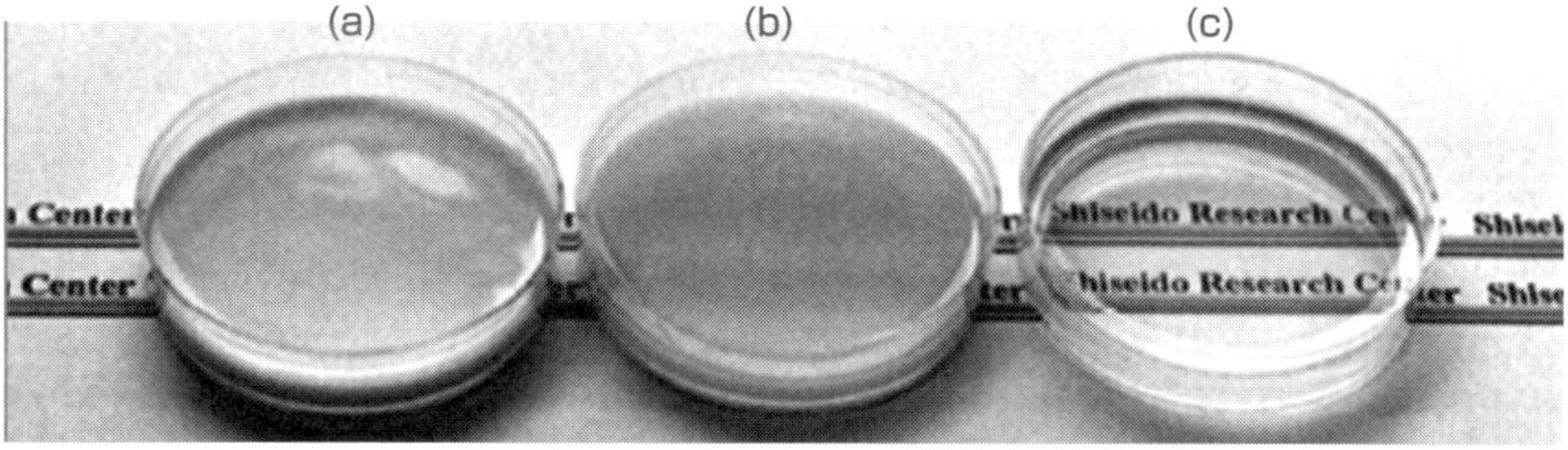

提供：資生堂

スキンケア化粧品の構成成分

分類	主な機能	代表的原料
精製水	角層への水分補給。成分の溶解	イオン交換水
アルコール	清涼感、静菌、成分溶解	エタノール、イソプロパノールなど
保湿剤	角層の保湿、使用感	グリセリン、プロピレングリコールなど
油性原料	皮膚のエモリエント、使用感	エステル油、植物油など
界面活性剤	可溶化、乳化	非イオン界面活性剤など
増粘剤	使用感、保湿	セルロース誘導体、アルギン酸塩
その他	薬効成分、安定化剤、香料	各種薬剤など

微細O/Wエマルションの作り方

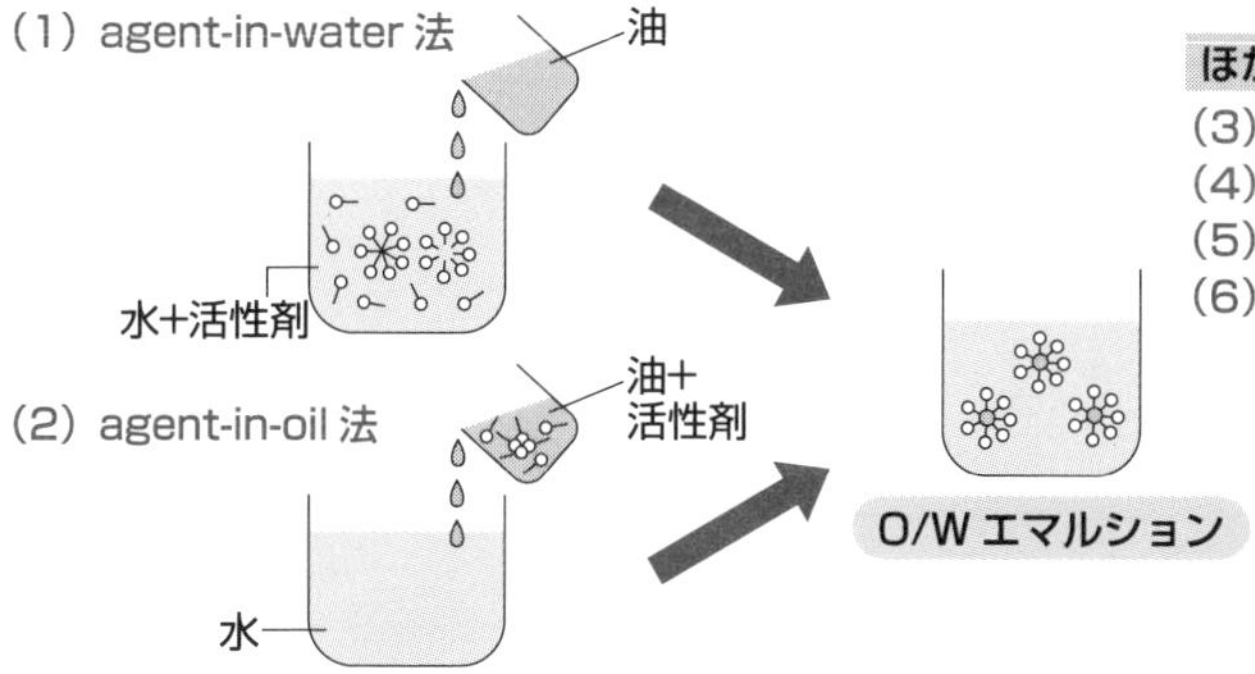

ほかにも次の方法がある

（3）転相乳化法
（4）HLB 温度乳化法
（5）可溶化領域を用いる方法
（6）D 相乳化法

用語解説

エモリエント性：皮膚からの水分蒸発を防止してうるおいを保持し、皮膚を柔軟にするという皮膚生理作用。

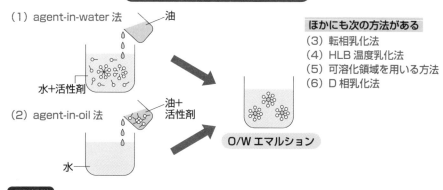

41 自然で美しく粧う

ファンデーション

ファンデーションの働きは年齢とともに現れる肌のくすみ、色むら、シミ、ソバカスなどの欠点を隠し、毛穴を目立たなくし、若々しく健康的な肌を演出することです。

ファンデーションで重要なのは、シワや毛穴などの凹凸補正とアザやシミなどの色補正です。「曇りガラス」を通してみれば、シワの多い人の顔のシワは目立ちません。化粧膜を光が透過する場合、なるべく多くの光が透過した方が明るく見えます。そして光が拡散した方が凹凸は目立ちません。多孔性シリカや多孔性ポリマーなどが使われています。

また、8項でお話ししましたが、肌は半透明なので自然に見えますが、この上に不透明な顔料を塗っては不自然になってしまいます。透明な素材で色補正しなくてはなりません。そこで出てくるのが膜厚で干渉色が変わる干渉色パール剤です。干渉色は黒地では外観色として見えますが、白地では白いままです。透過した補色が反射してキャンセルするからです。この干渉色を使って下地の色をわかり難くさせれば、青アザや赤アザを自然に隠すことができます。この干渉色パール剤の表面に板状などの形態制御粒子を被覆することによって光を制御し、リフティングや小顔に見せることも行われています。

ファンデーションにはさまざまなタイプがあります。携帯性と簡便性に優れるパウダータイプや水あり・水なしのどちらでも使える両用のパウダータイプ。それ以外にリキッドタイプやスティックタイプがあります。油性ばかりではなく乳化型でさっぱりした使用感のものもあります。また、肌に特殊な高分子化合物を配合したクリームと専用の乳液を重ねて塗ると、人工皮膚が瞬時に形成されて凹凸を補正しシワやたるみを隠せ、皮膚呼吸も妨げず肌への負荷も低いセカンドスキンといった新しい提案やファインファイバー技術といった噴射型の提案もあります。

要点BOX

- ●肌の色はメラニンとヘモグロビンで決まる
- ●膜厚で干渉色が変わる干渉色パール剤の利用
- ●ファンデーションのタイプ

ソフトフォーカス効果

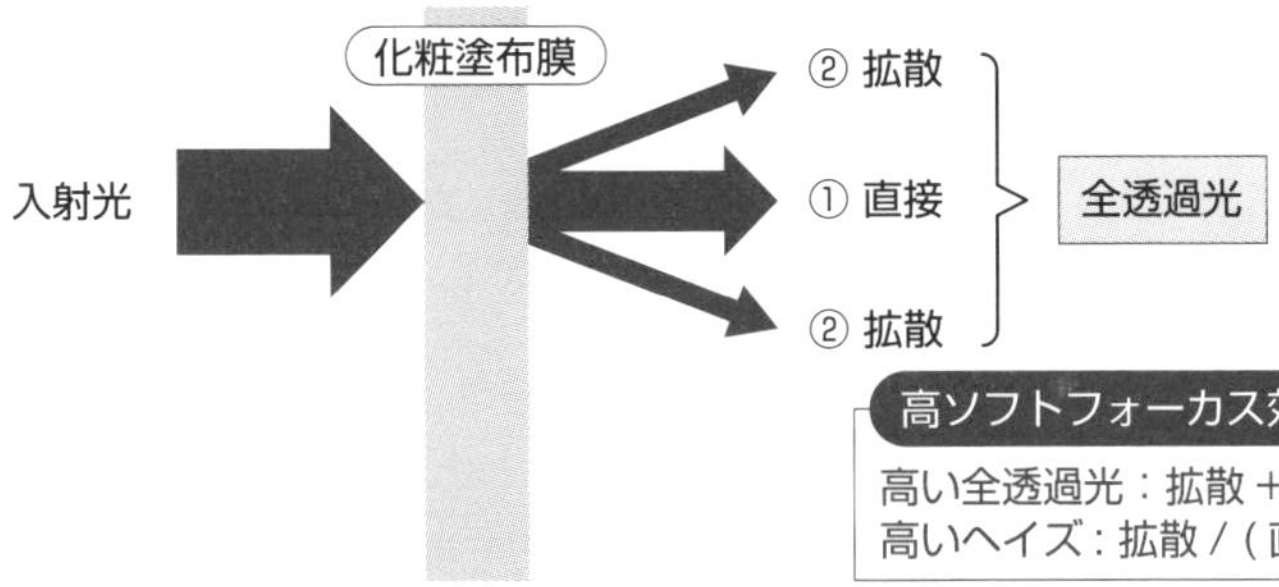

高ソフトフォーカス効果の条件

高い全透過光：拡散 ＋ 直接
高いヘイズ：拡散 / (直接＋拡散)

赤い干渉色パール剤の下地による色の見え方

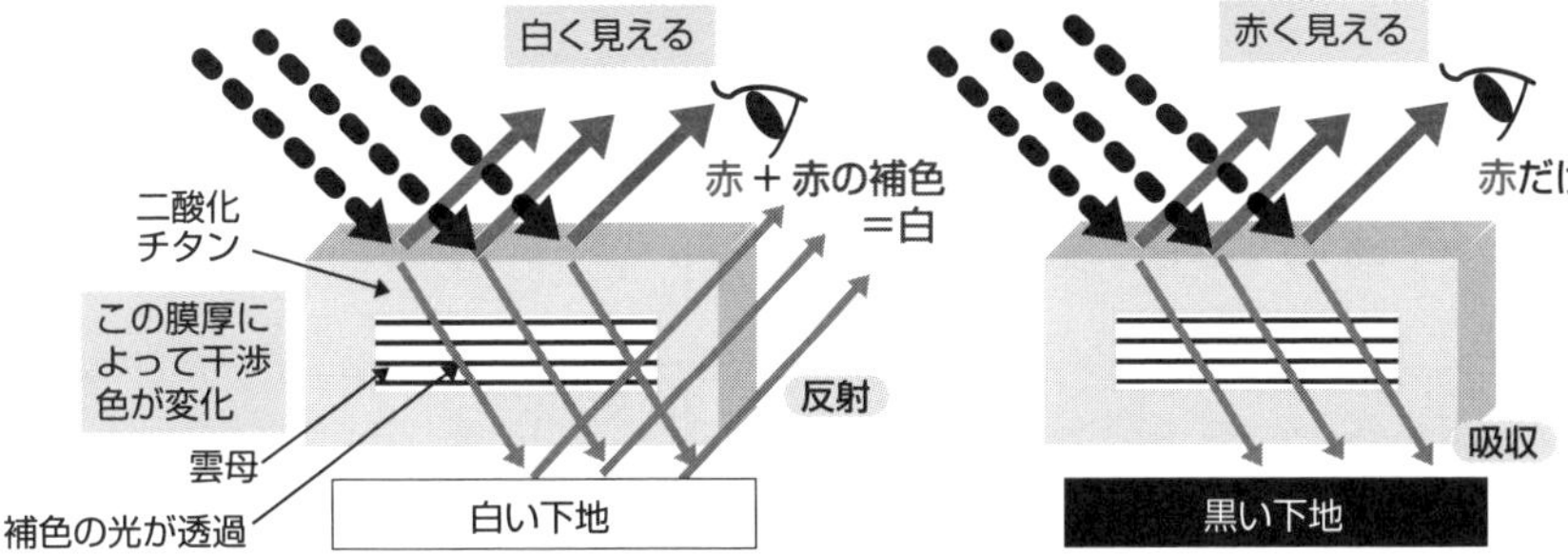

ファンデーションのタイプ別分類

タイプ		構成	特長
コンパクト状	パウダータイプ	粉体が主成分 (80 ～ 93%)。油がつなぎとなっている。	肌色補正。携帯に便利。
	両用タイプ	疎水性粉体が主成分 (80 ～ 93%)。油がつなぎとなっている。	同上。水あり、水なしの両方で使用可。
	ケーキタイプ	粉体が主成分 (80 ～ 85%)。油と乳化剤を加える。	水専用で使用時に清涼感あり。
	固形油性タイプ	油脂 (40 ～ 65%) に粉体 (35 ～ 60%) が分散。	つきが良く水に強い。
	固形乳化タイ	W/O 乳化系に粉体 (15 ～ 55%) が分散。	化粧持ちが良い。 携帯に便利。
スティック状	固形油性タイプ	油脂 (40 ～ 65%) に粉体 (35 ～ 60%) が分散。	つきが良く、 カバー力が高い。
	固形乳化タイプ	W/O 乳化系に粉体 (15 ～ 55%) が分散。	化粧持ちが良い。
クリーム状	乳化タイプ	W/O または O/W 乳化系に粉体 (10 ～ 35%) が分散。	O/W はのびが良い。 W/O は化粧持ちが良い。
乳液状	乳化タイプ	O/W 乳化系に粉体 (5 ～ 20%) が分散。W/O 二層分散。	O/W はのびが良く、みずみずしい。W/O は持ちが良い。

42 アイメークの世界

アイシャドーやアイライナーを使う理由

「目は口ほどにものを言い」という言葉がありますが、古代エジプト時代からアイシャドーやアイライナーが使われていました。日本では奈良時代から三日月眉を描くために眉墨が用いられてきました。1960年代以降、欧米美人の立体的な目元へのあこがれから、マスカラやアイライナーを使う女性が増えました。目元を魅力的に演出するにはゴールデンバランスがあり、これに基づいてお化粧をすると効果的です。

　さて、最近はマスカラが売上げを急速に伸ばしていますが、その中でも睫毛《まつげ》を、①さらに長くみせる、②ボリュームアップさせる、③さらにカールさせる、④1本1本セパレートにするという機能に優れている液状・皮膜タイプが中心です。睫毛を長く見せるために天然や合成の繊維を使って、1本1本自然に付着させています。また、いろいろな高分子皮膜剤を配合してカールしやすくし、その状態を持続させるように工夫しているのです。

　さて、睫毛の長さ、硬さ、密度、角度（上を向いて生えているか下向きか）などは人種などで異なります。欧米人は柔らかく長い睫毛が上に密に生えているのに対し、日本人は硬く短い睫毛が下に疎に生えている人が多いのです。欧米人に評判の良いマスカラを使ったら下まぶたがパンダ目になったという話も聞いたことがありますが、現在では、このようなタイプの睫毛の人でも下まぶたにくっついたりにじんだりしない処方が開発されています。乳化型をW／O型にして、さらに高分子皮膜剤の耐水性を高めると、泳いでも泣いても大丈夫なマスカラができます。

　さらに、マスカラは、ブラシの種類や形状とのマッチングも大切です。ブラシの形状は円筒形、ひし形、弓形、コーム形などがあります。現在、カラーマスカラやラメマスカラなども開発され、ラメなどによる華やかな演出や知性と個性を備えたエレガントなメークなどさまざまな選択ができるようになりました。

要点BOX

- 目元を魅力的に演出するゴールデンバランス
- マスカラはロング、カール、ボリューム、セパレート効果

アイメーキャップの適用部位

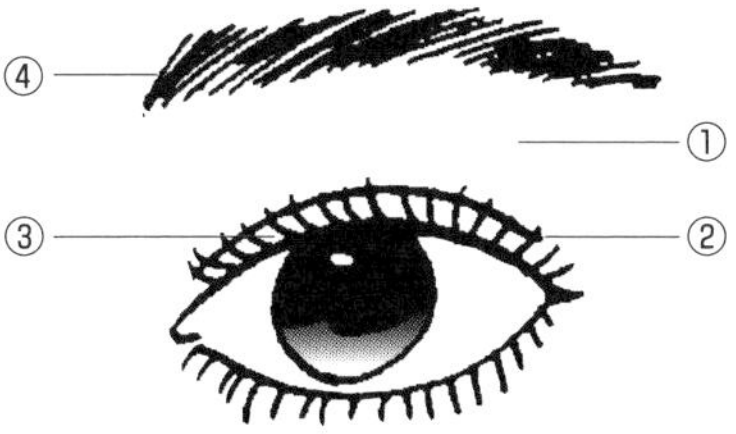

①アイシャドウ　③マスカラ
②アイライナー　④アイブロウ

目のゴールデンバランス

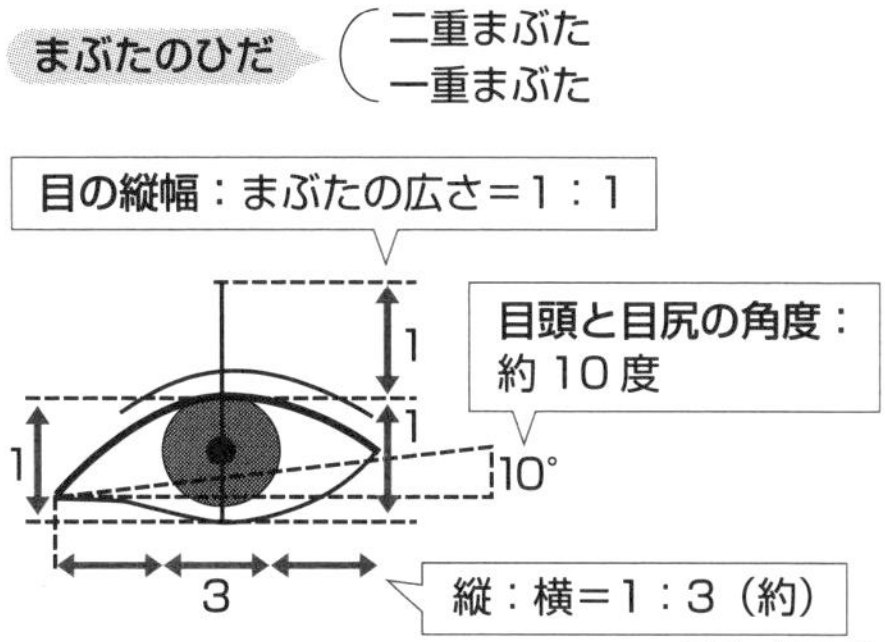

提供：資生堂

マスカラの効果

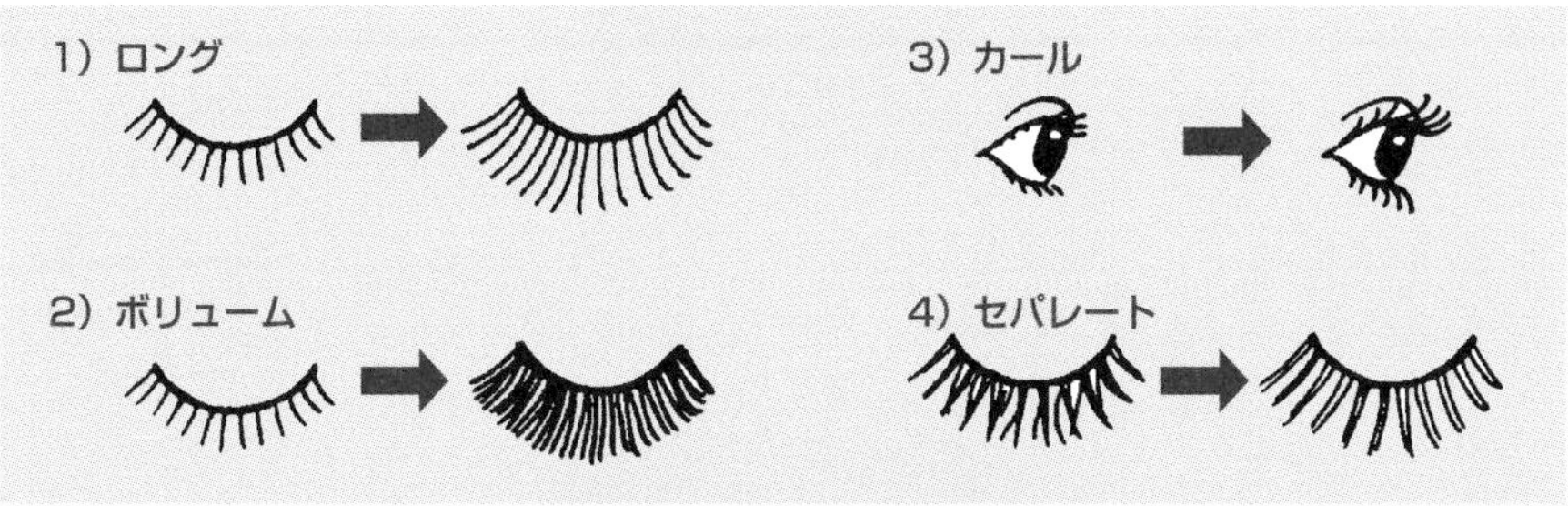

マスカラの剤型と成分

	製品剤型		
剤型 / 原料	油性	水溶性高分子	複合エマルション
油性原料	○	×	○
精製水	×	○	○
揮発性油分	○	×	×
界面活性剤	○	○	○
高分子化合物	○	○	○
多価アルコール	×	○	○
有機無機顔料	○	×	○
パール剤・ラメ剤	○	○	○
	揮発性油分に樹脂や顔料を分散または溶解したタイプ。耐水性に優れる。	水溶性高分子を用いた透明タイプ。自然な仕上りだが化粧持ちは悪い。	乳化・分散したワックスと水系エマルジョンを併用し、滑らかな使用感と化粧持ちの良さが特徴。

43 二次付着レス「つや」あり口紅

口紅は女性にとって昔から関心の高いものの1つでした。口紅が始まったのはギリシャ・ローマ時代にさかのぼることができます。日本でも7世紀には行われていたようです。江戸時代には紅花から取れる染料（カルサミン）が使われていました。近代的なスティック状口紅は第一次世界大戦の頃に拡がってきました。

唇は顔の皮膚に比べて角層が非常に薄く、ターンオーバーが速く、汗腺や皮脂腺がほとんどなく皮脂膜やNMFが少ないので角質水分量が少なく乾燥しやすいのです。メラニンもほとんどなく、毛もありません。とても無防備でデリケートな部分です。このためリップクリームや口紅で守ることが必要になります。

最近はつやを出すリップグロスを使う人が増えましたが、伝統的なスティックの作り方を紹介しましょう。スティック形状にするためには常温で固体状のカルナウバロウやミツロウのようなワックスと、ヒマシ油、ホホバ油のような液状の油分と、ローラーなどで油に分散させた色材を混ぜて溶かし、型に入れて冷やして固まらせます。こうすると油の中でワックスの扁平な結晶がカードハウス状の構造を作り、力が加わると崩れるため、使用性の良い口紅となります。

唇の縦ジワが気になる人はいますか？この縦ジワは球状のパール剤で目立たなくなります。さて、一世を風靡《ふうび》したものに、落ちない口紅があります。これは確かにコップなどには口紅がつかないのですが、時間とともに唇がかさついたり、つやがなくなる課題を持っていました。これを解決するために、口紅を塗布すると揮発性油分が蒸発し、系が不安定になるので屈折率の高い透明な油が分離して表面を覆うタイプの口紅が設計されました。分離した油の下には顔料が分散した液晶があり、この構造では口紅の二次付着は起こらず、高いつやが持続します。これらは三角相図を用いて揮発油分が飛んだときの液晶状態を設計するなどした、基礎的な研究の賜物です。

要点BOX
- ●唇はターンオーバーが速く、皮脂膜やNMFが少ないため角質水分量が少なく乾燥しやすい
- ●塗布後の2相分離で二次付着レスとつやが実現

口唇と皮膚の違い

項目	部位	口唇	皮膚
組織	皮脂腺	無	有
	汗腺	無	有
	角層	極めて薄い	有
	ターンオーバー	速い	遅い
	メラニン量	少ないまたはない	多い
	毛	無	有
機能	皮脂膜	無	有
	NMF 量	少ない	多い
	水分量	少ない	多い
	水分蒸散速度	速い	遅い

口紅の成分

分類			原料名
油性原料	固形		キャンデリラロウ、ミツロウ、カルナウバロウ
	液状 ペースト状	炭化水素	ワセリン、流動パラフィン
		天然油	ヒマシ油、マカデミアンナッツ油、ホホバ油
		合成油	イソステアリン酸イソプロピル、オクタン酸セチル
		シリコーン	ジメチルポリシロキサン、メチルフェニルポリシロキサン
色材	染料		赤色 218 号、赤色 223 号、だいだい色 201 号
	顔料	無機顔料	赤色酸化鉄、黄色酸化鉄など
		有機顔料	赤色 201 号、赤色 202 号など
		パール剤	雲母チタンなど
その他			安定化剤、香料、界面活性剤など

つや・うるおいに優れる落ちない・つかない口紅

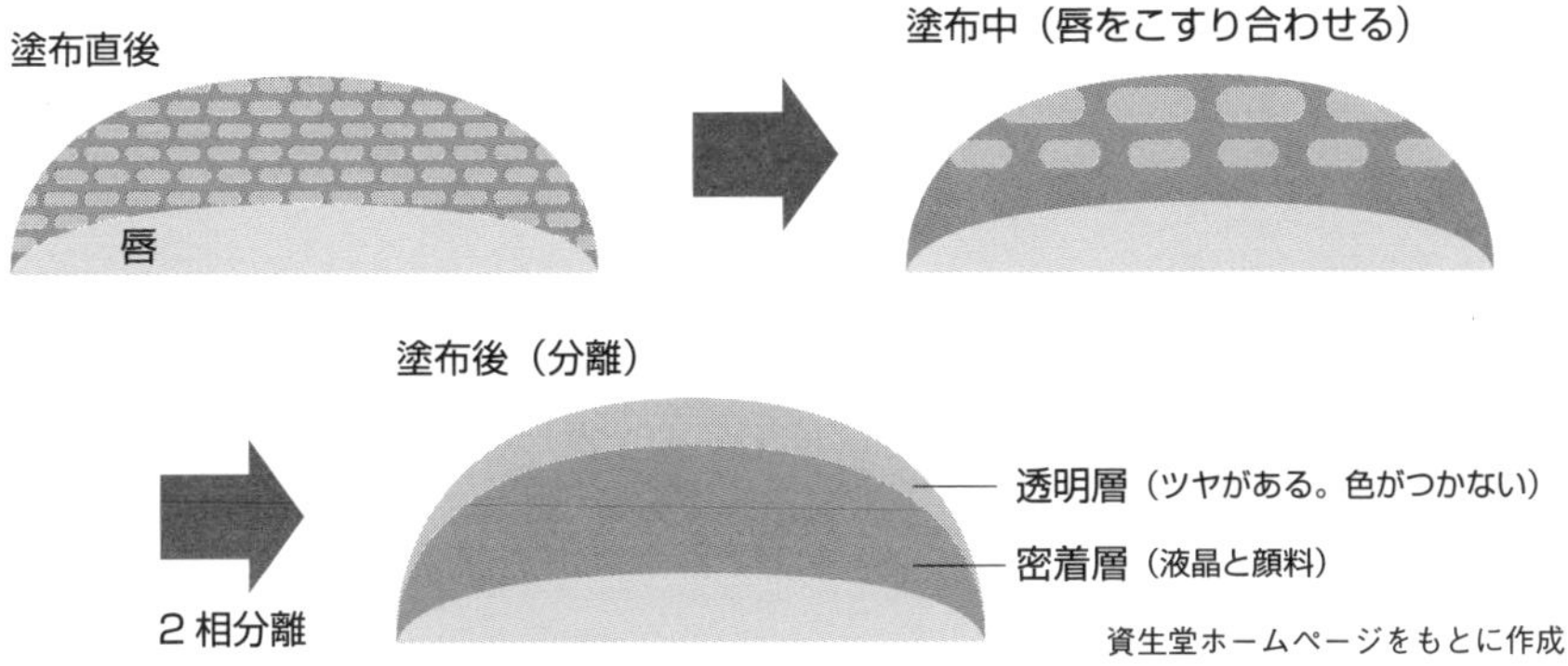

資生堂ホームページをもとに作成

44 美しい指先は爪から

爪の構造とネールエナメル

爪は手足の指の背面の表皮から生じた角質の薄板です。爪の機能は、①指の先端を保護する、②細かいものをつかむのに役立つ、③指先の感触を鋭敏にし、④指先に力を加えることができるなどが挙げられます。

一般に爪というのは爪甲《そうこう》を指しています。爪甲は生きた細胞ではなく、皮膚の角層に相当し、硬いケラチンでできています。

エジプトのミイラの爪はほとんどが赤く塗られていたそうです。日本でも紅を唇に塗るのと同時に爪にも塗り、それは爪紅《つまべに》と呼ばれていました。平安時代の貴族は体では手しか出していなかったので、美しい指先の演出は必要でした。爪を美しく演出する化粧品を美爪類《びそうるい》といいます。まず爪および指先の手入れをするネールケア製品を使いますが、その後にベースコート、ネールエナメルで爪にメークを行います。私たちが現在使っているネールエナメルは、１９３０年代に自動車用の速乾塗料を爪用に改良してできました。現在ではネールアートにまで進化していますね。

さて、ネールエナメルには、乾きの速さ、光沢、持続性が要求されます。組成的には皮膜形成剤、樹脂、可塑剤を溶剤で溶解したもので、溶剤が蒸発すると爪の上で皮膜が形成されます。皮膜形成剤としてはニトロセルロースを使うものが主流ですが、接着、光沢のため、アルキッド樹脂なども配合します。さらに、柔軟性や耐久性向上のために可塑剤を添加します。これらの成分を溶解させ、適度な揮発速度を持っている酢酸エチルなどの溶剤が使われています。そこに色材を加えることによって美しい色調になります。

顔料が配合された場合は、経時で沈降しないように、溶剤と混合した場合にチクソトロピー性を示す有機変性粘土鉱物が用いられます。最近では水や保湿剤が配合されたW／O型乳化エナメルや水系エナメル、ジェルネイル、また、紫外線で固まる紫外線硬化型のものまであります。

要点BOX

- 爪は表皮から生じた角質の薄板
- エナメルは皮膜形成成分、溶剤成分、着色成分、沈殿防止成分からなる

爪の部位

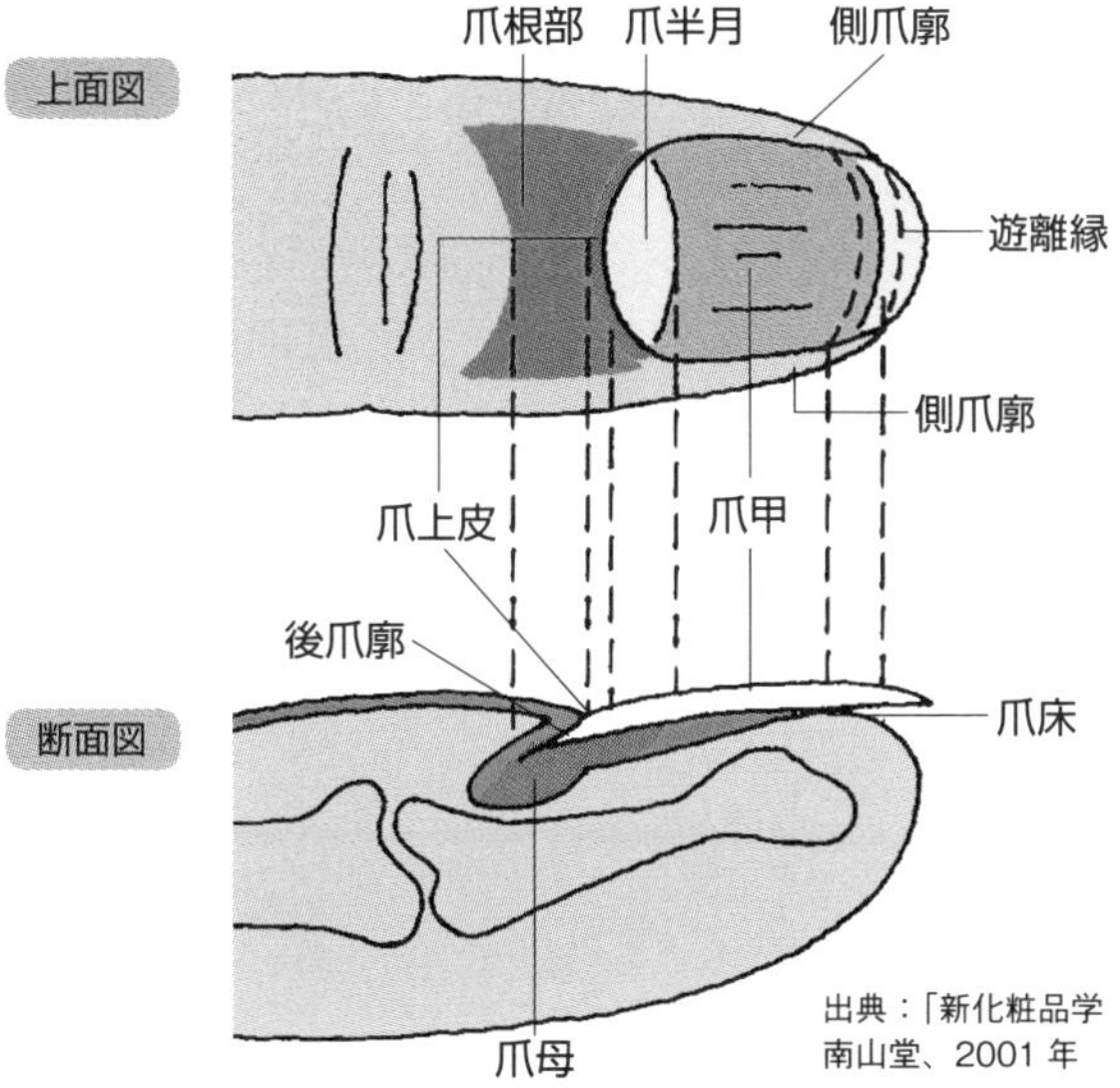

出典：「新化粧品学　第 2 版」光井武夫編、南山堂、2001 年

ネールエナメルの成分

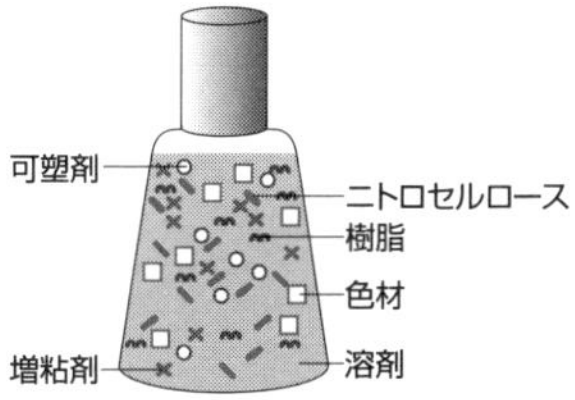

分類	成分	特徴・原料名
①皮膜形成成分	**皮膜形成剤**	ニトロセルロースが最も優れている。
	樹脂	接着、光沢向上にアルキッド、スルホンアミドなどを使用。
	可塑剤	塗膜に柔軟性と耐久性を与える。カンファー、クエン酸エステルなど。
②溶剤成分	**真溶剤**	皮膜成分を溶解し、適度の揮発性を持つ。酢酸エチルなど。
	助溶剤	真溶剤と混合して溶解度を増す。エタノール、ブタノールなど。
③着色成分	**染料**	美しい色調を与える。ローダミン B など。
	顔料	不透明感、色調、パール感を与える。パール剤など。
④沈殿防止成分	**ゲル化剤**	顔料やパール剤の沈殿を防ぐためにチクソトロピー性を付与する。有機変性粘土鉱物が用いられる。

ⓐクリアベース：①と②を混ぜ攪拌混合後、ろ過する
ⓑゲルベース：クリアベースと④を混合
ⓒ色ベース：クリアベースと③を混合

ⓐ、ⓑ、ⓒを混合してネールエナメルを製造

45 決まったね！そのヘアスタイル

ヘアワックス、ムース、ヘアリキッド、パーマネント

ヘアスタイルを作るには①毛髪内のジスルフィド結合を組み換える、②水素結合を利用する、③樹脂や固形油分で接着固定する、と大きく3つの方法があります。

①はパーマネントウェーブです。パーマは紀元前3000年の古代エジプトで、女性が毛髪に湿った土を塗り、木の枝などに巻きつけて天日にさらしてカールをつけたことから始まったといわれています。ではどうしてウェーブができるのでしょうか？ 毛髪がケラチン蛋白でできていることはすでにお話ししました。ケラチン蛋白の結合の中で最も強固な結合がジスルフィド結合（S-S結合）です。このS-S結合が還元剤によって切断されるとシステインになりますが、そこで形を整え酸化剤でまた新しいS-S結合を生成させるとウエーブが形成されます。

パーマ剤は第1剤と第2剤からできています。第1剤にはチオグリコール酸などの還元剤が入っています。それ以外にアルカリ剤、界面活性剤、安定化剤などが含まれますが、還元剤とアルカリ剤の量でウェーブの強弱を調整します。第2剤は臭素酸カリウムなどの酸化剤とpH緩衝剤が配合されています。

③はヘアスタイリング剤の主流です。1990年代後半まではヘアスプレー、ヘアフォームなど樹脂を中心としたしっかり固定するタイプが主流でした。ヘアフォームは樹脂（カチオン、両性など）、水性成分、界面活性剤、噴射剤などからなり、容器から吐出されると液体状態の噴射剤が気化し全体が膨張して泡になります。

90年代後半から髪に適度なつやを与え、ナチュラルなセット力があり、しかも乱れた髪を手でも簡単に再整髪できるヘアワックスが注目されました。ヘアワックスの基本的な構成成分は、油性成分、水性成分、界面活性剤、増粘剤で構成されています。これにヘアトリートメント剤が加わればヘアスタイルは万全です。

要点BOX

●パーマネントウェーブは髪の毛のジスルフィド結合の組み換え

●ヘアスタイリング剤は樹脂や固定油分で固定

ヘアスタイルを作る方法

毛髪仕上げ用化粧品

分類	タイプ	主原料	製品
●パーマネントウェーブ用剤 ケラチンの最も強固なジスルフィド結合を切断し、変形させた後に再結合させる	第１剤の還元剤でジスルフィド結合を切断し、第２剤の酸化剤でジスルフィド結合を再結合させる	[第１剤]還元剤(チオグリコール酸アンモニウム、システイン)、アルカリ(アンモニア水)、安定化剤 [第2剤]酸化剤(臭素酸カリウム)、pH 緩衝剤	パーマネントウェーブ
●ヘアスタイリング剤 毛髪を固定、セットする整髪性を重視した毛髪仕上げ用化粧品	高分子樹脂を用いるタイプ	アクリル樹脂 カルボキシビニルポリマー ポリビニルピロリドン/酢酸ビニル共重合体 カチオン化セルロース	ヘアスプレー ヘアフォーム、ムース ヘアジェル セットローション
	固形もしくはペースト状の油脂を用いるタイプ	ポリオキシプロピレンブチルエーテル、モクロウ、ミツロウ	ヘアリキッド、ヘアワックス、ポマード、チック
●ヘアトリートメント剤 毛髪の光沢・感触・質感・扱いやすさなどを改善する毛髪仕上げ用化粧品	O/W 型、W/O 型、オイルタイプがある	オリーブ油、ワセリン 流動パラフィン シリコーン油	ヘアクリーム ヘアブロー ヘアオイル 枝毛コート

パーマネントウェーブの仕組み

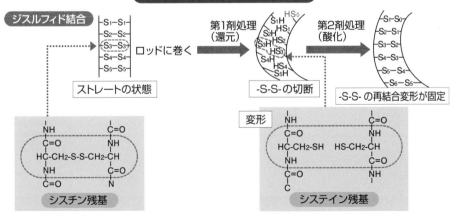

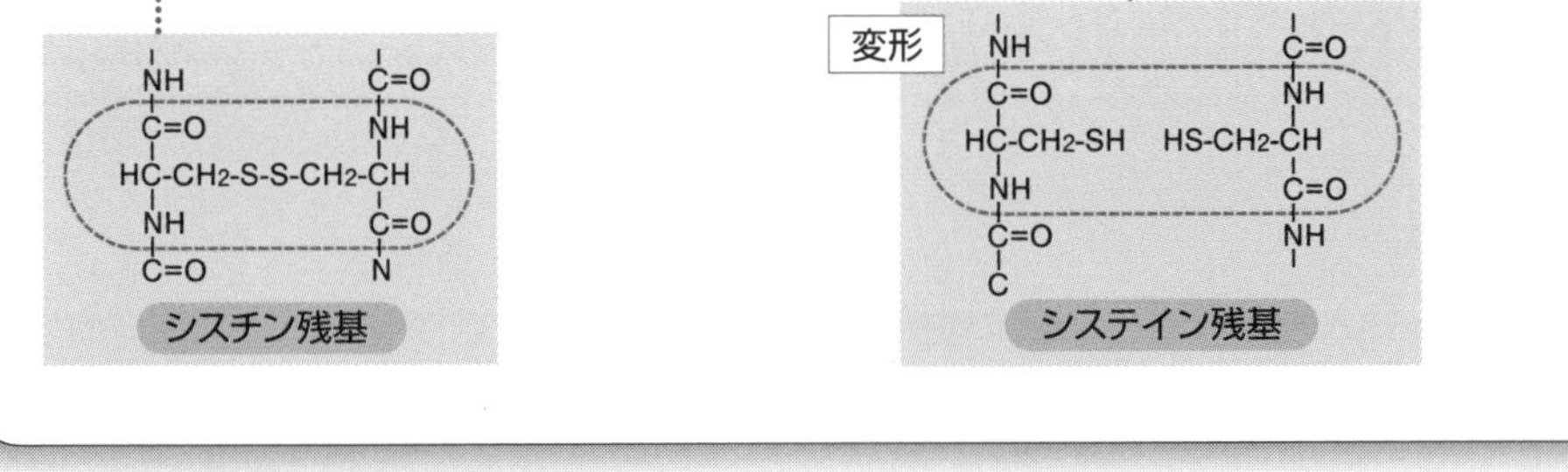

46 髪の色を好みのままに変える

ヘアカラー、ヘアブリーチの利用

毛髪を染めることはすでに紀元前3500年のエジプトで行われていたといいます。今、みなさんの使っている酸化染毛剤は1880年代に開発され、明治の終わり頃日本に導入されました。

ヘアカラーは物理化学的には「毛髪表面または内部に色材を固定すること」であり、薬機法上、化粧品（一時染毛料、酸性染毛料）と医薬部外品（酸化染毛剤、ブリーチ剤）に分かれます。性能から見ると、2カ月程度の堅牢性を持つ「永久染毛剤」、2週間程度もつ「半永久染毛料」、1回のシャンプーで洗い落とされる「一時染毛料」があります。

永久染毛剤は染料が毛髪内部で化学反応することによって発色し染毛します。メラニンの酸化分解による脱色作用を伴うので明るく発色させることができますが、毛髪の損傷を受けやすい染毛剤です。通常2剤式で、第1剤に酸化染料、第2剤に過酸化水素のような酸化剤が配合されていて、使用時に混合します。酸化染料にはp-フェニレンジアミンのように活性な中間体を形成するプレカーサーと、この中間体と反応してさまざまな色を出すカップラーが配合されています。化学反応を利用した酸化染毛剤はパッチテストが義務付けられています。

半永久染毛料は、染料をキューティクルとコルテックスの一部まで浸透させて直接染着するものです。使用する染料は酸性染料、塩基性染料、天然染料、ニトロ染料などがあります。染料内にスルホン酸基などのアニオンを持っている酸性染料は、毛髪の等電点より低いpH領域でカチオンに帯電したケラチン繊維のアミノ基とイオン結合で結合し、染毛性が向上します。酸性染毛料は酸化剤を含有していないので、脱色力を持たず、黒髪を明るい色に染められません。一時染毛料は顔料を油脂や水溶性高分子の粘着性を利用して付着させるもので、毛髪の損傷は少ないものです。

要点BOX
- ヘアカラーは薬事法上、化粧品と医薬部外品に分かれる
- ヘアカラーを性能的に見ると永久染毛剤、半永久染毛料、一時染毛料がある

ヘアカラーの種類と特徴

毛髪	タイプ	染毛機構	特徴
白髪 コルテックス キューティクル	●1 剤 △染料中間体 アルカリ剤 ●2 剤 酸化剤	染料中間体 浸透 酸化剤 酸化重合 白髪染め	●**永久染毛剤（酸化染毛剤）** 反応を伴う染料を用いる。酸化染料を主に用いるがポリフェノールやメラニン前駆物質もある。 ●**染料中間体**：O-、P- フェニレンジアミン、アミノフェノールなど。
黒髪 メラニン		染料 中間体 浸透 酸化剤 染料中間体の酸化重合 おしゃれ染め メラニンの酸化分解	
	●1 剤 アルカリ剤 ●2 剤 酸化剤	メラニンの酸化分解 ブリーチ	●**ヘアブリーチ** 2 剤は過酸化水素を主に使用
白髪	●**直接染料** ■ 溶剤：ベンジルアルコール等	酸性染料の浸透 黒髪でも可 （黒髪では明るい色に染まらない）	●**半永久染毛料（酸性染毛料）** 直接染毛し、反応を伴わない。主に酸性染料を用いるが塩基性染料、天然染料なども用いる場合あり。
	●**顔料** ⬬ 各剤型に分散	顔料の付着 黒髪でも可 （黒髪では明るい色に染まらない）	●**一時染毛料（毛髪着色料）** **顔料**：カーボンブラックなど。 有機、無機顔料 安全性高い

染毛の過程

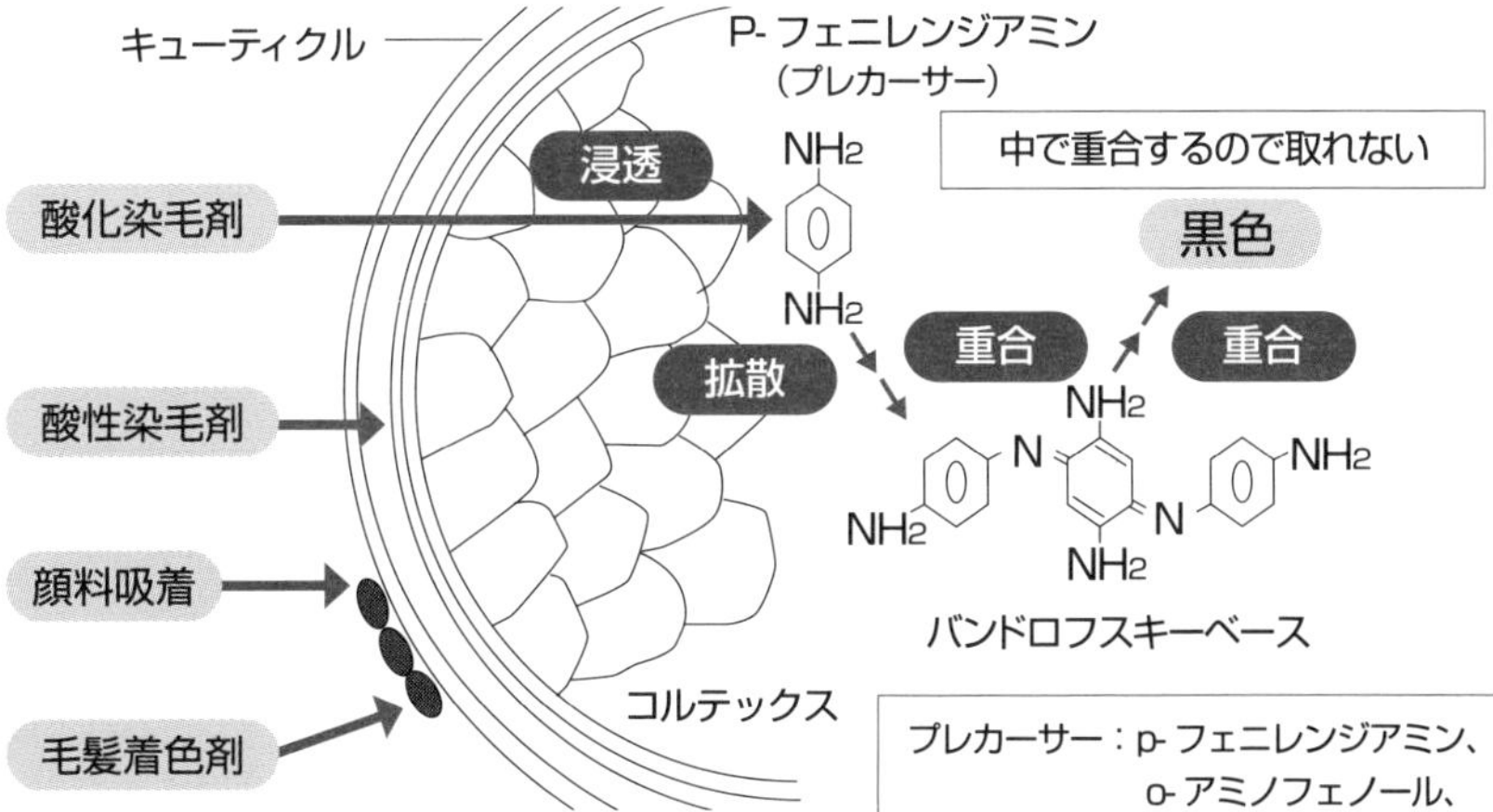

プレカーサー：p- フェニレンジアミン、
o- アミノフェノール、
4- メチルアミノフェノールなど
カップラー：レゾルシノール、α- ナフトール、
m- アミノフェノールなど

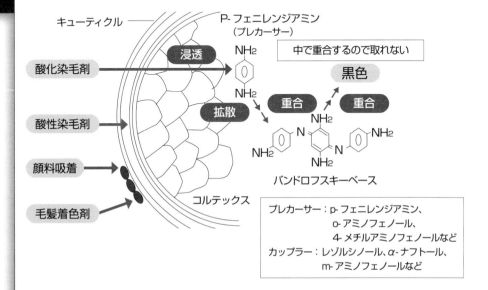

47 フレグランスは香りの芸術

揮発性を活かしたフレグランス

エジプトやギリシャの古代文明では香油が使われ、また、中世のアラビアの科学者は水蒸気蒸留で植物から精油を抽出することを発明しました。

14世紀にはワインからアルコールを取ることができるようになり、この技術が香水を産むことになりました。ハンガリーの女王がこれを使って「ハンガリー・ウォーター」を作り、これが若返りに効くというので流行になったそうです。貴族は地位や権力の象徴として、また、異性を引き付けるために自分だけの香水を競って作りました。

フレグランスの種類は香料濃度によって香水、オードトワレ、オーデコロンなどがあります。使用場面に合わせて使ってください。

一般的な香水の製造法は安定化のために紫外線吸収剤などを入れたエタノールに香料を溶かし、熟成後に冷却濾過して作ります。このときに珪藻土などの濾過助剤を使うと困難な濾過が容易になります。香水製造では熟成という現象は古くから認められており、熟成とともにツンとした刺激臭が減少し、丸みとまろやかさのある芳醇な香りになります。

香水は多くの成分から成っていますが、それぞれの成分の揮散性が異なるので香水を付けると時間とともに香りが違ってきます。最初に香ってくる成分をトップノートといいます。揮発性が高く、香りの嗅ぎ口に影響を与えます。シトラス、グリーン、フルーツなどで10分程度持続します。次がミドルノートです。フローラル、アルデヒド、スパイスなどで1時間程度持続します。最後はベースノート（ラストノート）です。揮発性が低く、後半の香りを決定づけます。ウッド、ムスク、バルサムなどで3時間程度持続します。このような三角形をピラミッドと呼んでいます。

また、香水には香調というものがあります。シトラス、フローラルなどの総称的な表現とシプレー、オリエンタルなどの抽象的な表現があります。

要点BOX

- フレグランスの種類は香料濃度によって香水、オードトワレ、オーデコロンなどがある
- 香水は時間とともに香りが違う

フレグランス化粧品の種類

種類	賦香率	
香水・パフューム・パルファム	15～30%	最も芸術性が高く完成されたもの。 香料濃度が高く、香りが数時間以上持続する。
オードパルファム	7～15%	香水より気軽に使えるように、香料濃度を香水より低く抑えてある。 濃度が低い場合は香り立ちを調整するためトップノートをやや多めに配合する。
オードトワレ	5～10%	
オーデコロン	2～5%	
練香水	5～10%	香料を油脂や固型パラフィン、ワセリンなどに溶かしたもの。
芳香パウダー	1～2%	粉体に香料を賦香したもの。気軽に使用できる。
芳香石鹸	1.5～4%	香り立ちを良くした石鹸。使用中の香りを楽しむだけではなく室内に置いて芳香品として用いることもある。

香水の香調の例

主分類	副分類	代表例
フローラル	グリーン	資生堂 ZEN、シャネル No.19
	アクアティック	エスケープ、ロードゥイッセイ
	フルーティ	ビューティフル、ケーレックス、ジャドール
	フレッシュ	ディオリシモ、トミーガール
	フローラル	ジョイ、エタニティ、バラ園
	アルデハイディック	シャネル NO.5、マダムロシャス、モア
	ウッディ	ライトブルー、ZEN（Sparkling）
オリエンタル	アンバリー	シャリマー、オブセッション
	スパイシー	オピウム、ココ、チャンス
シプレ	フルーティ	ミツコ、シプレ、アザロ
	アニマリック	ミスディオール、イザティス
	シトラス	4711、CK-1、クリスタル
	ウッディ	コリアンドレ、グッチ NO.3、ジバンシー π
	フローラル	ナルシソ ロドリゲス フォーハー、ケイト
グリーン	フローラル	オード ジバンシー、アユーラ ナイトメディテーション

オーデコロンの製造方法

エタノール → [混合] → [熟成] → [冷却濾過] → [着色] → [簡易濾過] → [充填]

安定化剤、香料、精製水 → [混合]

色素 → [着色]

香りのピラミッドの一例

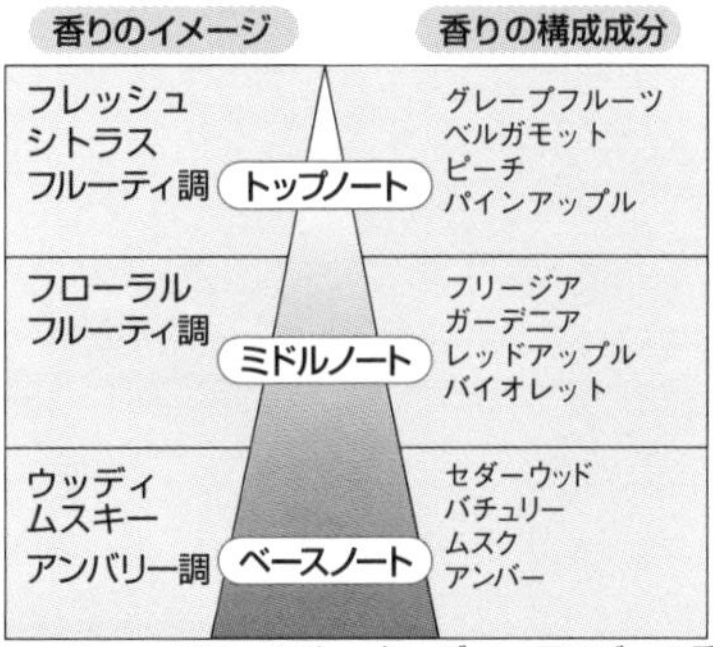

フレッシュ・フローラル・ウッディ・アンバーの香り

提供：資生堂

Column

川柳でわかる江戸の化粧

白壁を両の手で塗る花の朝　玉柳

待ちに待った花見の朝に、おめかしをして白粉で顔を真っ白にしている姿が目に浮かびます。ナチュラルメークは品がなく、濃く塗るのが良いとされていた時代です。

ぱっちりと雪の流れる後富士　俳風柳多留

「ぱっちり」は江戸時代に流行った喉から胸元さらには襟首までの襟白粉で、大正まで売られていました。顔だけではなく、襟首まで白く塗っていたのがわかります。

縮緬を羽二重にする仙女香　俳風柳多留

「美艶仙女香」は江戸時代の有名な白粉です。浮世絵や読本によく出てきて、宣伝効果抜群だったと思います。シワシワの縮緬をツルツルの羽二重にするというのですからシワ隠し効果抜群ですね。

笹色に口紅光るかぐや姫　しげり柳

この句がわかる人はどれ位いるでしょうか？　自分が子供の頃、かすり傷ができるとマーキュロクロムを塗っていました。赤いのでアカチンと呼んでいましたが、傷口に塗ると表面は緑がかった金色になりました。万年筆のインキの色の補色が光るのと同じで「ブロンズ現象」だと思います。アカチンは2020年12月末で製造禁止になるのでもうお目にかかることはないでしょう。

さてこの句ですが、紅を濃く塗ると玉虫色に光り、これが江戸中期に流行したのです。しかし濃く塗ると紅がたくさん必要です。そこで下に墨を塗って紅を節約するようになりました。その内、下唇や唇の真ん中だけ黒く塗ってそこだけ笹色にすることが流行しました。

江戸川柳から活き活きした庶民の情景が浮かびます。

第5章

化粧品の安定性、安全性と環境対応

48 化粧品成分を実際に調べるには

化粧品に使われる成分の分離方法

化粧品に何が入っているのかを分析してみましょう。それにはまず分けなくてはなりません。

分離には大きく①「平衡に基づく分離」、②「移動速度の差に基づく分離」があります。①では、蒸留で沸点の違う水やアルコールなどを分けることができます。溶媒を使って抽出することで溶解性の異なる化合物を分けることもできますね。良溶媒に貧溶媒を添加すると沈殿ができますが、これで樹脂と可塑剤を分離することができます。②は電気泳動で電荷の異なる物質を分けたり、遠心分離で比重の異なる物質を分け、濾過で粉末と液体を分けます。

また物質の大きさ、吸着力、電荷、質量、疎水性などの違いを利用して分離・精製するクロマトグラフィーという方法も利用されています。これは固定相と呼ばれる物質の表面または内部を、移動相と呼ばれる物質が通過する過程で物質が分離されていくものです。固定相は固体または液体が用いられ、移動相が気体のガスクロマトグラフィー（GC）と液体の液体クロマトグラフィー（LC）があります。分離の物理化学的原理には分配、吸着、分子排斥、イオン交換がありますが、分配は最も多く使われています。

LCでは固定相をシリカゲルとした場合は、シリカ表面の水酸基（シラノール）が親水性のため、固定相がシリカゲル表面、有機相が移動相に相当し、固定相と移動相の間で分配（連続抽出）が行われます。これを順相クロマトグラフィーといいます。シリカゲル表面にアルキル基を導入すると表面が疎水性になり、固定相と移動相の関係が逆になって分離するので逆相クロマトグラフィーと呼ばれています。オクタデシル基を付けたODSタイプが最も用いられています。化粧品に使われている顔料の表面処理方法を応用したODSタイプの固定相（充塡剤）も発売されています。それ以外に膜を用いた分離があり、限外濾過膜でコラーゲンが分離されます。

要点BOX

- ●平衡に基づく分離
- ●移動速度の差に基づく分離
- ●クロマトグラフィーで物質を分離・精製

分離の原理と具体例

大分類	中分類	小分類	具体例
平衡に基づく分離	相間の平衡に基づく分離	気液平衡（蒸留） 固液平衡（晶析）	水分、エタノール、揮発性シリコーンの蒸発 樹脂と可塑剤の分離
	分離媒体を用いる分離	気液平衡（ガス吸収法） 液液平衡（抽出法） 固液平衡（吸着法）	アンモニア吸収 界面活性剤中の油分の分離 液中からの色素の吸着
移動速度の差に基づく分離	均一相の場合	電場：電気泳動分離 温度：熱拡散分離 重力・遠心力：沈降分離	電気泳動による蛋白質の分離 熱拡散による同位体の分離 超遠心による蛋白質の分離
	分離媒体を用いる場合	クロマトグラフィー分離法：カラムクロマトグラフィー、ペーパークロマトグラフィー、薄層クロマトグラフィー	液体クロマトグラフィーによる紫外線吸収剤、薬剤などの分離。ガスクロマトグラフィーによる香料などの分離。ペーパークロマトグラフィーによる色素の分離
		膜分離法：濃度差、電位差、圧力差、温度差	限外濾過膜によるコラーゲンの分離

クロマトグラフィー分離の模式図

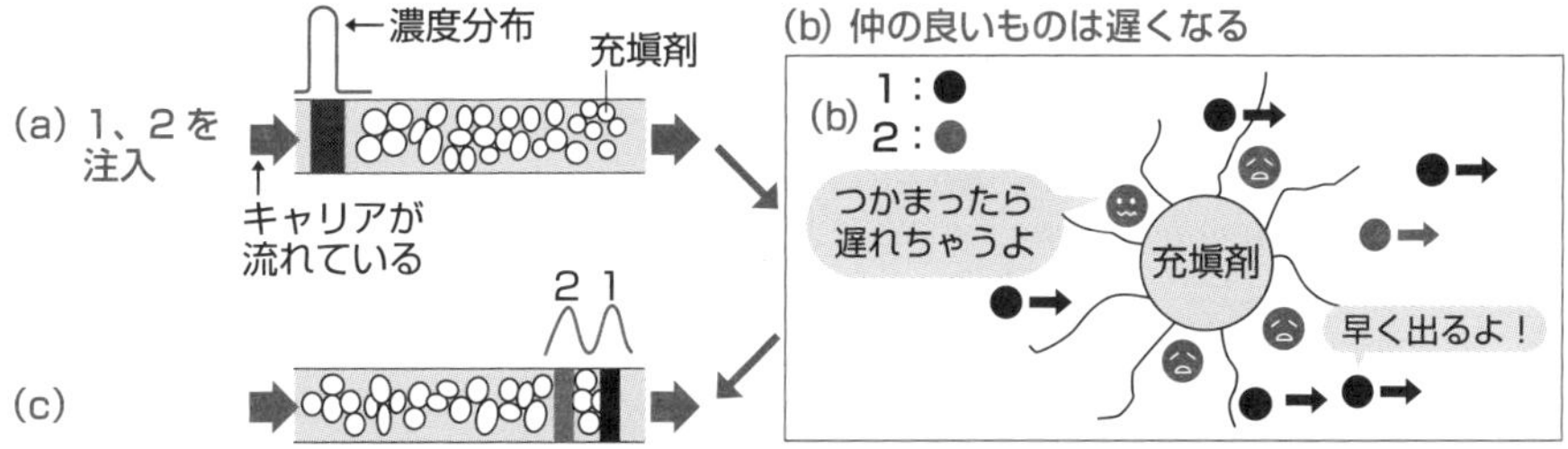

液体クロマトグラフィー(逆相)による紫外線吸収剤の分析例

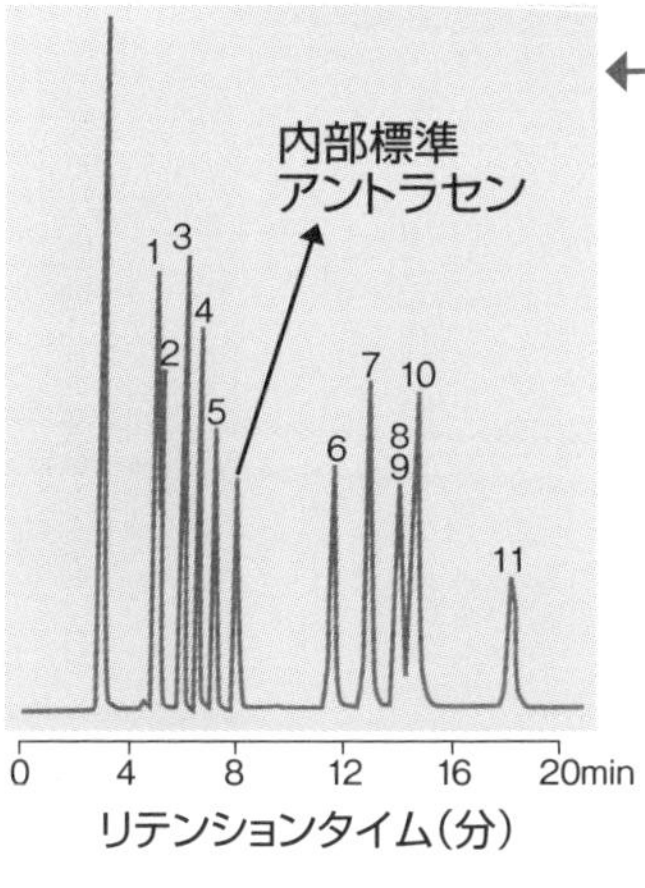

水 - エタノール系における紫外線吸収剤のクロマトグラム

11種の紫外線を分析した例

8と9が重なるが、水 - ジオキサン系にすれば分離する。分析したいものの組み合わせによってそれぞれ良い条件を使う。

（条件）
カラム：資生堂カプセルパック C_{18}SG
キャリア：メタノール：水＝85：15
3mM 塩化ステアリルトリメチルアンモニウム
検出波長：UV280nm（内部標準：アントラセン）

提供：資生堂

49 化粧品成分の構造を決めよう

化粧品の成分をいろいろな方法で分けることができました。ある成分が何であるかは、電磁波を当ててみればわかります。

例えば紫外・可視光を物質に当ててみましょう。ある波長の光は吸収され、それ以外の光を反射するので色が観察されます。この領域の吸光は分子内の電子遷移によるものですが、この過程を持つ分子はそれほど多くありません。

一方、赤外吸収（IR）は分子振動や回転に由来するためほとんどの分子で測定ができます。分子の振動や回転の励起に必要なエネルギーは、分子の構造によって異なります。照射した赤外線の波数を横軸に、吸光度を縦軸に取ると分子に固有な赤外吸収スペクトルが得られます。これによって構造解析ができるのです。液体であれば赤外線を透過する板に挟んで透過測定、また、粉体であれば拡散反射光を測定するのが便利です。このときにフーリエ変換という演算処理をすることによって感度が良くなり、測定時間が格段に早くなりました。

赤外線より波長の長い領域はこれまであまり研究されていないテラヘルツ領域です。電波と光の中間領域で分子間の相互作用が測定できるとして注目されています。また、X線を照射しその回折ピークから無機化合物の結晶構造を解析することができます。

磁場の影響下で原子核や不対電子が固有の周波数の電磁波と相互作用をする現象を利用したのが、核磁気共鳴（NMR）と電子スピン共鳴（ESR）です。NMRの対象になる原子は、水素（プロトン）またはカーボンサーティンという核スピンを持つ炭素の同位体が多く用いられます。水分子の運動は臓器内外で異なるので、プロトンの挙動を測定してコンピューター断層を撮影できますが、これが核磁気共鳴画像法（MRI）です。それ以外にも質量電荷比を測定する質量分析法（MS）などがあります。

要点BOX

●電磁波を当てると原子や分子のふるまいがわかる
●紫外・可視吸収法、赤外吸収法、X線回析法、核磁気共鳴法、質量分析法などで構造解析

化粧品成分の構造解析

物質の性質と機器測定

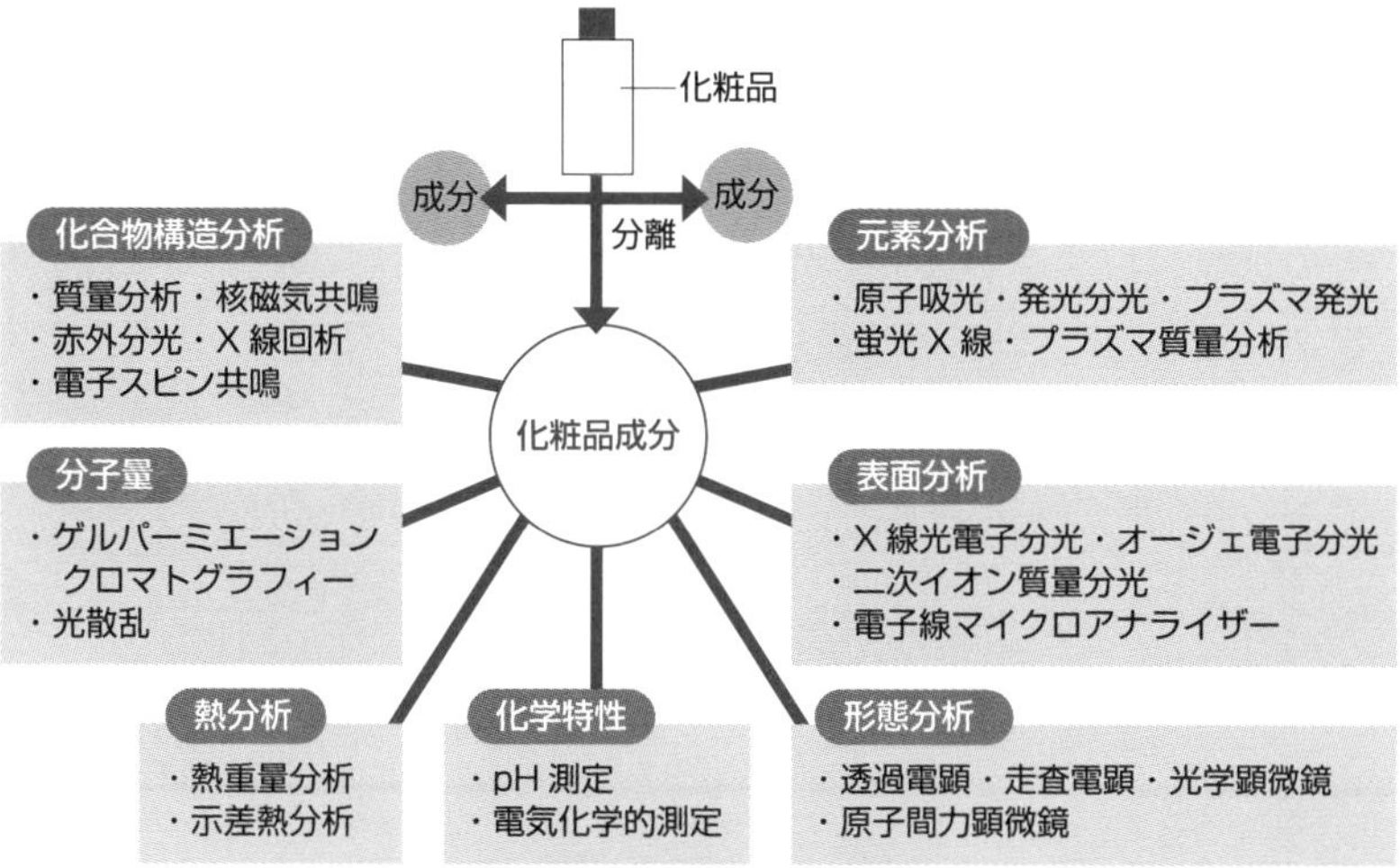
化粧品
成分
成分
分離
化粧品成分
化合物構造分析
・質量分析・核磁気共鳴
・赤外分光・X 線回析
・電子スピン共鳴
分子量
・ゲルパーミエーション
クロマトグラフィー
・光散乱
熱分析
・熱重量分析
・示差熱分析
化学特性
・pH 測定
・電気化学的測定
元素分析
・原子吸光・発光分光・プラズマ発光
・蛍光 X 線・プラズマ質量分析
表面分析
・X 線光電子分光・オージェ電子分光
・二次イオン質量分光
・電子線マイクロアナライザー
形態分析
・透過電顕・走査電顕・光学顕微鏡
・原子間力顕微鏡

電磁波を使った分析手法

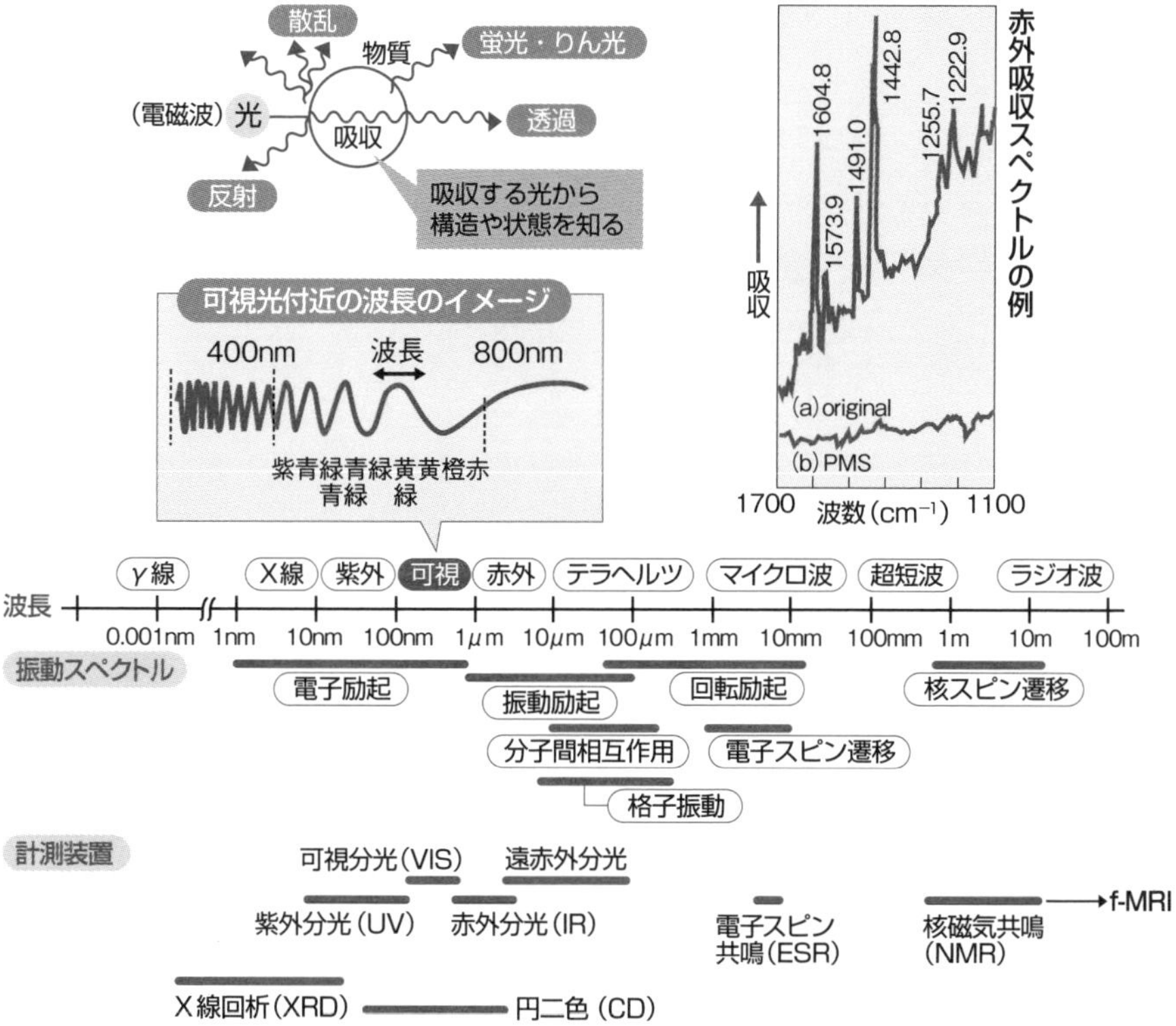
散乱
物質
蛍光・りん光
(電磁波) 光
吸収
透過
反射
吸収する光から
構造や状態を知る
可視光付近の波長のイメージ
400nm
波長
800nm
紫青緑青緑黄黄橙赤
青緑　緑
赤外吸収スペクトルの例
1604.8
1573.9
1491.0
1442.8
1255.7
1222.9
吸収
(a) original
(b) PMS
1700
波数 (cm⁻¹)
1100
γ線
X線
紫外
可視
赤外
テラヘルツ
マイクロ波
超短波
ラジオ波
波長
0.001nm
1nm
10nm
100nm
1μm
10μm
100μm
1mm
10mm
100mm
1m
10m
100m
振動スペクトル
電子励起
振動励起
回転励起
核スピン遷移
分子間相互作用
電子スピン遷移
格子振動
計測装置
可視分光 (VIS)
遠赤外分光
紫外分光 (UV)
赤外分光 (IR)
電子スピン
共鳴 (ESR)
核磁気共鳴
(NMR)
f-MRI
X線回析 (XRD)
円二色 (CD)

50 使い心地を測定する

流動の様式、レオロジーの測定方法

クリームを指にとって肌の上で延ばしてみましょう。塗った途端にすーっと延びていきますね。滑らかさという官能と塗りやすさという機能を実現しています。ピーナッツバターではどうでしょうか？ 力を加えると固くなってキシキシした重い感じになり、このような使用感ではとても化粧品には使えません。

使用性は物体の流動性に依存しますが、このような物体の流動や変形を取り扱う学問をレオロジーといいます。レオロジー的性質の最も単純なものは粘性と弾性です。水などは粘性を持ちますが弾性は持ちません。このような流体をニュートン流体と呼びます。ニュートン流体は流れにすべてのエネルギーを使います。一方、ゴムやばねは粘性を持たずに弾性を持ちます。このようなものをフック固体と呼びますが、フック固体に力が加えられるとその力は固体の変形に使われ、エネルギーは保存されます。

化粧品では溶液状態のものはニュートン流体として扱いますが、分散系の化粧品は粘性と弾性の両方の性質があり、粘弾性体として解析します。ニュートン流動というのは流動の基本です。ずり速度とずり応力が原点を通る直線となります。分散系ではビンガム流動、塑性流動などのさまざまな流動があります。

また、かき混ぜたり力を加えることで粘度が下がる性質をチクソトロピーと呼びます。反対に力を加えると固くなり、力を戻すと元に戻る性質をダイラタンシーと呼びます。これらは系の構造が力によって変化することで起こり、構造粘性と呼んでいます。

ネールエナメルなどは顔料を沈降させないために粘度を高くしておかなくてはなりませんが、使うときにはすーっと延びて欲しいのです。そのため粘土の成分を溶媒に分散するように変化させて構造粘性を出しています。レオロジーの測定には毛細管粘度計、回転円筒型粘土計、コーン・プレート型粘度計、皮膚粘弾性測定器、毛髪摩擦測定器などがあります。

要点BOX

- 化粧品の使い心地は、物体の流動や変形を取り扱う学問であるレオロジーの分野
- 化粧品で使用性の良いのはチクソトロピー

チクソトロピーの原理

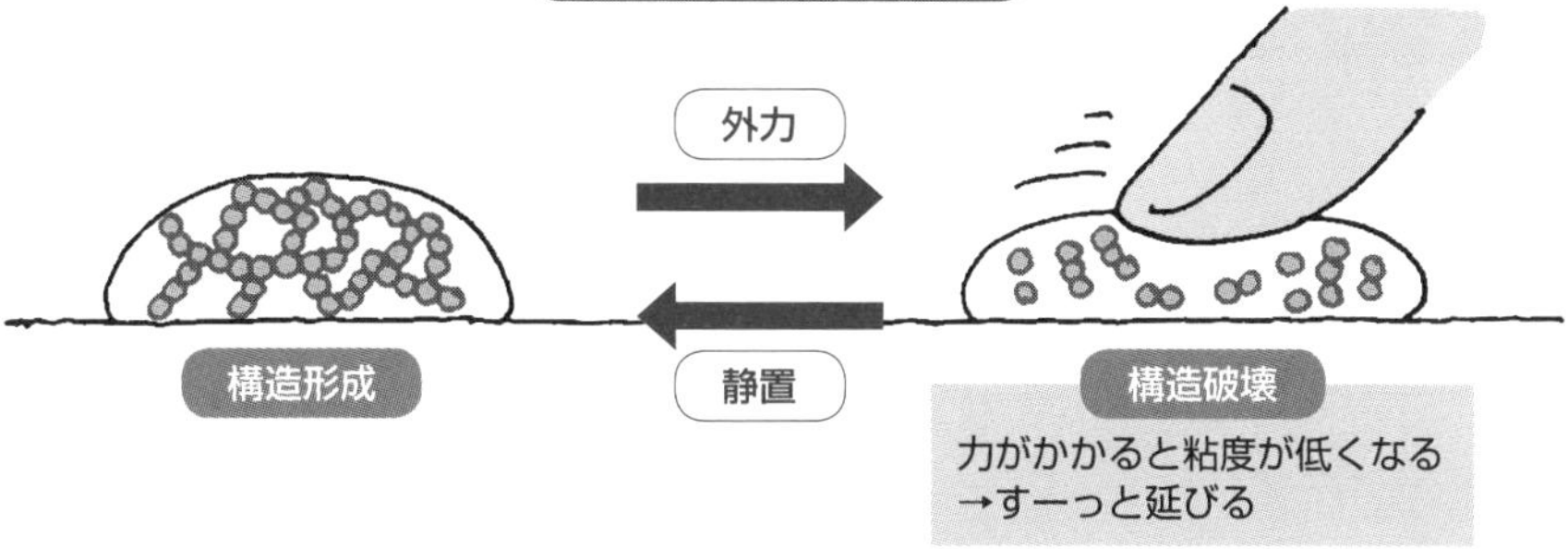

ダイラタンシーの原理

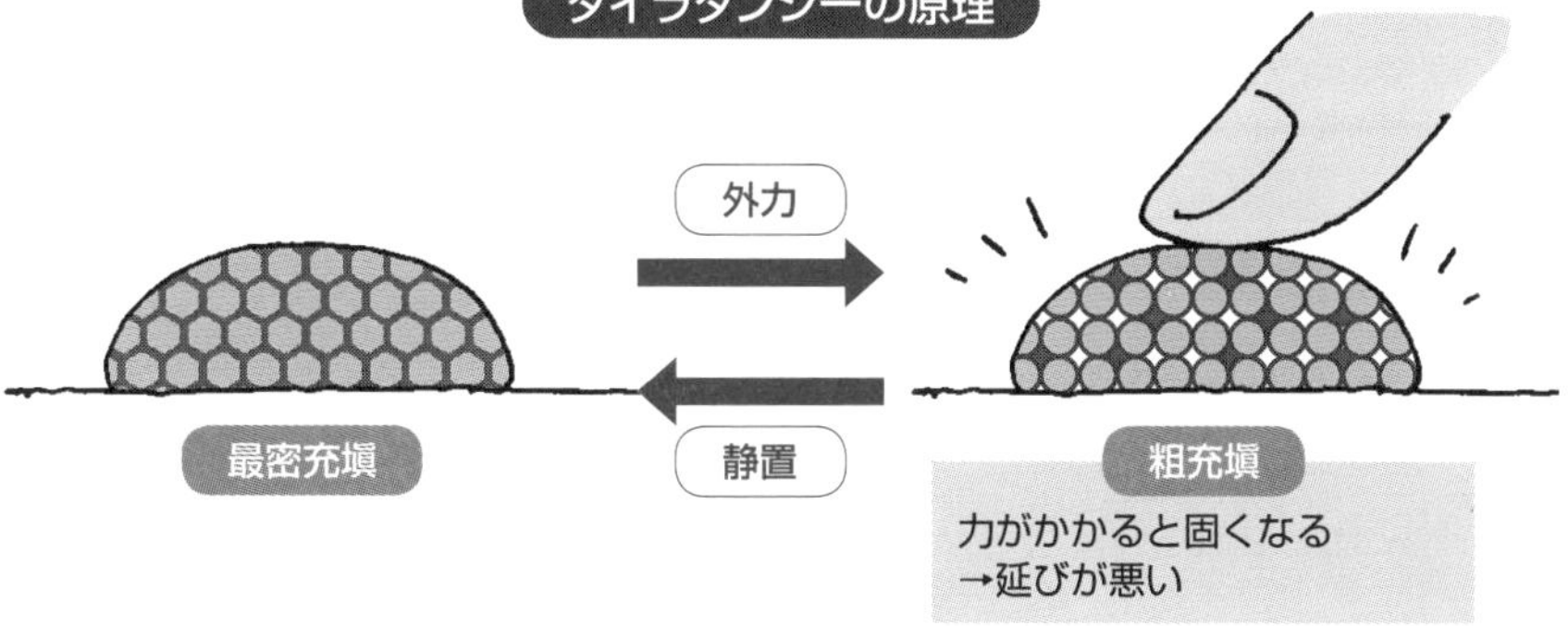

レオロジー測定装置

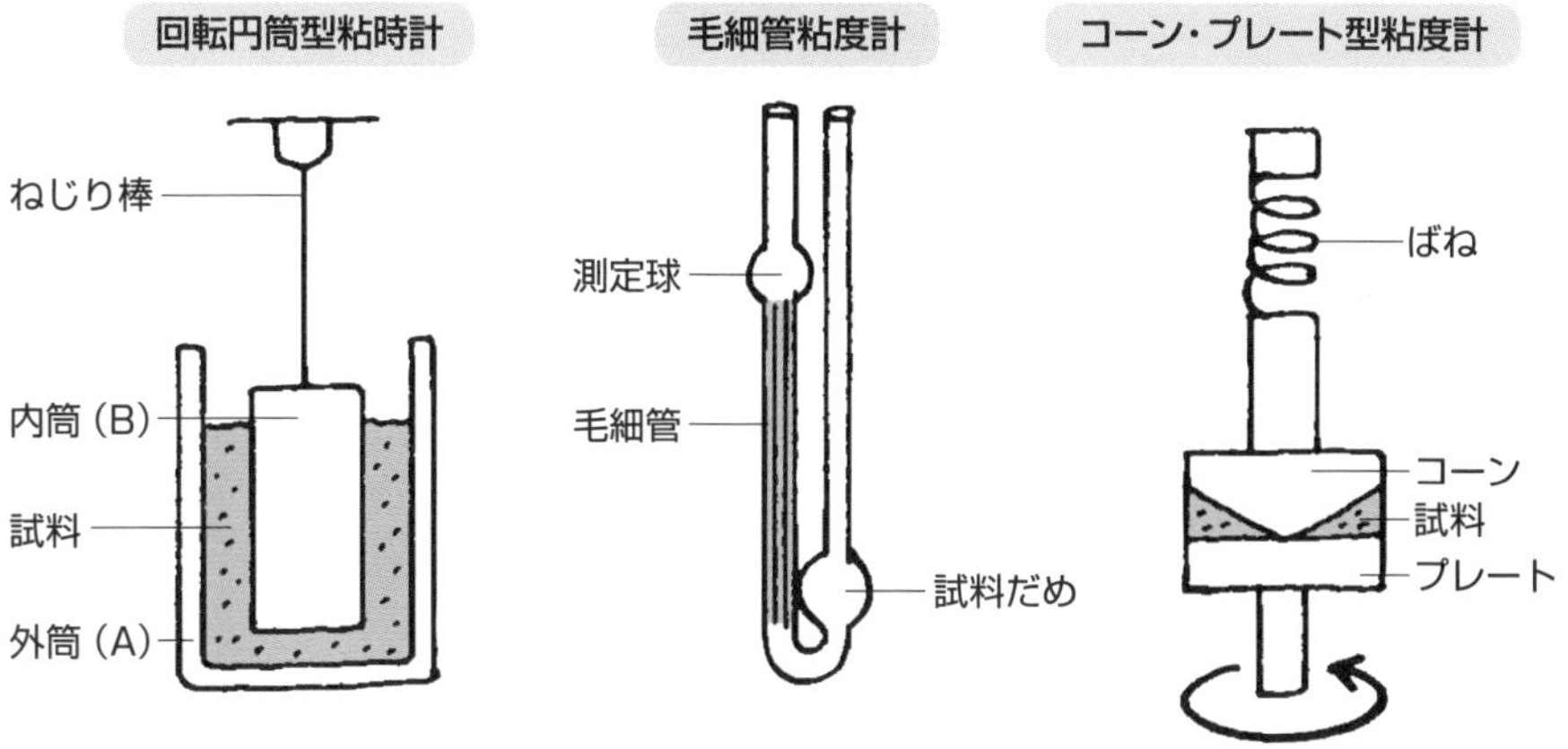

51 色の世界

表色系を用いて色を特定

パッケージの美しい彩り、口紅の鮮やかな色。私たちのまわりは色であふれています。色とは電磁波の中で、肉眼で感じられる波長領域が可視光線で、400〜760㎚の波長です。太陽光線をプリズムに当てるとその中に含まれる光の波長が分光されて赤、橙、黄、緑、青、藍、紫に分かれて見えます。可視光線より長い波長が赤外線、短い波長が紫外線です。

物体に光を当てると、光は①物体表面から反射される部分、②物体の中に入って内部反射され外に出る部分、③物体に吸収される部分、④物体を透過する部分に分かれます。着色した物質に白色光が当たると、その色を現す波長の光が反射され、他の部分が吸収されます。例えば赤いボトルは赤以外の光を吸収し赤の光を反射します。

白色の物体と比べ、各波長の光をどれだけ反射しているかを示したものが分光反射率曲線です。この曲線から物体の色がどのように見えるかがわかります。

色には三属性があり、この三属性を立体的に表したマンセルの表色系を用いて説明してみましょう。色相とは赤(R)、黄(Y)、緑(G)、青(B)、紫(P)などのように色の系統を表すもので、波長によって決定されます。この主要色で環を作り、その中間色を加えた十色相を感覚的に等しく10分割して環状にしたものを色相環といいます。明度とは物体表面の反射率を表します。明度が高いと明るく、低いと暗くなります。白を10、黒をゼロとして十等分します。彩度は色の鮮やかさの度合いを表します。無彩色を中心に置きゼロとし、感覚的に等歩度で順次1、2、3とします。鮮やかな色は彩度が高く、くすんだ色は彩度が低くなります。

これ以外の表色系ではCIE(標準)表色系、Lab表色系などがあります。メーキャップ製品を製造するとき、標準色と製造品の色の差はLab表色系でその距離を計算し、色差(⊿E)として管理しています。

要点BOX

- ●分光反射率曲線で物体の色がわかる
- ●メーキャップ製品を製造するとき、標準色と製造品の色の差はLab表色系を利用

波長と色

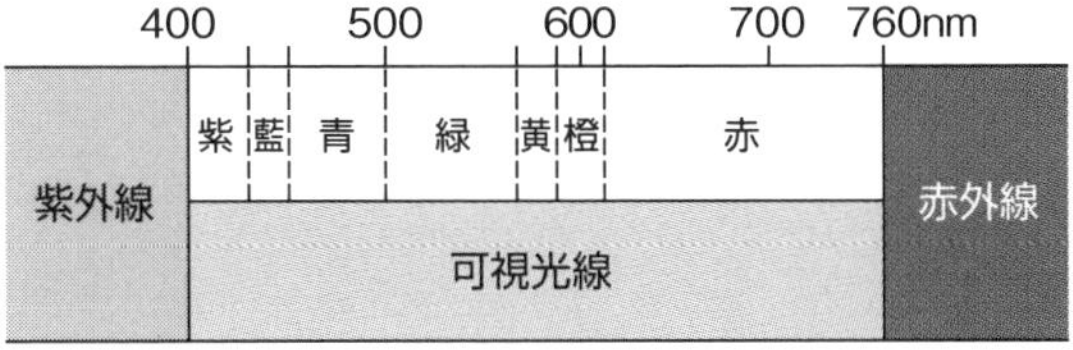

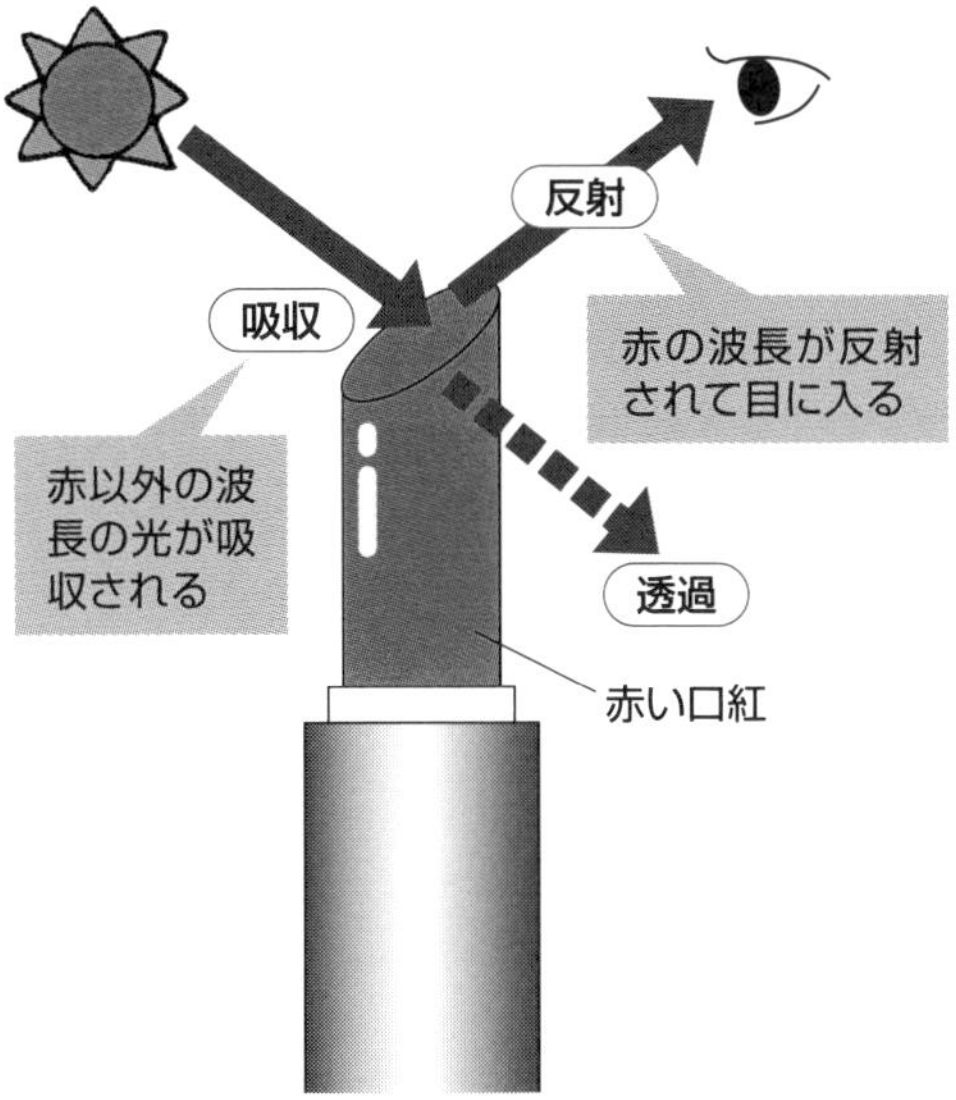

各色の分光反射率曲線

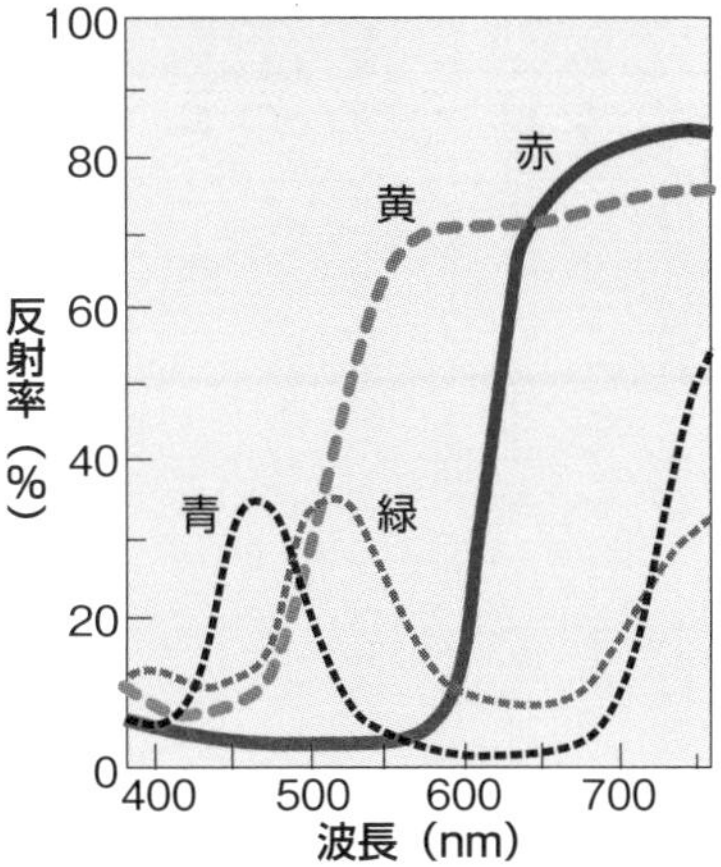

標準（白色）の物体と比べ、各波長の光をどれだけ反射しているのかを示したものが分光反射率曲線

マンセル色立体

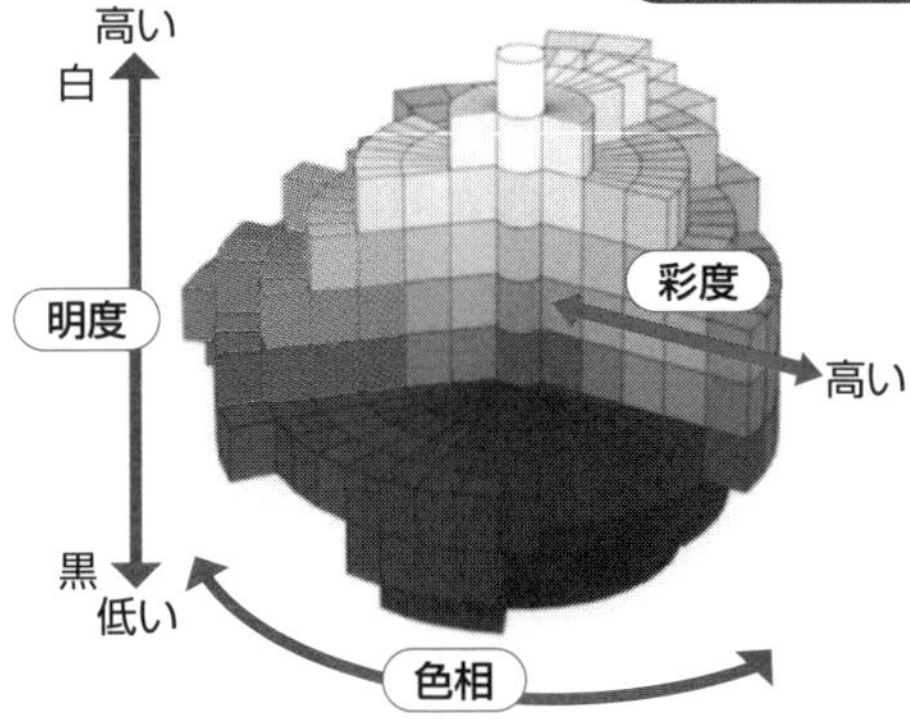

最も明るい白を明度の10、最も暗い黒を明度０とし、その間を10分割

彩度は色のない無彩色を 0 として色の鮮やかさの度合いにより数字を大きくしていく。

色相は R（赤）、YR（黄赤）、Y（黄）、GY（黄緑）、G（緑）、BG（青緑）、B（青）、PB（紫青）、P（紫）、RP（赤紫）。色相環では各色の基本 10 色を 5 で、10 分割した色を 10 として色名の頭文字に付加して表現する。黄色であれば 5Y、青緑であれば 5BG となる。

52 品質劣化させないために

化粧品は使用中に劣化してはいけません。

化粧品の中味の劣化には変色、変臭などの化学的要因と分離、沈殿、固化などの物理的要因があります。これらの現象は化粧品の美観や使用性を損なうばかりではなく安全性にも影響を与えます。使う人が使い終わるまでを保証するために、実際の使用場面なども考慮して安定性試験を行っています。

保存試験としては各地の暑い夏や寒い冬でも保証するため、温度安定性があります。高温と低温だけではなく、日間の温度変化を想定したサイクル試験や、湿度と組み合わせた試験もあります。

日光やショーウインドーなどの光による品質劣化には光安定性試験が行われています。これには屋外の日光曝露試験や室内の人工光による試験があります。人工光には太陽光に似た紫外・可視領域のエネルギーを持つキセノンランプとカーボンアークが使われています。中味の光安定性の弱いものは遮光容器に入れますが、透明であっても紫外線を通さない容器や着色した容器もあります。薬剤によってはある波長の光でのみ分解するものもあり、その波長の光だけ防げばよい場合もあるのです。

温度や光以外に応力を加える試験法があります。例えばチューブ製品を何回も揉むことによって中味が分離したり、力が加わることで口紅が折れるなどの問題を保証する試験などです。

薬剤の安定性はもっと厳しく行われています。特に医薬部外品の配合薬剤は医薬品で規定されている加速試験に準拠して作られています。不安定な薬剤の安定化には不純物の除去、酸素の遮断、酸化防止剤、pH調整剤、金属イオン封鎖剤の配合などがあります。生産においても原料の安定な保管（冷暗所）、配合禁忌への配慮および仕込み順序などがあります。また、薬剤が容器に収着する場合もあるので、容器の材質を選択する必要があるのです。

要点BOX
- 化粧品の中味の劣化には変色、変臭などの化学的要因と分離、沈殿、固化などの物理的要因がある
- 温度安定性試験、光安定性試験、応力試験などを行う

各種の安定性と保証試験

化粧品の安定性と保証試験

応力試験
口紅の折れや揉むことで分離するチューブ製品などの予測。遠心分離法、振とう法、落下法、荷重法、摩擦法など

光安定性試験
ショーウインドー内や太陽光にさらされる場合もあるので実施。日光曝露、キセノンフェードメーター、カーボンアーク照射など

物理的変化
分離、沈殿、凝集、ゲル化、発粉、発汗、スジむら、固化、亀裂など

化学的変化
酸化や分解による変色・褪色、変臭

エアゾール製品の安定性試験
液化ガスと原液が混ざっており、内圧変化や引火性の危険があるため腐食試験、漏洩試験、詰まり試験などを別途行う

部外品薬剤の安定性試験
医薬部外品は医薬品に準ずるもので品質確保には厳しい規制がある。40℃（±1℃）75％RH（±5％）の保存条件で6カ月以上の加速試験など

温度安定性試験
化粧品を所定の温度条件に静放置し、経時の状態変化を観察する。−20℃〜60℃、サイクル温度試験など

光・紫外線と酸化に対する対応

光・紫外線

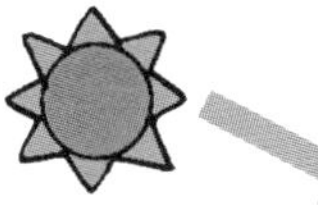

酸化
油脂は酸素によってラジカル機構で酸化する（自動酸化）ものが多い。自動酸化では熱、光、金属（鉄や銅）が促進的に働く。

容器対応
- 紫外線遮蔽容器
- 酸素遮断容器
- 中身成分の吸着配慮

中味対応
- 紫外線吸収剤：ベンゾフェノン系、ジベンゾイルメタン系、ベンゾトリアゾール系、メトキシ桂皮酸系
- 不純物の除去
- 酸化防止剤：トコフェロール類
- 酸化防止助剤：リン酸、クエン酸、アスコルビン酸
- pH 調整剤
- 金属イオン封鎖剤：エチレンジアミン四酢酸

53 微生物汚染を防ぐ！

一次汚染・二次汚染、防腐防黴

化粧品は食品と同様、水分と栄養分があるためにカビや細菌、酵母などの微生物に侵され変臭変敗することがあります。微生物の汚染には工場での製造時に汚染される一次汚染とみなさんが使っている間に汚染される二次汚染があります。

一次汚染には水由来の細菌が多く、これを防ぐために作業環境の整備や作業員の清潔な作業、水の加熱や紫外線による殺菌、原料や材料のガス滅菌や加熱殺菌、製造機器類の洗浄や殺菌で対処しています。

指を入れて化粧品を取り出すことや、蓋を開けたままにしておくと微生物に汚染されます。これが二次汚染です。二次汚染を防ぐために安易に防腐剤を使用するのではなく、まず基剤自身で防腐力を高めることを検討します。アルコールの添加やpHコントロールもありますが、「水分活性」の考え方で対応します。水分活性は水分の中で微生物の繁殖に利用される自由水の割合です。砂糖や塩が入ると水分子が束縛され「結合水」となり、「自由水」が少なくなります。その結果微生物の増殖が抑制されますが、多価アルコールなどにもその作用があるのです。それが難しい場合は、微生物の増殖を抑制するパラオキシ安息香酸エステルのような防腐防黴剤が配合されることがあります。

また、短期的に菌を死滅させる効果を持つものを殺菌剤といいます。実際にはアクネ菌の増殖を抑制してにきびの発生や症状の悪化をやわらげたり、腋《えき》臭《しゅう》の一因となる菌を死滅させるのに使われています。塩化ベンザルコニウムなどがこれに当たります。こういう話をすると「菌は悪者、殺さなくては！」と思う人が増えますが、実は皮膚には表皮ブドウ球菌という善玉の常在菌がいて、悪玉菌が皮膚で増えるのを防いでいます。過剰に殺菌すると善玉菌も死んでしまってバランスを崩してしまいます。善玉菌を増やし、悪玉菌を抑える成分が使われることもあります。

要点BOX
- 一次汚染対策には、作業環境の整備や作業員の清潔な作業、各種殺菌を行っている
- 二次汚染対策は、微生物の増殖を抑える

微生物一次汚染の要因

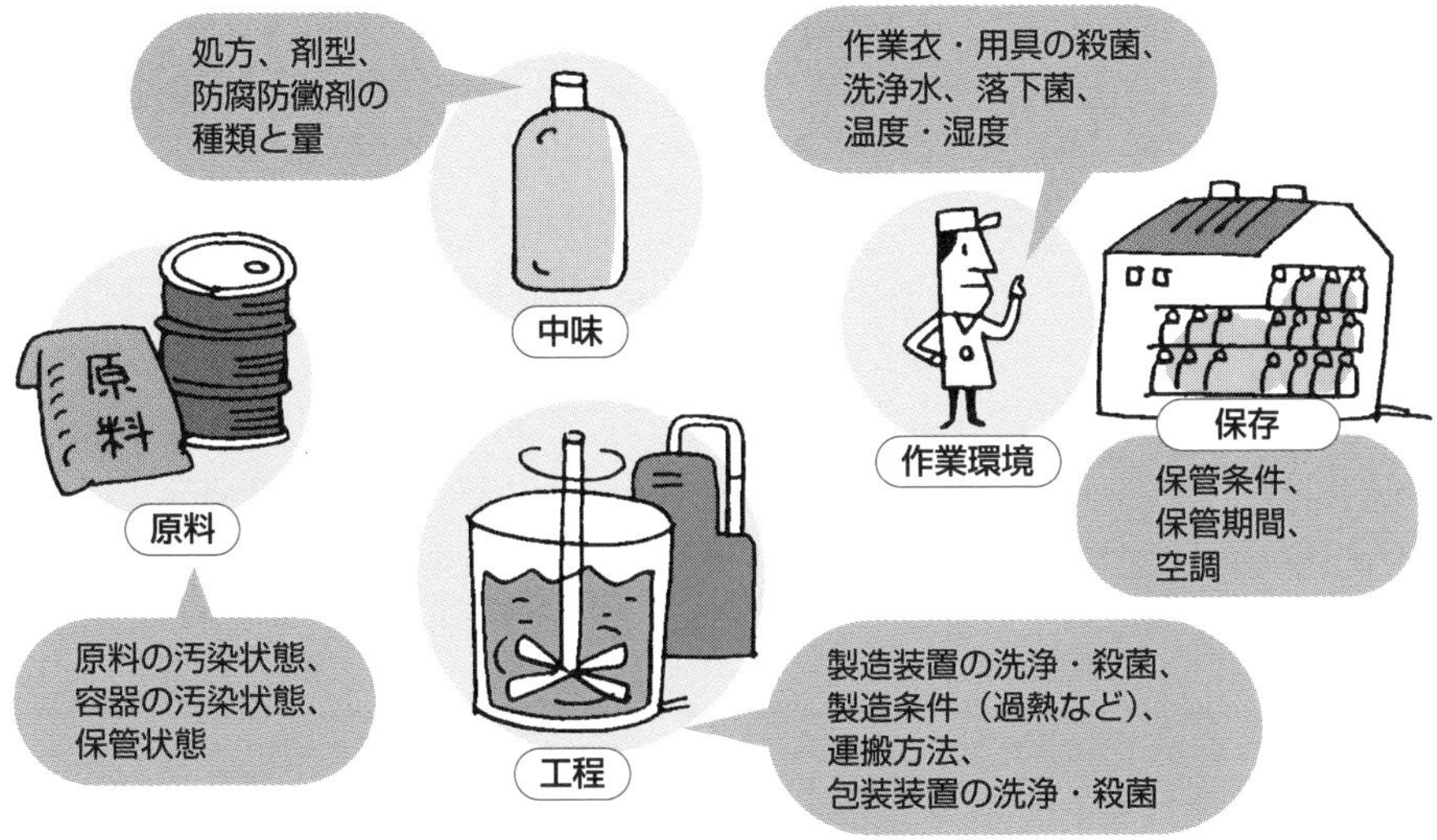

化粧品用抗菌剤

分類	作用	成分
防腐剤 （防腐防黴剤）	二次汚染微生物の増殖を抑制し、静菌させて製品の変敗やカビ防止の目的のため使用	●パラオキシ安息香酸エステル、フェノキシエタノールなど
殺菌剤	皮膚上の菌を消毒あるいは死滅させ、皮膚を清潔に保つ目的のため使用	●塩化ベンザルコニウム、グルコン酸クロルヘキシジン、トリクロロカルバニリドなど

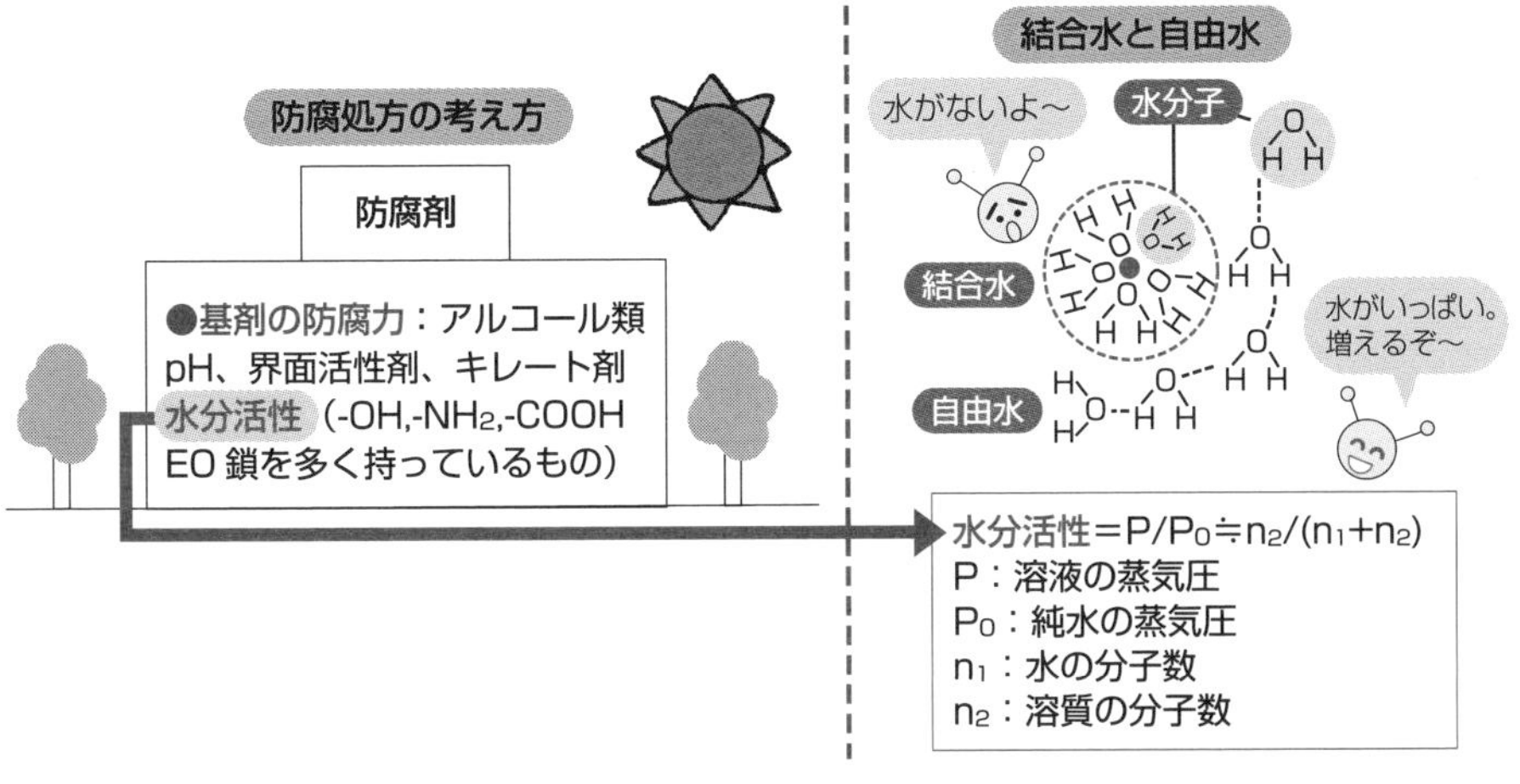

54 計算科学はここでも活躍

コンピュータを駆使して化粧品開発に利用

医薬品の分野では薬効物質を探すためにハイスループット・スクリーニングという方法で何万もの化合物が短時間に評価されていますが、化粧品用薬剤も同じような手法が検討されています。また、コンピュータによるバーチャル・スクリーニングでは関連のある酵素と阻害物質などのマッチングを行うことができます。コンピュータで実験を行うものをin silico（インシリコ）といいます。ちなみに生体系で行うのをin vivo（インビボ）、試験管内で行うのをin vitro（インビトロ）といいます。この言葉は覚えておきましょう。

化合物の安全性もコンピュータを利用した定量的構造活性相関（QSAR）が研究されています。化学物質の毒性発現は、生体に吸収され、生理活性を起こす部位に輸送されて、そこで化学反応を引き起こすことによって生じます。化学物質は細胞膜を通過し拡散しますが、この部分は分配係数や溶解度などを用います。また、生体部位と化学物質との反応は、分子の持つ電子的な特性（電子密度、電気陰性度など）や立体構造と密接に関連していて、類似の構造を持つ化学物質は類似の生理活性を示すことが多く、既存データを利用した統計的な推定手段は時間と費用の面で非常に有効です。

メーキャップ領域でもコンピュータ・グラフィックス（CG）で化粧顔を作って印象を解明したり、複合粉体の光学解析などに使われています。平均顔は複数の顔を集めてCGで作りますが、個人的な特徴（シミやソバカスなど）の影響がキャンセルされ共通した要因が残ります。このため、加齢の変化や地域差（場所による縄文顔、弥生顔など）を見るのに便利です。また、平均顔に対してフォルム軸とバランス軸で4つの顔型分類を行った「顔だちマップ」というものもあります。自分の顔をビデオで取り込んでお化粧をする「メーキャップ・シミュレーター」は、とてもリアルでおもしろいですよ。1度試してみたらいかがでしょうか。

要点BOX
- 何万もの薬効物質がハイスループット・スクリーニングという方法で短時間に評価される
- 4つの顔型分類を行った「顔だちマップ」

ハイスループットとコンピュータの利用

スキンケア

●処方検討：コンビナトリアルによる処方作成の自動化
●薬剤探索：
①ハイスループット・スクリーニング
②バーチャル・スクリーニング

メーキャップ

①化粧顔シミュレーションの利用
②複合粉体の光学モデル
③コンピュータ・カラーマッチング
④メーキャップ・シミュレーター

安全性　定量的構造活性相関に用いられる因子

特徴・性質	記述子
構造的特徴	化学物質の原子・結合・部分構造の有無またはその個数、分子量など
物理化学的性質	融点、溶解度、分配係数、沸点、蒸気圧など
電子的性質	置換基定数、酸解離定数、酸化還元電位、結合次数、電子密度、電気陰性度、有効分極率、分子軌道のエネルギー、局在化エネルギー、イオン化ポテンシャルなど
立体的性質	置換基定数、ファンデルワールス半径、分子容、表面積、分子屈折など
トポロジカル的性質	分子結合指数など

日本人女性が理想として選んだ顔の合成

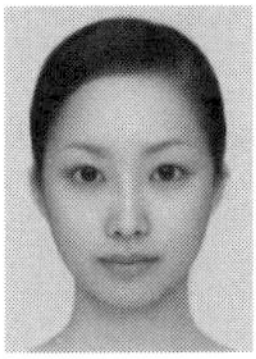

20 ～ 30 代、n= 約 1 万
提供：資生堂

顔だちマップ

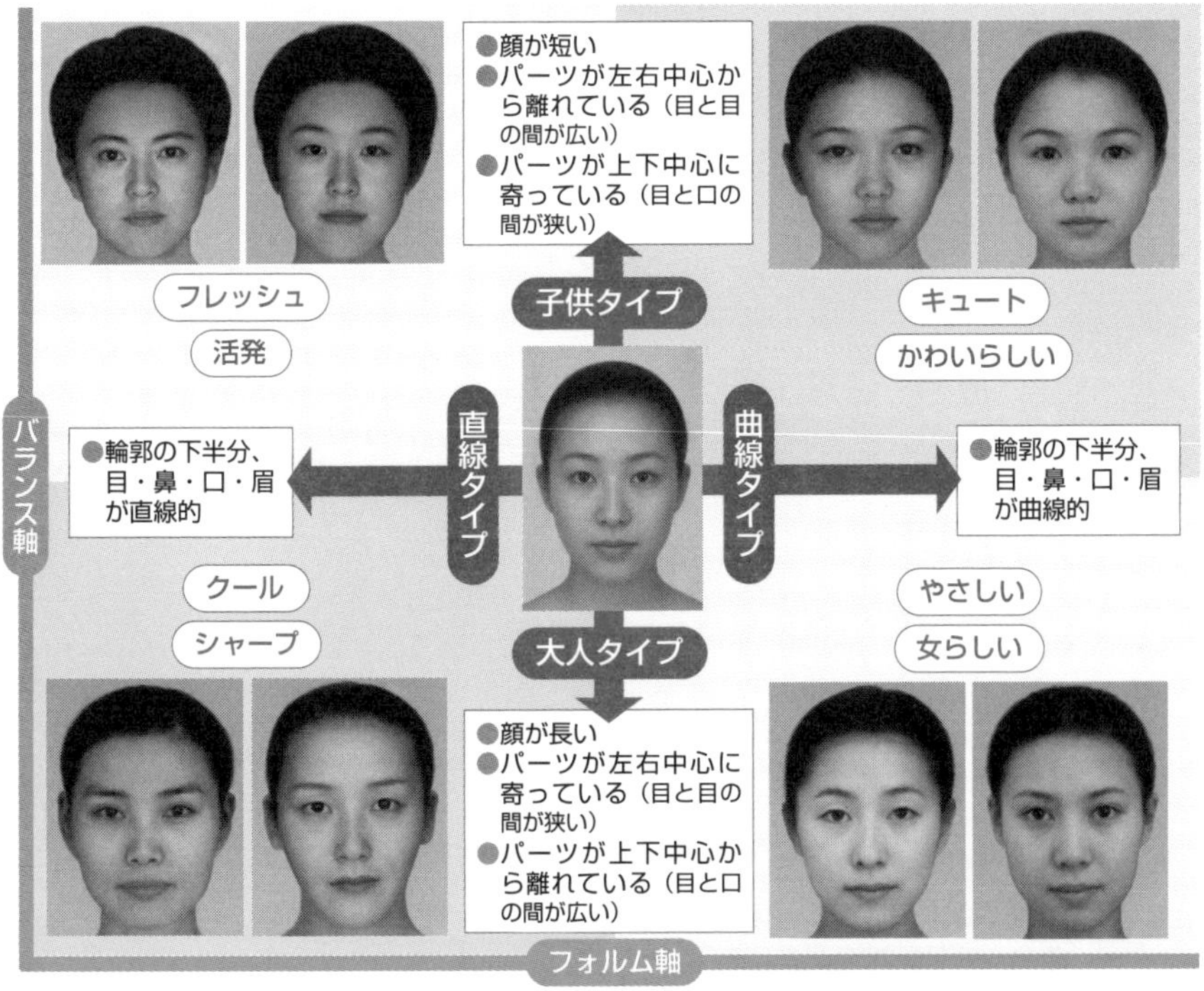

出典：「化粧行動の社会心理学」高木修監修、大坊郁夫編著、北大路書房、2001 年

55 安全性は何より大切

長期間用いられるので絶対的な安全保証が必要

加水分解小麦の入った石鹸によるアレルギーや、美白成分ロドデノールによる白斑の事故については記憶されている方も多いと思います。医薬品は治療という有効性と副作用というリスクのバランスで語られますが、化粧品は不特定多数の健康な人に長期間用いられることが多いので、絶対的な安全性が保証される必要があります。特に新しい原料を配合する場合には十分な安全性の確保が必須で、最低限9項目の安全性試験を行うことがすすめられています。

安全性の中でまずチェックしなくてはならないのは皮膚刺激性です。免疫機構に基づく感作性、および光によって生じる光毒性や光感作性、また使用時に目に入る可能性もあるので、眼刺激性のないことも確認します。化学物質が細胞の核や遺伝子に変異を起こす可能性を評価するのが、変異原性試験です。これらを動物実験で行う場合もありましたが、EUでは2013年から化粧品開発のための動物実験が禁止されました。これを契機に日本でも動物実験を行わない化粧品会社が増えました。このため、安全性保証体系も「情報による保証」「代替法による保証」「ヒトによる最終確認」に変わりつつあります。代替法としては化学構造と安全性の相関をコンピュータで予測する方法（in silico）と細胞などを用いたin vitro試験などがあります。

OECDのテストガイドライン（TG）にも動物実験代替法が増え、日本からの提案も採用されています。例えばTG442Eのh-CLAT法は資生堂と花王というライバル同士の共同研究が実ったものです。商品開発ではしのぎを削っていますが、安全性では協力した例です。このように代替法は精力的に検討されていますが、まだまだ完璧ではありません。情報と代替法で安全保証された後に、最終的にヒトによる安全性最終確認を行います。新原料を開発するのは大変な労力がかかります。

要点BOX

- 新規原料を配合するときは皮膚刺激性や感作性など9項目が必要
- 動物実験代替法

安全性保証の例

情報による保証
●ヒトでの安全な使用経験　●公的な安全性データベース　●過去の動物実験データ

↓

代替法による保証

化学構造による予測
●in silico/ QSAR
（市販ソフト等による毒性予測）
●Read-across
（類似構造からの毒性予測）

in vitro 試験
●細胞毒性試験による局所毒性が中心
●全身毒性の代替は現状では困難

↓ ヒト試験可否判断

ヒト試験による安全性評価　●安全性に問題がないことを最終的に確認

↓

上市

上市後の調査
●安全性評価基準等のブラッシュアップ

動物実験代替法に関わるOECDのテストガイドラインの例

分野	TG・GD 番号
皮膚腐食性試験	TG430, TG431, TG435
皮膚刺激性試験	TG439
光毒性試験	TG432, TG495
眼刺激性試験	TG437, TG438, TG460, TG491, TG492, TG494
皮膚感作性試験	TG442C, TG442D, TG442E
単回投与毒性試験	GD129
内分泌かく乱スクリーニング	TG455, TG456, TG457, TG493, TG458
遺伝毒性試験	TG471, TG473, TG476, TG487, TG490
形質転換試験	GD214
経皮吸収試験	GD214, TG428
発がん性スクリーニング	GD231

新規原料を配合するときに必要な9項目の安全性試験

急性毒性
物質を単回投与したときの全身的な影響を評価

眼刺激性
目に対する刺激性の評価

光毒性
皮膚に化学物質が接触し、そこに紫外線が照射されることによって起こる皮膚刺激反応の評価

皮膚一次刺激性
物質を皮膚に単回塗布させることによって生じる紅斑、浮腫、落屑の評価

光感作性
光が当たったときにアレルギー性皮膚炎が起こるかどうか評価

変異原性
物質が細胞の核や遺伝子に影響を及ぼして変異を起こす可能性を評価

感作性
アレルギー性皮膚炎が起こるかどうか評価

化粧品
・ポジティブリストとネガティブリストを除き、新原料を自由に配合可能
・企業が責任を持つ

連続皮膚刺激性
物質を複数回接触させ刺激を評価

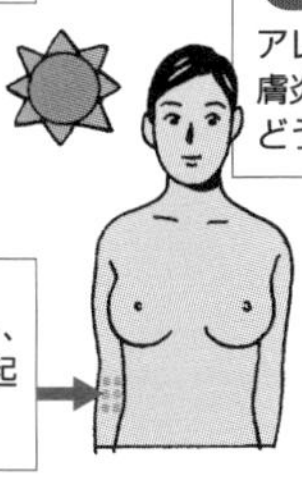

ヒトパッチ
被験物質を皮膚に適用し、人工的な接触皮膚炎が起こるかどうかを評価

医薬部外品
・規制当局への承認申請が必要
・規制当局が認めた試験法での実施が必要
・反復投与毒性試験、生殖・発生毒性試験、吸収・分布・代謝・排泄なども必要

56 待ったなしの環境問題

ライフサイクル全体を考慮した化粧品開発

化粧品の環境問題を紐解いてみると、最初に思い浮かぶのはフロン問題です。エアロゾルは利便性があり、フロンは制汗剤やヘアスプレーの噴射剤で使われていました。1970年代にこのフロンガスでオゾン層が破壊され、有害な紫外線が地上に届き、皮膚癌の増加が懸念されました。これを受けてフロン等規制法が施行されました。

それ以外の原料はあまり環境問題にはなりませんでしたが、揮発性の環状シリコーンが水生生物に影響を与えることがわかり、禁止されることになりそうです。また、サンスクリーンを肌に塗って海に入ると、海に紫外線吸収剤の成分が溶け込んでサンゴ礁を白化させるということで、ハワイでは「オキシベンゾン」と「オクチノキサート」の入ったサンスクリーンの発売が禁止されました。

さて、化粧品の容器包装は比較的小容量で直接生活者に届けられ、使用後に廃棄されることが特徴です。廃棄物量の削減を図るために、容器包装リサイクル法が施行され、使用後の容器リサイクルが推進されることになりました。包装容器については3R施策（Reduce, Reuse, Recycle）が行われています。また、包装容器には紙、プラスチック、ガラスが主に使われています。

原料では炭酸ガスの増加を抑制するカーボンニュートラルの考え方が普及して、植物系原料の使用に変わりつつありますが、容器の材料も同じです。

プラスチックといえば、化粧品のスクラブなどに使われていたマイクロプラスチックビーズは、海洋汚染などの問題で現在はほとんど使われていません。一方、化粧品に限らずプラスチック容器による海洋汚染に注目が集まっており、生分解プラスチックやリサイクルの徹底などが提案されています。地球環境を守り、循環型社会に貢献するため、ライフサイクル全体を考慮した化粧品開発が必須となっています。

要点BOX

- ●化粧品の容器包装では3R施策が行われている
- ●海洋汚染・水生生物への影響

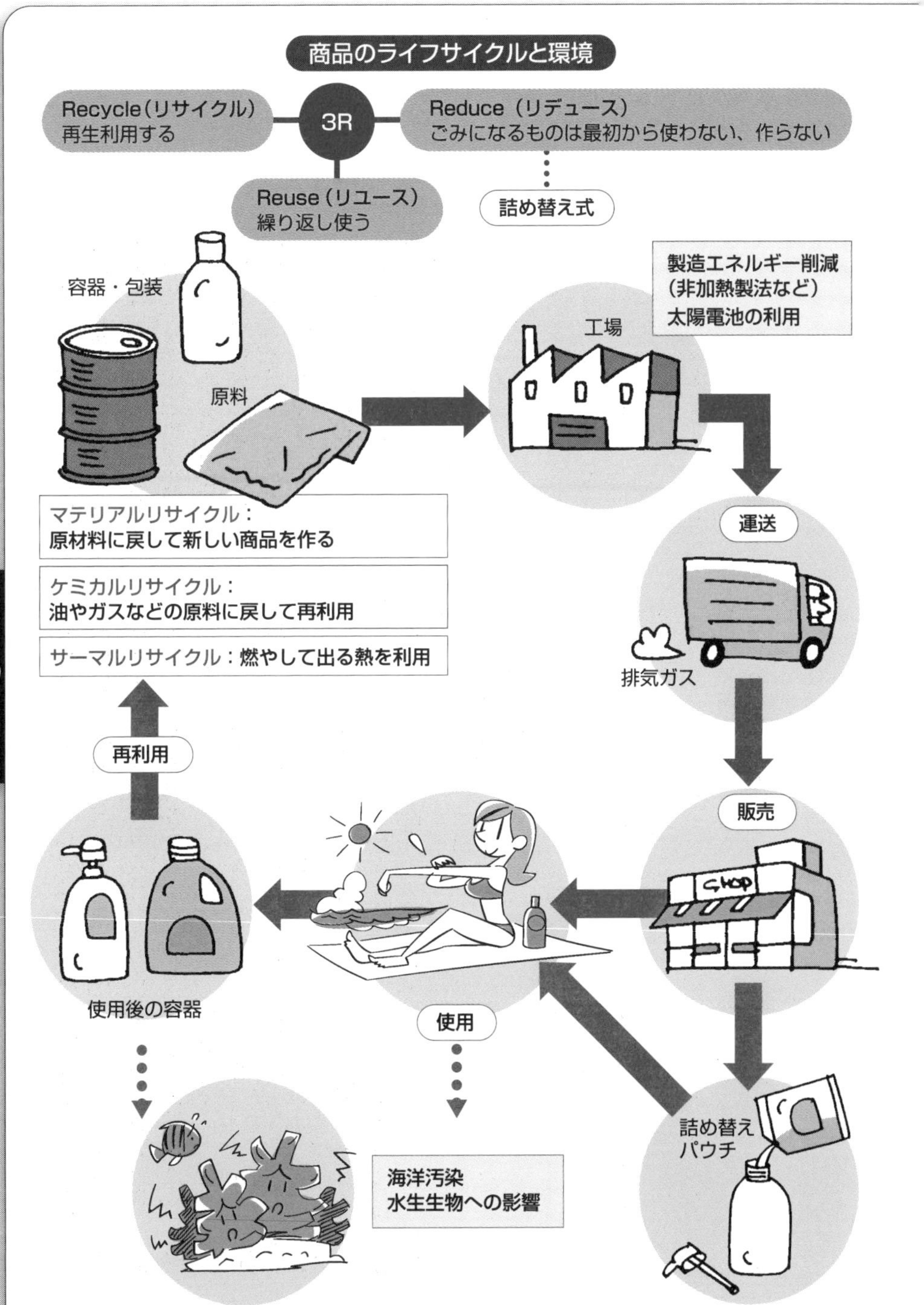
商品のライフサイクルと環境
3R
Recycle（リサイクル）
再生利用する
Reuse（リユース）
繰り返し使う
Reduce（リデュース）
ごみになるものは最初から使わない、作らない
詰め替え式
容器・包装
原料
工場
製造エネルギー削減
（非加熱製法など）
太陽電池の利用
マテリアルリサイクル：
原材料に戻して新しい商品を作る
ケミカルリサイクル：
油やガスなどの原料に戻して再利用
サーマルリサイクル：燃やして出る熱を利用
運送
排気ガス
販売
再利用
使用後の容器
使用
詰め替え
パウチ
海洋汚染
水生生物への影響

Column

分析化学の進歩

昔は、質量分析計（MS）で蛋白質を測定することなど考えてもみませんでした。蛋白質をイオン化させるため、高エネルギーをかけると気化ではなく分解してしまいます。蛋白質をイオン化するのは大変です。そこでグリセリンとコバルトを緩衝材として、レーザーにより高分子を気化させる田中耕一先生のノーベル賞を受賞した研究が出てきます。このとき、間違ってグリセリンを使ってしまったということで話題になりました。最近はこれに似た方法と飛行時間形質量分析計（TOF-MS）とを組み合わせて蛋白質などの高分子が同定できるので、ライフサイエンスが非常に発展しました。

できないと思っていることに挑戦する例をもう1つ紹介します。

化粧品分野で粉体を扱っている研究員は、昔からX線を使って構造解析を行っています。例えば、日焼け止め化粧品に配合されている酸化チタンはX線でルチル型、アナターゼ型などの結晶型を決定しています。

また、生物系では蛋白質の構造解析にX線が使われることがありますが、結晶化させなければ解析ができません。どうしても結晶化させたい場合は国際宇宙ステーションの微小重力下で結晶化を促進させました。このようにX線は絶対的な構造を決めることができる最強のツールですが、残念なことに液体を測定することができませんでした。このため、液体成分を同定するには核磁気共鳴（NMR）や質量分析（MS）など、さまざまな方法を合わせて判断していたのです。

粉体を扱っている研究員はX線で液体は測定できないと思っているので液体を測定しようと思いません。しかし、それをやられた方がいます。藤田誠先生です。「結晶スポンジ」と呼ばれる材料にわずか数μgの試料をしみ込ませるだけで「結晶化することなく」単結晶X線構造解析を行うことに成功したのです。細孔のある錯体に分子を認識する能力を持たせることで、常温で液体の化合物でも取り込んだ分子を周期配列させるという原理です。さらに液体クロマトグラフィーと連結させて分離された数μgの成分を直結する結晶スポンジに吸収させて一気にX線構造解析できます。

創薬研究や香料分野など、これまであまりX線と縁のなかった分野が急激に発展すると思います。できないと思われていることに挑戦する人がいて科学が飛躍的に進歩するのだと思います。

第 6 章

機能性化粧品とその将来

57 シワを改善する技術

シワは紫外線、乾燥、活性酸素などによって生じます。また、表情により皮膚表面にヨレが生じ、一過性のシワが形成され、これが繰り返されることで静止時でも見られるようになる表情シワもあります。

化粧品の効能効果の56番目に「乾燥による小ジワを目立たなくする」が2011年に追加されました。この効果について標榜できるのは、日本香粧品学会が2006年に公表した「化粧品機能評価法ガイドライン」に基づく試験、またはこれと同等以上の適切な試験をメーカーの責任において行い、その効果を確認したうえで、試験を行なった「効能評価試験済み」の製品に限られます。

医薬部外品でも「シワを改善する」効能の有効成分が開発され、シワ改善薬用化粧品が世に出てきました。最初に世に出た有効成分はコラーゲンなどの真皮成分を分解する好中球エラスターゼを抑制する効果のある「ニールワン」です。2番目の有効成分は「純粋レチノール」です。レチノールは昔からシワに効果があるといわれており、かなり昔から基礎研究が行われていました。これを安定に配合するのは至難の業です。ヒアルロン酸産生などの効果があります。3番目の有効成分は「リンクルナイアシン（ナイアシンアミド）」でビタミンB_3です。

一般の抗老化成分は表皮、基底膜、細胞外マトリクス、血管新生、活性酸素をターゲットとしています。表皮をターゲットとしたものでは、αヒドロキシ酸、メバロラクトンなどがあります。紫外線は、マトリクスメタルプロテアーゼ（MMP）を活性化して、コラーゲンを分解するため、細胞外マトリクスターゲットはMMP阻害剤や、コラーゲンおよびヒアルロン酸合成促進成分などになります。

美容医療では、コラーゲン、ヒアルロン酸の注入のみならず、ボトックスや自家培養線維芽細胞の注入などを行っています。

要点BOX

●化粧品の56番目の効能「乾燥による小ジワを目立たなくする」
●医薬部外品「シワを改善する」有効成分

皮膚の老化といわゆる抗老化成分

※MMP（マトリクスメタロプロテアーゼ）
少ない紫外線量で亢進され、細胞外マトリクスを分解する。

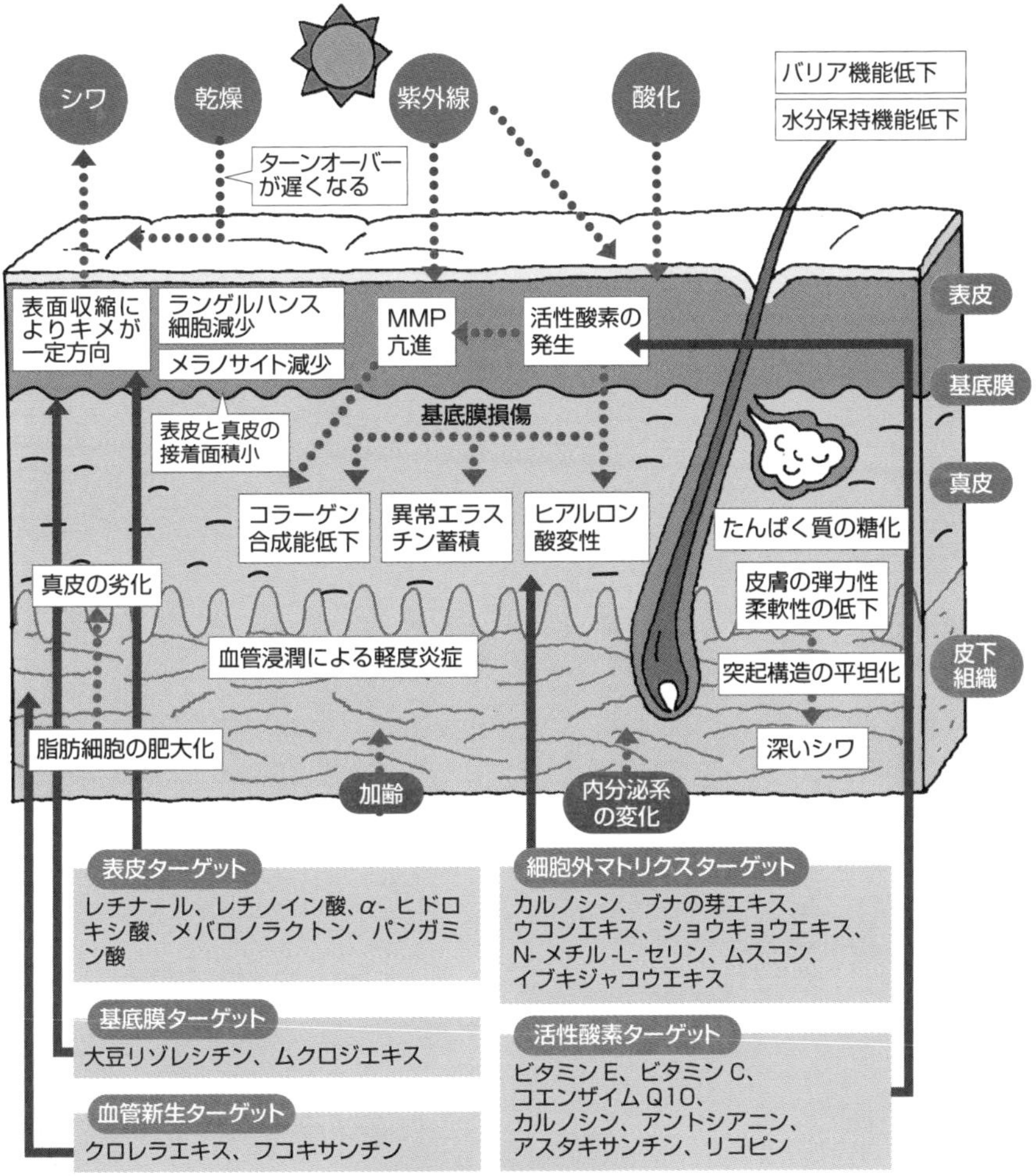

医薬部外品 シワ改善有効成分

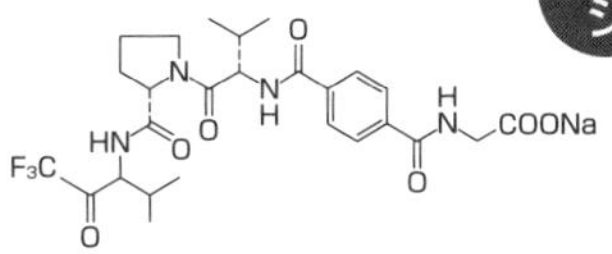

ニールワン

（3フッ化イソプロピルオキソプロピルアミノカルボニルピロリジンカルボニルメチルプロピルアミノカルボニルベンゾイルアミノ酢酸ナトリウム）

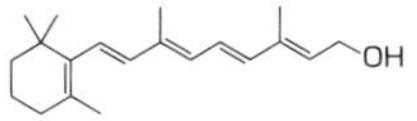

レチノール

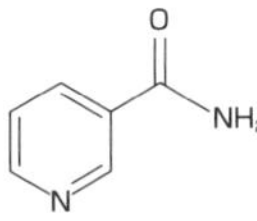

ナイアシンアミド

58 毛穴が目立つのはなぜ？

毛穴ケアとケミカルピーリング

若い女性の悩みで毛穴が目立つ、毛穴が黒ずんでいるという悩みが増えています。キメの整っている人は毛穴が目立たず、キメの乱れている人は毛穴が目立ちます。

「目立つ毛穴」は毛穴がすり鉢状になっており、すり鉢状の部分の皮膚状態を見ると角層に「核」の残った細胞が多く観察されました。角化が正常に行われていないのです。これを不全角化と呼んでいます。原因はオレイン酸のようなcis型不飽和脂肪酸で、これがNMDA型グルタミン酸受容体に作用すると、イオンチャネルからカルシウムイオンが入り細胞内カルシウムイオン濃度が上昇します。それが増殖シグナルとなって不全角化や表皮肥厚が起こります。毛穴を縮小させる薬剤としてグリシルグリシンが報告されています。毛穴の角栓《かくせん》も気になる人が多く、角栓取りシートなどが使われています。剥がした後に目で見える実感が受けているようです。

剥がすといえばケミカルピーリングです。これは化学薬品(chemical：ケミカル)を使って、「剥ぐ」(peel)から来ています。ケミカルピーリングの理論は、グリコール酸（GA）等のピーリング剤が皮膚を表面から化学的に溶かし、皮膚が自然に回復する力を利用して、皮膚の再生を促進し若返らせる方法です。

ケミカルピーリングは本当に皮膚を剥がしているのでしょうか？三次元皮膚モデルやヒトの皮膚を使った研究では、GA施術直後に角層はほとんど剥離されないことがわかりました。実はGAが表皮細胞に存在する酸の受容体TRPV1に作用して細胞外信号伝達物質としてアデノシン三リン酸（ATP）を遊離させます。ATPはATP受容体を介して細胞の増殖や分化を調整することが知られており、この場合も表皮基底細胞の増殖を促進することがわかりました。酸が皮膚を剥がすのではなく、酸受容体を介して皮膚を若返らせていたのです。おもしろいですね。

要点BOX

- 目立つ毛穴は、皮膚の角化が正常ではない
- ケミカルピーリングは酸受容体を介して皮膚を若返らせている

目立つ毛穴

目立つ毛穴の構造

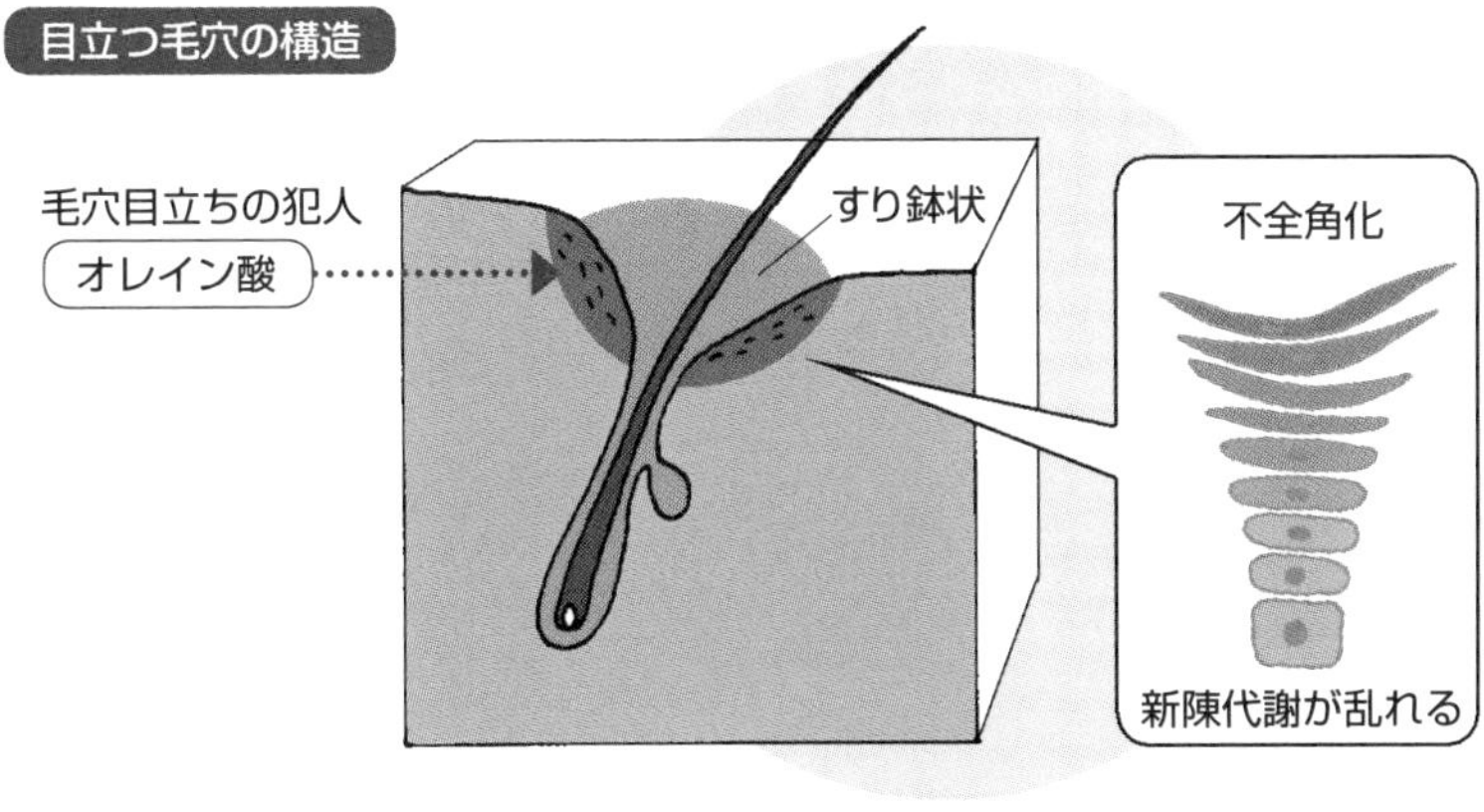

目立つ毛穴になるメカニズム

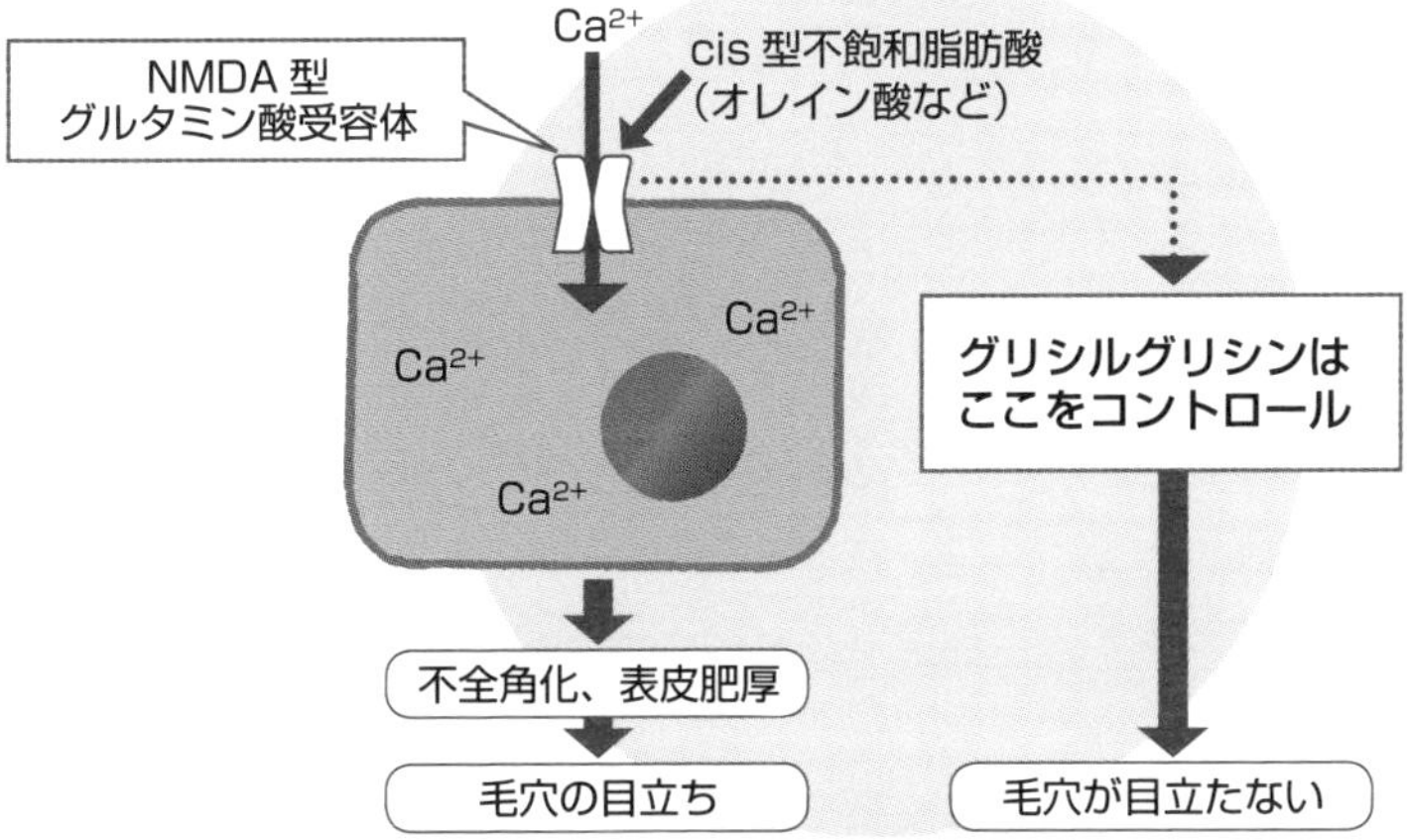

グリコール酸刺激によるケラチノサイトの増殖誘導

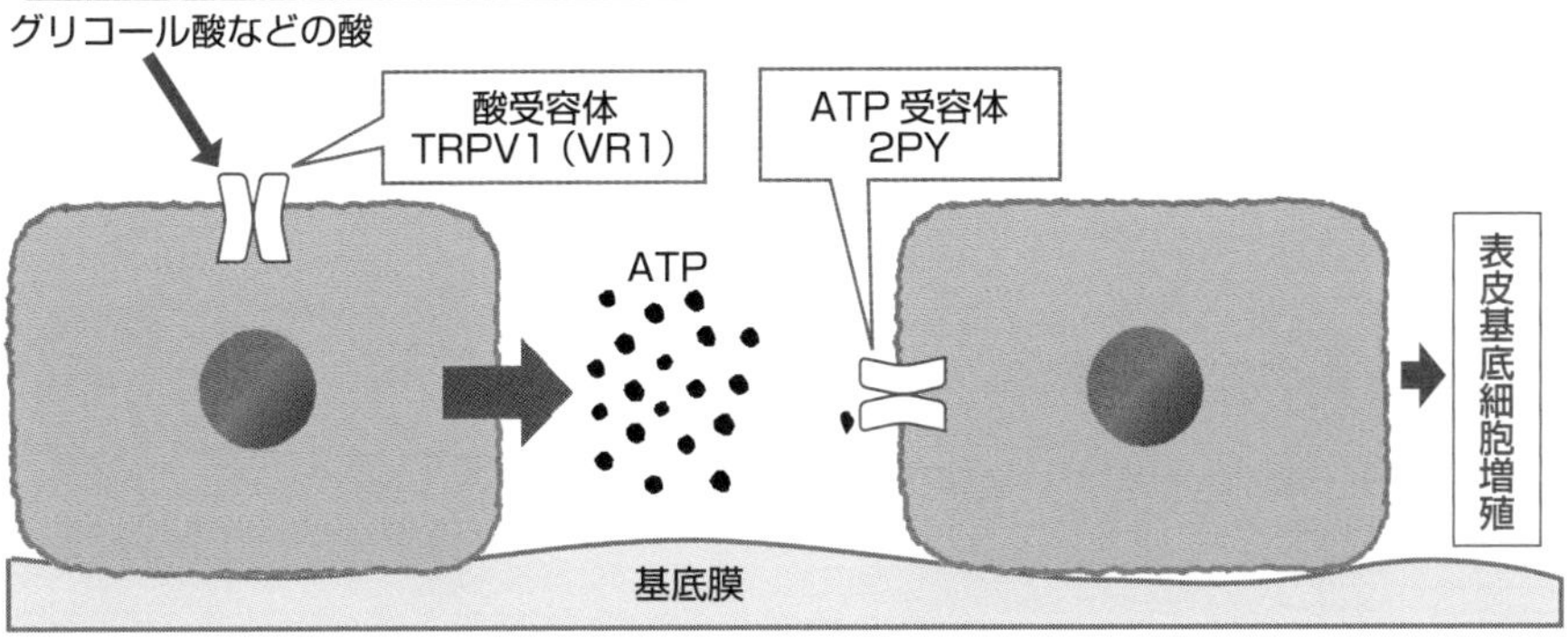

59 活性酸素の功罪

活性酸素と抗酸化

最近、テレビなどで「活性酸素」がよく話題になります。酸素はいったい体に良いのでしょうか、悪いのでしょうか？　多くの生物が「毒ではあるが大きなエネルギーを引き出す酸素」を利用しています。

もちろんヒトも毎日500リットル以上の酸素を消費し、大量のATPを作り出しています。この体内に取り込まれた酸素のうち2％くらいは、還元過程において「活性酸素」に変化することが知られています。活性酸素は極めて反応性の高い「活性化された酸素」で、スーパーオキシドイオン、過酸化水素、ヒドロキシルラジカルおよび一重項酸素のことです。また、もっと広くオゾン、次亜塩素酸、一酸化窒素、ペルオキシラジカルなどを活性酸素と呼ぶ場合もあるようです。

これらの活性酸素は、生体の中に入り込んだ細菌などを殺す作用を持つ一方で、脳卒中、白内障、心筋梗塞、リウマチなどの疾患に関係があるとされています。酸化ストレスに対する防御としては生体外から抗酸化物を摂取する方法があります。一重項酸素を消去するカロテノイド類、スーパーオキシドを消去するポリフェノール類などがあります。もう1つは生体内に備わる酸化ストレスに対する防御機構を維持する方法です。

活性酸素を除去する防御機構の中で、最も有名なものはスーパーオキシドジスムターゼ（SOD）を中心とした酵素系です。

また、酸化防御機構としてKeap1（センサー因子）-Nrf2（転写因子）も注目されています。通常ではKeap1-Nrf2は分解してしまいますが、酸化ストレスを受けるとNrf2はKeap1から外れて分解しなくなり、核に移行して小Maf群と一緒になって抗酸化酵素群を作ります。

活性酸素は単なる毒性物質ではなくシグナル分子として理解されつつあります。

要点BOX

- ●酸素を用いて効率的にATPを作る
- ●抗酸化物の摂取
- ●抗酸化酵素を作るKeap1/Nrf2経路

活性酸素の生成

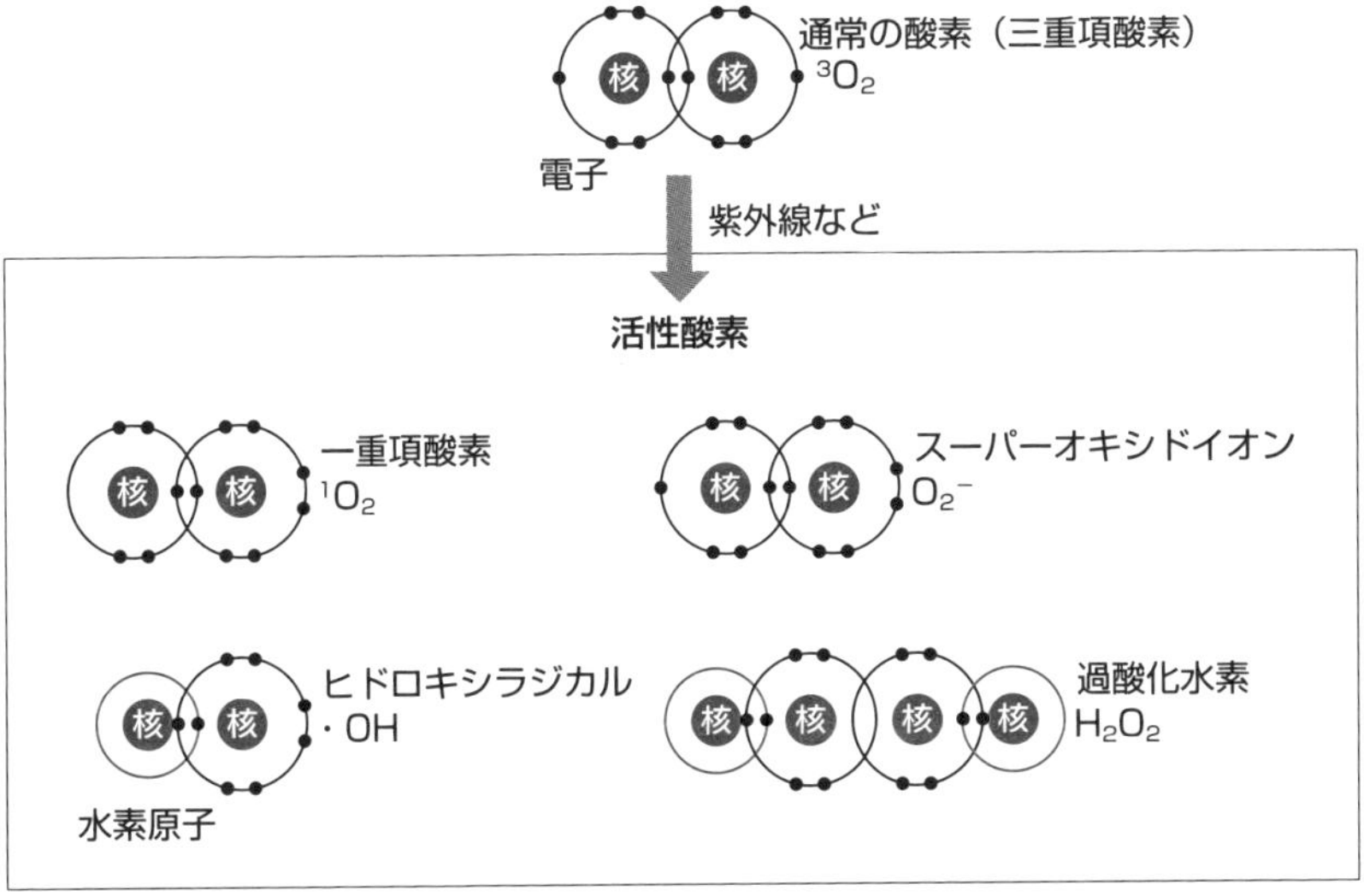

抗酸化作用の違い

カロテノイド類

紫外線などによって生じる、一重項酸素を消去する。

↓

光障害や光老化の抑制機能を発揮する。

ポリフェノール類

呼吸などによって生じる、スーパーオキシドを消去する。

↓

スーパーオキシドにより引き起こされる、老化現象を抑制する。
脂質過酸化や消化器疾患、心筋梗塞、動脈硬化などの疾患予防に働く。

センサ因子Keap1を介したNrf2の活性化制御機構

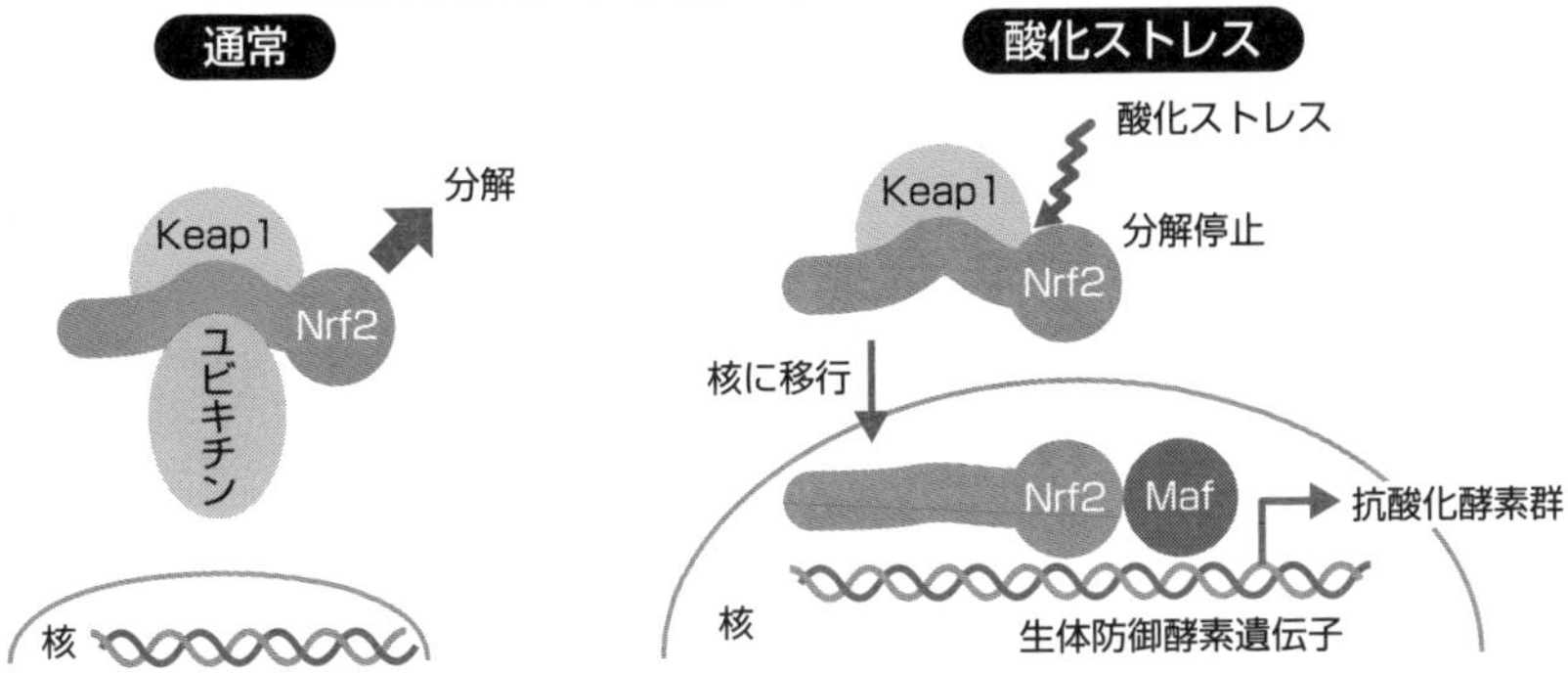

60 いまだ若者はにきびに悩む

にきびの発生と対策

最近はにきびの若者たちをあまり見なくなったような気がしますが、皮膚科のお医者さんに聞くと、にきびの悩みで来院する中高生は多いそうです。

にきびは尋常性座ソウといい、青年期の皮膚の特徴の1つともいえます。男性は思春期になりアンドロゲンの影響で皮脂の分泌が多くなります。女性については排卵後の黄体ホルモンが皮脂の分泌を増加させるため、生理の前ににきびが悪化することがあるといわれています。皮脂の分泌が多くなると毛包の内部でアクネ菌が増殖します。

アクネ菌はリパーゼを産生し、皮脂中の中性脂肪を脂肪酸とグリセリンに分解します。遊離脂肪酸によってケラチノサイトが刺激されて角化が起こり、角化亢進が重なると皮脂が毛穴に詰まりやすくなります。この詰まった状態をコメドといいます。このコメドは「白にきび」、酸化した皮脂が詰まると「黒にきび」と呼ばれます。ここで皮膚に常在しているアクネ菌や皮膚ブドウ状球菌などが増加すると炎症が起こり、赤にきびになります。炎症が続くと毛穴に詰まった皮脂やその分解物が真皮内にあふれ出して膿胞を作り、細菌が真皮内に侵入すると白血球が集まり、その死骸が膿となり、これが溜まって膿腫となります。

「大人のにきび」という言葉を聞きますが、大人のにきびは顎や頬、鼻や口のまわりにぽつんと単発的にできる傾向があります。皮膚生理を調べてみると、そのような人の角層のバリア機能とpH調整機能が低下していました。にきびケアの製品には、①皮脂抑制剤、②角質剥離剤、③殺菌剤、④抗炎症剤などが配合されています。日本皮膚科学会ではにきび治療に関するガイドラインを公表していますが、そこではアダパレン、過酸化ベンゾイルを配合した外用薬が推奨されています。にきびを防ぐには肌を清潔にするのは基本ですが、ノンコメドジェニック化粧品を選ぶなどの配慮も必要です。

要点BOX

- 大人のにきびは角層のバリア機能とpH調整機能の低下が原因
- にきびのケアには、皮脂抑制剤、角質剥離剤、殺菌剤、抗炎症剤などが効く

にきびができるまで

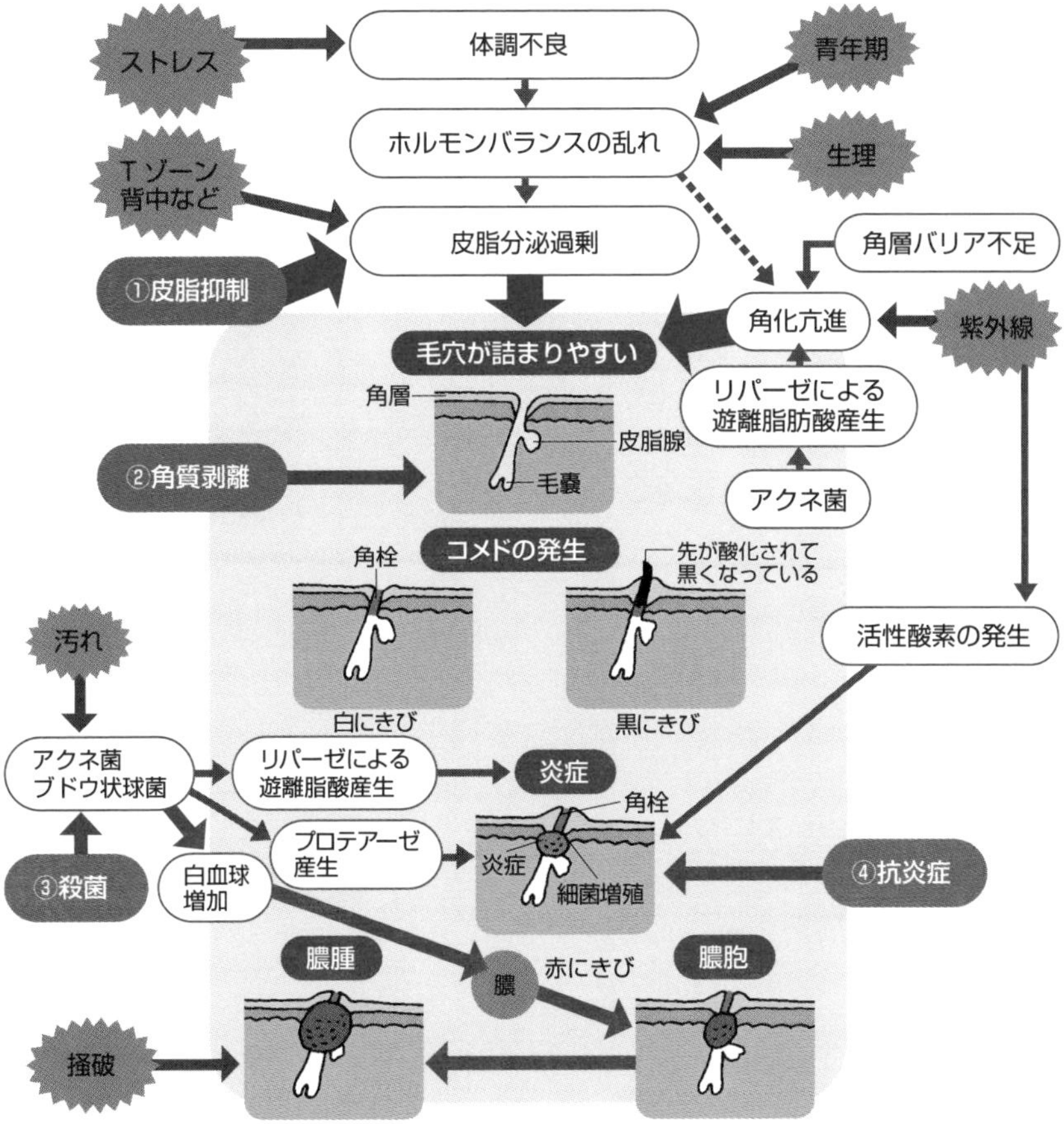

にきび治療用成分

分類	作用	成分
①皮脂抑制成分	男性ホルモンに拮抗作用する薬剤。作用が強いため配合量が制限される。	エストラジオール、エストロン、エチニルエストラジオール
②角質軟化成分	角化亢進による毛包の閉鎖に対して角質を軟化・溶解し内容物を排出する。	イオウ、サリチル酸、レゾルシン
③殺菌・消毒成分	アクネ菌などの殺菌作用を持つ。	エタノール、イソプロピルメチルフェノール、塩化ベンザルコニウム、トリクロサン、クロルヘキシジン塩酸塩、スルファジアジン、ホモスルファミン
④抗炎症成分	炎症を抑える。	グリチルレチン酸類、グリチルリチン酸類、ジフェンヒドラミン塩酸塩、イブプロフェンピコノール、アラントイン

61 日焼け止め化粧品の効果は？

日焼け止め化粧品、UVA、UVB防止効果

多くの日焼け止め化粧品ではUVA、UVBに対する紫外線防止効果の程度が示されています。

SPFとは、日焼け止め化粧品を塗布したときに皮膚がわずかに赤くなるのが、塗布しないときの何倍の紫外線を浴びたかを示したもので、数値で示します。測定はヒトを被験者とし、UVB領域が太陽光と類似した光源を用います。皮膚に試料塗布部と試料無塗布部を作り、紫外線を照射し、照射後16～24時間に皮膚反応を観察しわずかに赤くなった部位の紫外線量を最小紅斑量（MED）とし、両者のMEDの比からSPFを算出します。実使用上極端に高い値のものが必要ないこと、および無意味な数値競争を避けるため、51以上をSPF50＋と表示します。

UVA防止効果の測定は、UVA照射2～4時間後の持続型即時黒化反応を指標にPFAを求めます。効果の程度はPA^{+}～PA^{++++}の4分類です。これらの方法はヒトを使っており、被験者の負担、時間、費用がかかることから、簡便な物理的な測定法が検討されています。

UVを防御する成分には、紫外線防止剤と紫外線散乱剤があります。吸収剤の量が多いと「べたつき」を感じ、散乱剤が多いと「きしみ」や塗布後の「白浮き」が生じることがあります。特に超微粒子の散乱剤は二次凝集しやすく、肌の上で不均一になり防御効果が得られない場合がありましたが、粉体の表面処理や添加剤によって皮膚上で均一に塗布されるようになりました。このため最近は日焼け止め化粧品を塗っても白くなく、どこに塗ったかわからないほどです。また、塗った後に汗や海水などで取れない耐久性が必要となりますが、そうすると取り去るのが難しく肌に負担がかかります。そこで塗っている間は疎水性で、温度やpHによって親水性に変わる表面処理散乱剤が開発されました。それを用いた日焼け止め化粧品は耐久性があり、取りやすく肌に負担がかかりません。

要点BOX

- UVBはSPF、UVAはPFAが紫外線防止の目安
- 日焼け止め化粧品には、紫外線吸収剤and/or散乱剤が使われている

紅斑反応判定

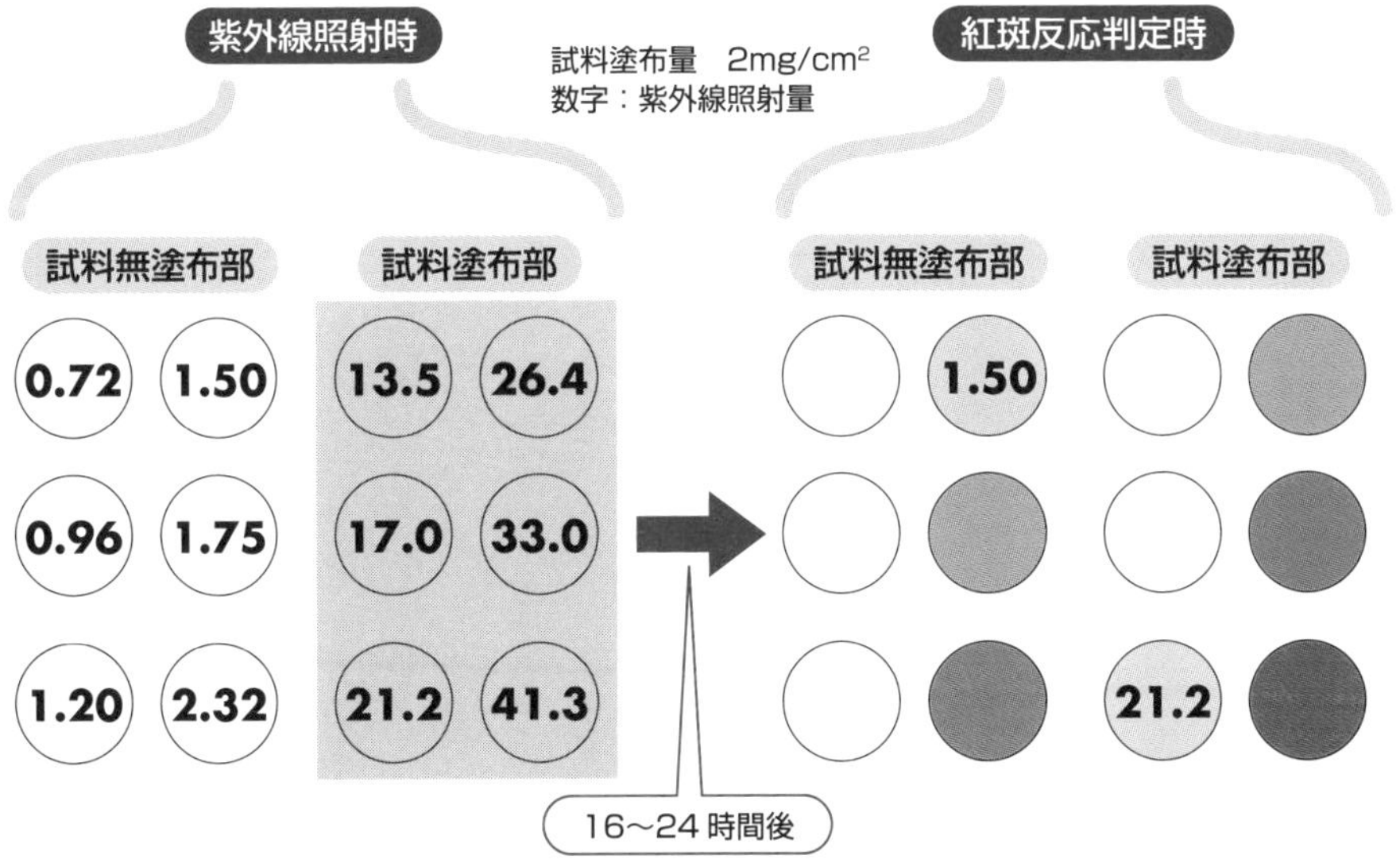

SPF＝21.2（試料塗布部の MED）/1.50（試料無塗布部の MED）＝14.1

提供：畑尾正人博士

日焼け止め化粧品の選び方

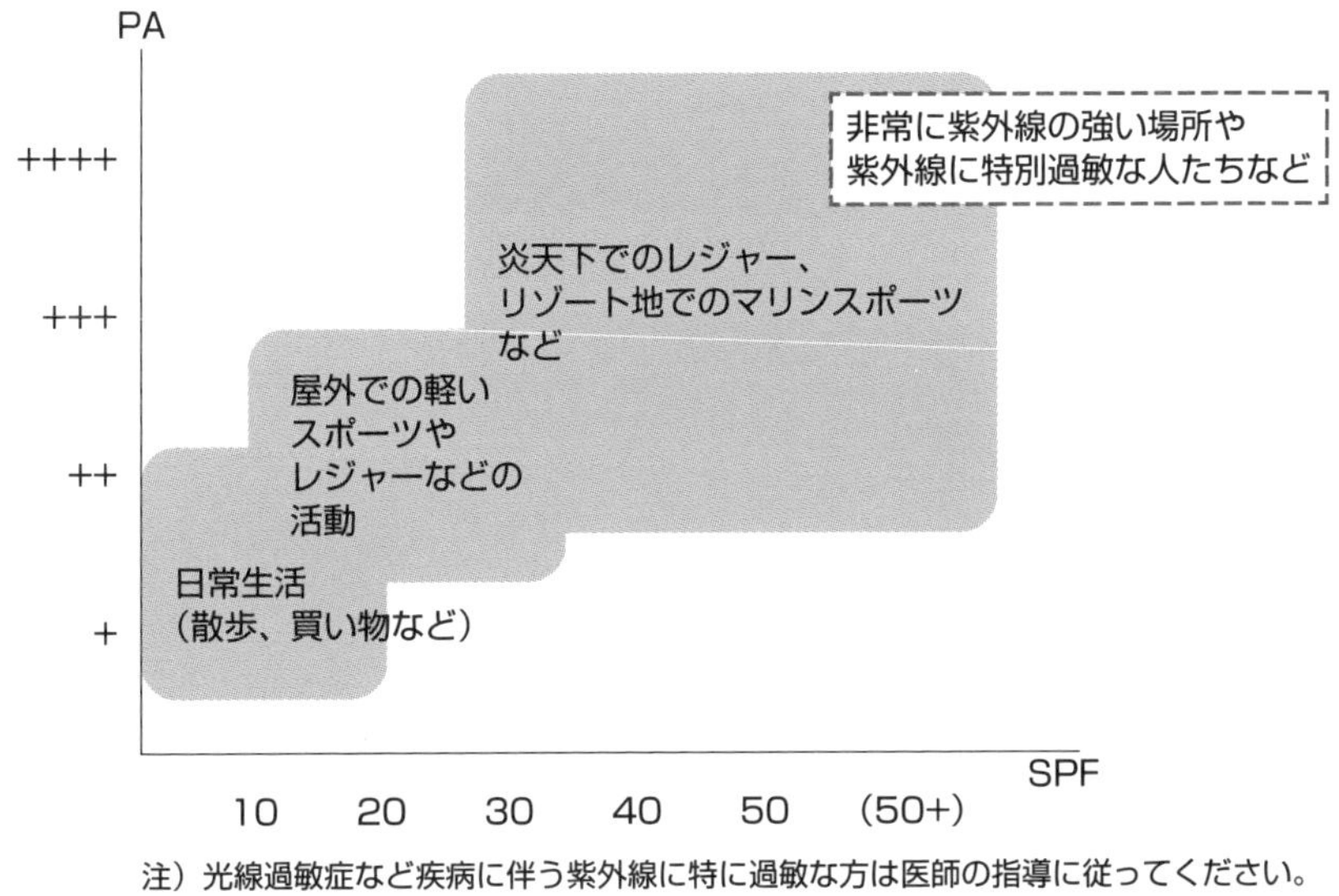

注）光線過敏症など疾病に伴う紫外線に特に過敏な方は医師の指導に従ってください。

日本化粧品工業連合会より

62 美白のメカニズム

メラニン生成機構と抑制剤

洋の東西を問わず、シミ・ソバカスやくすみのような色素沈着のない自然な白さが好まれています。

色素沈着の原因はメラニンです。メラニンには黒色のユーメラニンと黄色のフェオメラニンがあります。紫外線を浴びると、皮膚のケラチノサイトからエンドセリンという物質が放出され、それがきっかけでメラニン生成が始まります。また、皮膚の炎症を起こし色素沈着を起こすプロスタグランジンが知られています。これらの情報が来るとメラノサイトではチロシンからメラニンが作られます。そのときにチロシナーゼという酵素が必要です。メラニンを作らなくするにはこの情報を止めるか、チロシナーゼが働かなくすれば良い訳です。

トラネキサム酸はプロスタグランジンの情報を抑制してチロシナーゼの活性を低下させ、メラニンを作り難くします。チロシナーゼ阻害は美白剤の主流です。ビタミンC（アスコルビン酸）は効果がありますが、とても不安定なので誘導体のアスコルビン酸リン酸エステルマグネシウム塩（APM）や、弱酸性でも安定なアスコルビン酸2-O-αグルコシド（AA-2G）などが開発されています。

有名なアルブチンはハイドロキノンの配糖体で、チロシンとの拮抗阻害によってチロシナーゼ活性を不活性化します。チロシナーゼ活性抑制成分は次々と見出され、エラグ酸、4-n-ブチルレゾルシノール（ルシノール）、4-メトキシサリチル酸カリウム塩などが開発されています。

生成したメラニンはケラチノサイトに移送されますが、ここを抑制しても美白効果が現れます。また、表皮のターンオーバーを促進しメラニンの排出を促進するアデノシン一リン酸二ナトリウムなどもあります。美白化粧品は薬機法では有効成分が配合された医薬部外品があり、効能表現として「メラニンの生成を抑え、シミやソバカスを防ぐ」が許されています。

要点BOX

●チロシナーゼ阻害は美白剤の主流
●情報伝達物質抑制やターンオーバー促進による美白方法もある

肌が黒くなるメカニズム

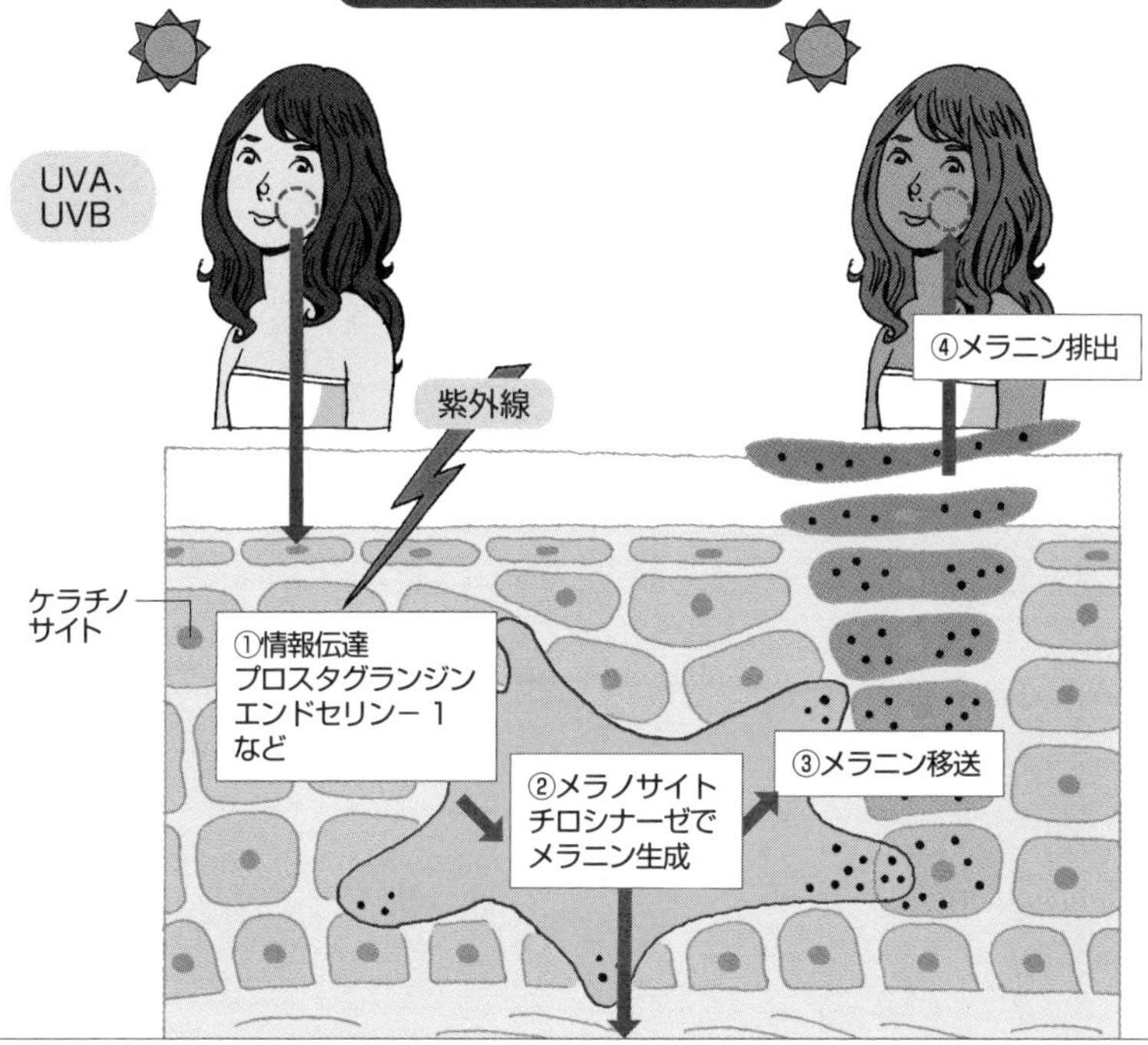

②メラニン生成

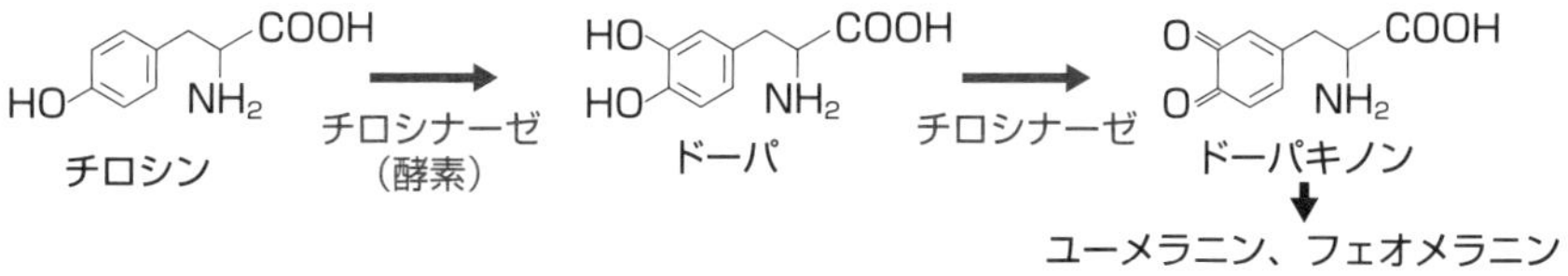

医薬部外品美白有効成分の例

作用		成分
メラニン生成抑制	①情報伝達抑制	トラネキサム酸、カミツレエキス（カモミラET®）、トラネキサム酸セチル塩酸塩（TXC）
	②チロシナーゼ阻害	アスコルビン酸リン酸エステルマグネシウム塩（APM）、アスコルビン酸-2-O-α-グルコシド（AA-2G）、3-O-エチルアスコルビン酸（ビタミンCエチル®）、4-メトキシサリチル酸カリウム（4MSK®）、アルブチン、コウジ酸、エラグ酸、4-n-ブチルレゾルシノール（ルシノール®）、4-(4-ヒドロキシフェニル)-2-ブタノール（4-HPB®）
	②チロシナーゼ分解、成熟抑制	リノール酸（リノール酸S®）、5,5’-ジプロピルビフェニル-2,2’-ジオール（マグノリグナン®）
メラニン除去	③メラニン移送抑制	ニコチン酸アミドW（D-メラノ®）
	④メラニン排出促進	アデノシン1リン酸2ナトリウム（エナジーシグナルAMP®）

63 育毛のメカニズム

育毛に関する調節因子と育毛有効成分

育毛に関する調節因子はFGF、EGF、IGFなどがあり、それぞれの因子に注目して有効成分が開発されています。また、医薬部外品の育毛有効成分には毛乳頭細胞への作用や血管・血流改善、細胞賦活、抗炎症、殺菌などの作用があるとされています。

男性型脱毛は16項に示したような機構で起こるので、その原因となる5α-リダクターゼを特異的に働かなくすれば脱毛は起こらないはずです。前立腺肥大治療薬のフィナステリドが5α-リダクターゼ阻害作用を持っており、内服する男性型脱毛の治療薬です。しかし、これは女性には使われていません。とりわけ妊娠中の女性にはタブーになっています。性ホルモンに関わる副作用が懸念されるからです。

日本皮膚科学会ガイドライン「男性型および女性型脱毛症診療ガイドライン2017年版」には各々の薬剤のクリニカル・クエッションがあり、推奨度がAからDまであります。「A：行うよう強く勧める、B：行うよう勧める、C1：行ってもよい、C2：行わない方がよい、D：行うべきでない」と分類されています。

医薬品の経口薬フィナステリドとデュタステリドの推奨度は男性がA、女性がDです。同じく医薬品の外用薬ミノキシジルはAとなっています。

医薬部外品はどうでしょうか。アデノシンもFGF-7という成長因子やVEGFの産生を促して毛乳頭細胞を増殖させます。推奨度は男性がB、女性がC1です。

t-フラバノンは成長期を短縮するTGF-βの作用を抑制し、毛球部の毛母細胞を増殖させ毛の成長を促進するとされ、サイトプリンは毛乳頭細胞で減少しているBMPなどを増加させ、外毛根鞘細胞の増殖を高めるとされ、ペンタデカンはATP増加など毛包のエネルギー代謝改善に効果があるとされ、ケトコナゾールは5α-リダクターゼ阻害作用も報告されており、いずれも推奨度はC1です。

要点BOX
- ●男性型脱毛には5α-リダクターゼ阻害剤
- ●医薬部外品有効成分の例

育毛に関する調節因子

調節因子	作用など
線維芽細胞増殖因子（FGF）	細胞増殖や創傷治癒などの機能に関わる成長因子。毛包組織ではFGF-7が毛乳頭細胞で産生され、FGF受容体を介して毛母細胞の増殖を高める。FGF-5はヘアサイクルの成長期後半の毛包で増加し、退行期を起こす因子。FGF-18はヘアサイクルの休止期を維持する因子。
上皮成長因子（EGF）	EGF受容体を介して細胞増殖の調整に関わる因子。休止期から成長期への移行を促進させ、成長期を延長させる。
インスリン様成長因子（IGF）	胎生期における毛包形成や成長期の維持に必要。IGF-1は成長期毛包の毛乳頭細胞で産生され、毛母細胞の増殖促進や退行期の抑制に働く。
毛髪形態因子（Edar）	毛の発生初期に表皮で特異的に発現している蛋白質。 遺伝と脱毛との関連で注目されている。
ウィント（Wnt）	シグナル伝達蛋白質。胎児期の皮膚細胞を毛包に変化させるほか、毛包細胞を刺激して毛髪を作り出すよう仕向けている。
トランスフォーミング成長因子（TGF）	ＴＧＦ-β は毛母細胞の分裂・増殖を抑制して、成長期の毛髪が退行期に移行するのを促進する。脱毛因子とも呼ばれる場合がある。
骨形成蛋白質（BMP）	骨格形成に限らず毛髪においても外毛根鞘細胞の増殖を高め脱毛抑制作用がある。

毛の仕組み

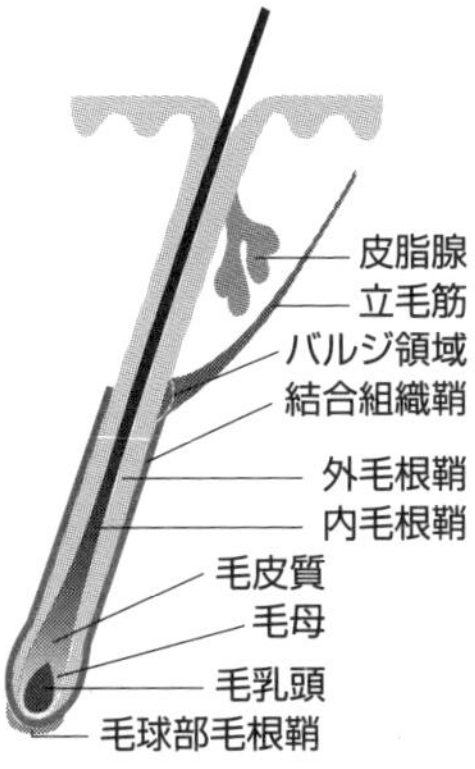

医薬部外品有効成分の例

効果	成分名
毛乳頭細胞・外毛根鞘細胞への作用	アデノシン、t-フラバノン、サイトプリン、セファランチン、β-グリチルレチン酸、クジンエキス、ニンジンエキス
血管拡張、血流改善	ジアルキルモノアミン誘導体、感光素301、塩化ジフェンヒドラミン、l-メントール、セファランチン、ヒノキチオール、ビオチン、ビタミンE、ビタミンEアセテート、ビタミンEニコチネート、ニコチン酸アミド、ニコチン酸ベンジル、ニンジンエキス、センブリエキス、ショウキョウチンキ
細胞賦活、毛母活性化	ペンタデカン、ジアルキルモノアミン誘導体、感光素301、パンテノール、モノニトログアヤコールナトリウム、アラントイン、ヒノキチオール、ビタミンB、ビオチン、センブリエキス
抗炎症	塩化ジフェンヒドラミン、パンテノール、アラントイン、ビオチン、l-メントール、β-グリチルレチン酸
殺菌	感光素301、ヒノキチオール、l-メントール、イソプロピルメチルフェノール、パラクロロメタキシレノール、クジンエキス

64 体臭とデオドラント

足臭、加齢臭などの発生機構とその防止

天人五衰は天界にいる天人が長寿の末に迎える死の直前に現れる5つの兆しで、身体臭穢《しんたいしゅうわい》（体が汚れて匂い出す）、腋下汗出《えきげかんしゅつ》（脇の下から汗が流れ出る）があります。これが現れたときの苦悩は地獄の苦悩より強いといわれています。私たちの世界でも「スメハラ」という言葉があるほど体臭に対する意識が強まっています。体臭の元になるのは汗ですが、汗には全体に分布するエクリン腺から出るエクリン汗とわきの下や陰部などのアポクリン腺（臭気腺）から出るアポクリン汗があります。汗自体には強い匂いはありませんが、皮膚常在菌によって分解され臭くなります。腋臭はノナン酸やデカン酸のような低級脂肪酸、足臭はイソ吉草酸が原因と考えられています。

「加齢臭」という言葉は大変有名になりました。その正体がノネナールです。ミドル臭はジアセチル、若い女性からはγ-デカラクトンが出ているようです。それ以外にも食べ物によって体臭が変わりますし、病気特有の匂いもあるといわれています。糖尿病の人は甘い匂いがするとか、腸チフスの患者は焼きたてのパンの匂いがするとかいわれているのです。

体臭を消すには以下のような対策があります。

まず、発汗を抑制することが考えられます。パラフェノールスルホン酸亜鉛やアルミニウムクロロハイドレートなどの収斂《しゅうれん》剤が使われています。耐水性皮膜成分で足汗の出口に蓋をするという方法もあります。皮膚の常在菌の増殖を抑えるトリクロサン、塩化ベンザルコニウムなどの抗菌剤も使われています。パウダースプレーは粉体が入っていて、それが汗を吸いサラサラした感触を与えます。この粉に銀イオンの抗菌作用を利用した銀ゼオライトを用いると消臭効果が高くなることが報告されています。体臭の原因である低級脂肪酸に酸化亜鉛を加えると金属石鹸になって臭気がなくなります。弱い体臭であればオーデコロンなどでマスキングを行うこともできます。

要点BOX

- 汗・皮脂自体には強い匂いはなく、皮膚の常在菌によって分解され臭くなる
- 加齢臭、ミドル臭、若い女性の香り

体臭

ストレス臭

ジメチルトリスルフィド、アリルメルカプタン

頭皮臭

皮脂
↓微生物、酸化
ペンタナール、ヘプタナール、イソ吉草酸、イソ酪酸、吉草酸、インドール

汗臭

エクリン汗
↓微生物
低級脂肪酸、イソ吉草酸

口臭

蛋白質
↓微生物
揮発性イオウ化合物（硫化水素、メチルメルカプタン、ジメチルサルファイドなど）

皮脂臭

皮脂
↓微生物、酸化
過酸化脂質、脂肪酸、アルデヒド

加齢臭

皮脂成分 9- ヘキサデセン酸
↓過酸化脂質と結合、分解、酸化
ノネナール

腋臭

アポクリン汗腺分泌物
↓微生物
3- メチル -2- ヘキセン酸、ノナン酸、デカン酸ビニルケトン類
揮発性ステロイド
（アンドロステノン）

ミドル臭

ジアセチル

足臭

エクリン汗
↓微生物
イソ吉草酸

若い女性の香り

γ- デカラクトン
γ- ウンデカラクトン

デオドラント用有効成分

分類	作用	成分
制汗剤	皮膚を収斂させることによって汗の発生を抑える。	アルミニウムクロロハイドレート 塩化アルミニウム パラフェノールスルホン酸亜鉛
殺菌剤	汗の成分を分解する菌を減少させる。	塩化ベンザルコニウム 銀ゼオライト トリクロサン
匂い防止剤	匂い成分の中和や吸着およびマスキングによって匂いを防止する。	酸化亜鉛、炭酸水素ナトリウム、シトラール、α- イオノン

65 歯を守る歯磨き粉

虫歯の生成と歯磨き粉の成分

ヒトの歯は、エナメル質や象牙質でできた硬組織を歯茎が支えた構造になっています。口の中は唾液で常に満たされており、細菌が棲みやすい条件になっています。このような状態にある細菌は、唾液に含まれる糖蛋白質が作る数μmの薄い膜・ペリクルに付着して食べ物の糖を養分にしてネバネバした物質を作ります。そしてこのネバネバに守られて繁殖しますが、これがプラーク（歯垢）です。

プラークはそのほとんどが細菌で1mg当たり1億個以上の細菌がいます。連鎖球菌の仲間が多いのですが、増殖した細菌は糖を材料にして酸を作ります。この酸が歯の構成成分であるハイドロキシアパタイト結晶をカルシウムとリン酸に分解して、唾液の中に放出し、これが虫歯の原因となります。

また、タバコのヤニで歯に色の着いている人がいますが、これをステインといいます。歯ブラシによるブラッシングでこれらを取り除きますが、それを助けるのが「歯磨き粉」です。ステインまで取ろうとすると研磨剤が必要で、炭酸カルシウム、リン酸カルシウム、無水ケイ酸が使われています。

歯磨き粉にも化粧品と部外品があり、部外品には薬効成分が配合されています。「フッ素入り」の歯磨き粉はよく知られていますが、具体的にはフッ化ナトリウムが配合されています。フッ素で歯をコーティングするとハイドロキシアパタイトの水酸基の一部がフッ素に置き換わり酸に強くなるのです。デキストラナーゼという歯垢分解酵素の入ったものや、消炎・止血効果成分としてトラネキサム酸、血行促進成分として酢酸トコフェロールなどが配合されているものもあります。歯磨きの世界もスマートフォンと連動して舌や歯茎の状態を診断するものや、自分の歯磨きを記録、分析できるアプリがあります。また、歯ブラシが楽器に早変わりするといった楽しみながら歯のケアを行うものもあります。

要点BOX
- ●細菌がペリクルに付着して食べ物の糖を養分にしてネバネバした物質を作り、そこを棲みかに繁殖
- ●歯磨き粉の成分は研磨剤、発泡剤、薬用では薬効成分

虫歯の生成と歯磨き粉の薬効成分

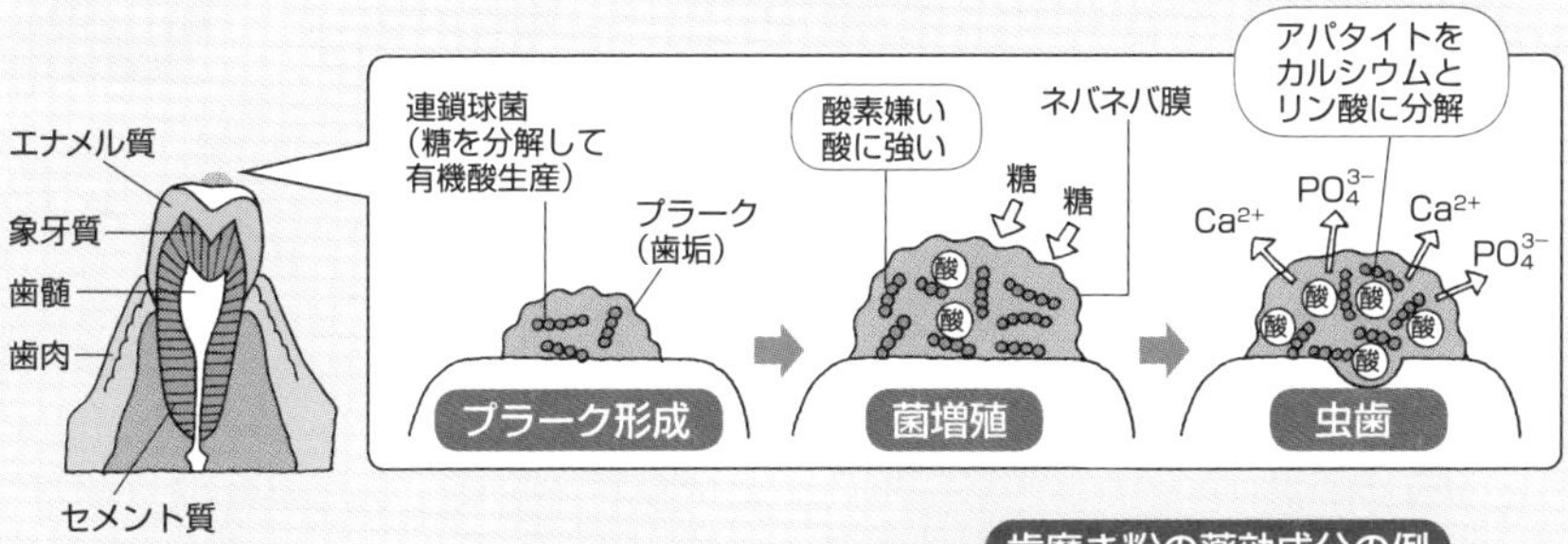

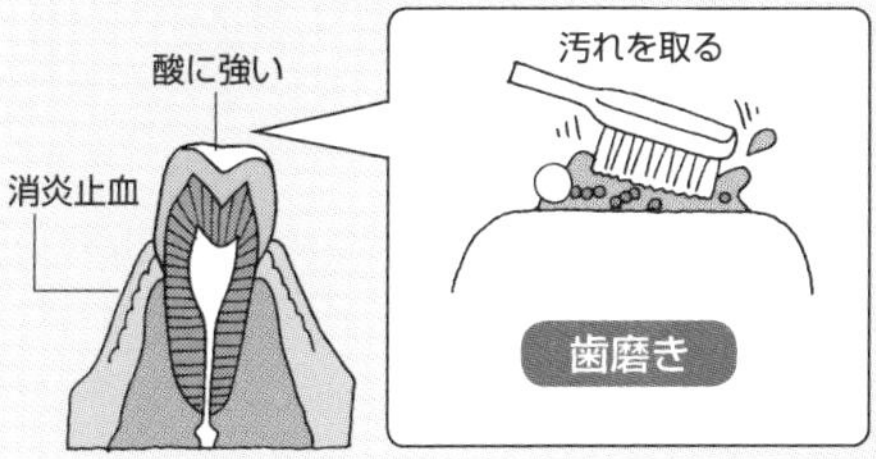

歯磨き粉の薬効成分の例

薬効成分	作用
フッ化ナトリウム	再石灰化の促進、歯の耐酸性向上
デキストラーゼ	歯垢の分解除去
トラネキサム酸	消炎、出血防止
ピロリン酸ナトリウム	歯石の付着防止
酢酸トコフェロール	血行促進

歯磨き粉の成分

分類	成分	作用・効果
研磨剤	炭酸カルシウム、第二リン酸カルシウムなど	歯の表面を傷つけず、歯の汚れを落とす
湿潤剤	グリセリン、ソルビトールなど	粉体に湿り気と可塑性を与える
発泡剤	ラウリル硫酸ナトリウムなど	泡を立て口中の汚れを洗浄する
粘結剤	カルボキシメチルセルロースナトリウムなど	成形性を与える
水	精製水	粘度・稠度を調整する
香味剤	メントール、ペパーミントオイルなど	香味・爽快感と香りをつける
着色剤	法定色素	外観を美しくする
保存剤	パラオキシ安息香酸エチルなど	変質を防ぐ
薬効成分	フッ化物、殺菌剤、消炎剤、止血剤、収斂剤、血行促進剤、口臭防止剤	虫歯予防、歯槽膿漏や歯肉炎の予防、口臭の除去など

66 香りの生理・心理効果

嗅覚の重要なはたらき

最近はアロマセラピーが流行していますが、これは香りの作用以外に香料成分が皮膚や肺から直接取り込まれ血中に移行し薬理効果が発揮されるものです。

一方、香りの効果を嗅覚を介した作用として研究し、科学的根拠に基づいて香粧品領域に応用しようとするものにアロマコロジーがあります。嗅覚情報は大脳辺縁系に伝達され、視床下部から自律神経、内分泌系、免疫系に影響を与えています。嗅覚でホメオスタシスの乱れを調整しようとするのがアロマコロジーです。

それでは香りの効果を科学的に測定するにはどうすればよいでしょうか？ 効果は心理指標、中枢神経指標、自律神経指標、内分泌指標、免疫指標で示されます。「α波」という言葉を聞かれたことがあると思いますが、これは中枢神経指標の自発脳波を測定したものです。伽羅の香りを嗅ぐとα波が出やすくなりますが、禅の悟りと関係あるのかも知れません。

脳波の随伴性陰性変動（CNV）で香りの意識水準を調べることができます。ラベンダー、ティローズなどには鎮静効果があり、ジャスミン、スターアニスなどに覚醒効果があります。自律神経指標ではグレープフルーツの香りでノルアドレナリンが分泌されることがわかっています。これは中性脂肪を燃焼させる脱共役蛋白質の発現に必要で、スリミング効果をもたらすものとして話題になりました。唾液中のコルチゾール量を内分泌指標として、グリーンシトラスの香りにストレス低減効果が、同様に唾液中の免疫抗体「イムノグロブリンA」の濃度を測定することによって、ラベンダーなどの嗜好性の高い香りに免疫学的に有益な効果があることが報告されています。

最近は認知症と嗅覚との関係も知られ、アルツハイマー症は嗅覚識別能低下、ルビー小体型認知症は嗅覚低下を起こすそうです。臭いを感じなくなったら要注意です。

要点BOX

- アロマコロジーとは、嗅覚でホメオスタシスの乱れを調整するもの
- 香りの効果をさまざまな指標で科学的に示す

香りによるホメオスタシスの調整

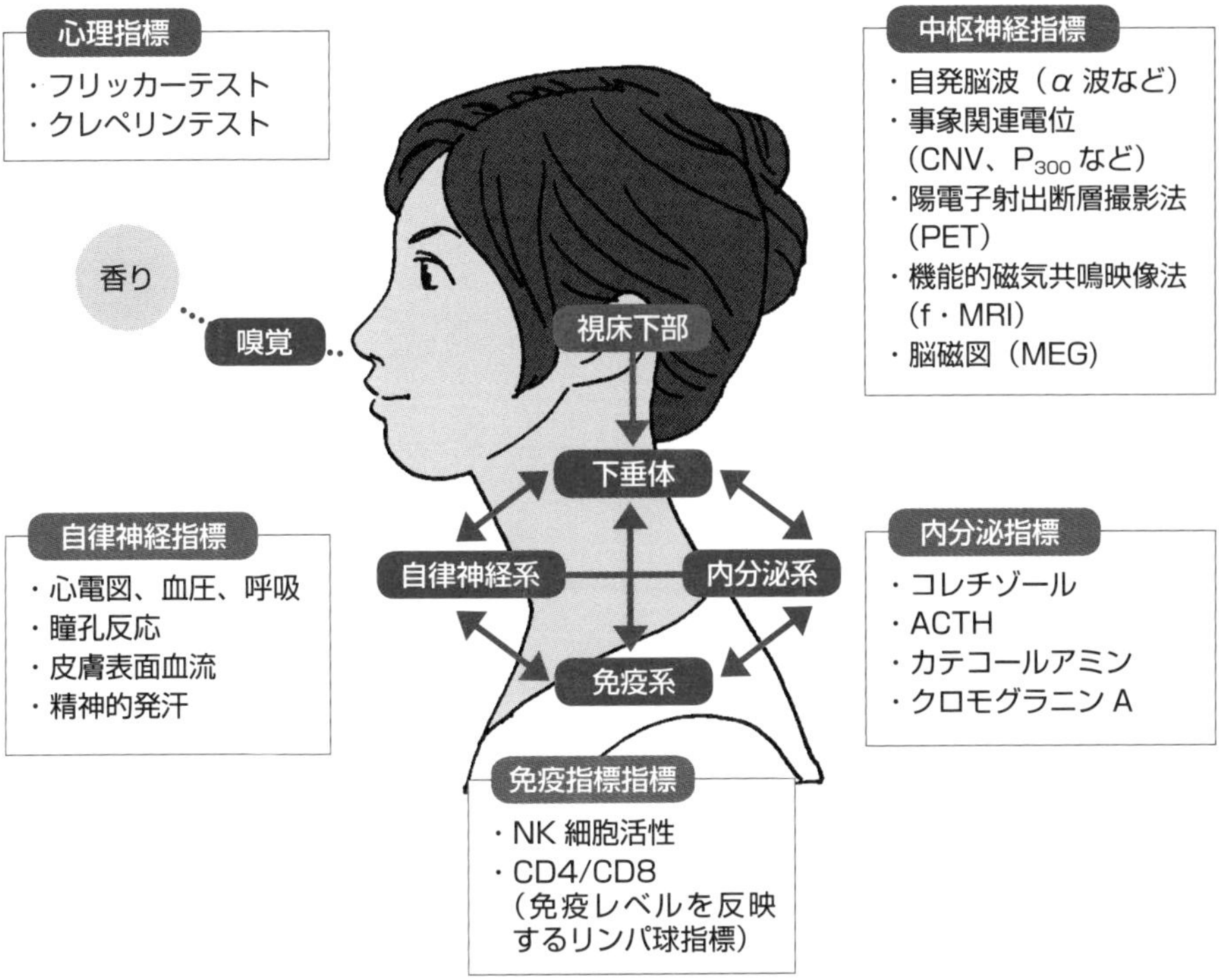

香りの効果

	効果例	検証方法	香り
心理効果	気分（リラックス / リフレッシュ）	心理質問紙	ラベンダー、ジャスミン
	疲労感軽減	フリッカーテスト	α- ピネン、オレンジ
	化粧品の使用感向上	心理テスト	レモン、オークモス
生理効果	意識水準（鎮静 / 高揚）	脳波 (事象関連電位)	ティーローズエレメント、スターアニス
	自律神経機能調節	心臓血管系自立神経活性測定	グレープフルーツ、ローズ
	内分泌機能調節	ホルモンレベル測定	バレリアン、トリメトキシベンゼン
	免疫機能調節	NK 細胞活性測定	レモン、柑橘系の香り
	皮膚機能向上	経皮水分蒸散量 角層水分量	バレリアン ジメトキシメチルベンゼン

67 有効成分を皮膚内に入れる

経皮吸収をコントロールする

化粧品や医薬部外品には美白剤や肌荒れ改善剤など肌への有効成分が配合されています。これらの薬剤は、毛包や皮脂腺のところから吸収される経毛孔吸収と表皮から吸収される経表皮吸収があります。

経皮吸収型の医薬品では経表皮でも角層細胞を通る経路と細胞間脂質を通る経路があります。皮膚はただ単なるバリアですが、化粧品の場合はバリアであるとともに作用部位になっています。これらの薬剤を肌で有効に作用させるためには、基剤から表皮や真皮の一番必要な部位まで有効成分を届け、その部位で有効濃度を維持することが必要です。つまり有効成分を適した部位に運び、そこに留めて作用させるという技術が必要となってきます。医薬品領域では経皮吸収とドラッグデリバリーシステム(DDS)という技術が使われていますが、化粧品の分野でもこの技術の重要性が増しています。

経皮吸収に影響を与える因子を考えてみると、有効成分は基剤から角層への分配、角層中の拡散を経て皮膚内に浸透していきます。角層への浸透量を増やすには、基剤に有効成分が溶けない油などを加えればよいでしょう。有効成分が溶けにくいので、角層の方に移りやすくなるのです。また、防腐剤など皮膚に入る必要のない成分を角層に移さないためには、防腐剤がよく溶ける油などを加えるとよいのです。このように処方で対処する以外にも、角層のバリア機能を下げる経皮吸収促進剤を使う方法があります。細胞間脂質のラメラ構造を乱す物質を加えると薬剤が入りやすくなります。

美容医療では電荷によって薬剤を導入するイオントフォレーシスや高電圧の電場により細胞膜に一時的な再配列を生じさせ、皮膚に薬剤を導入するエレクトロポレーション、とても小さな針で角層を貫通させるマイクロニードルアレイ、作用部位にパウダー状の薬剤を打ち込むパウダーインジェクションなどがあります。

要点BOX

- 経皮吸収には表皮経路と毛包・皮脂腺経路がある
- イオントフォレーシス、マイクロニードル、エレクトロポレーション、パウダーインジェクション

経皮吸収の経路と吸収の考え方

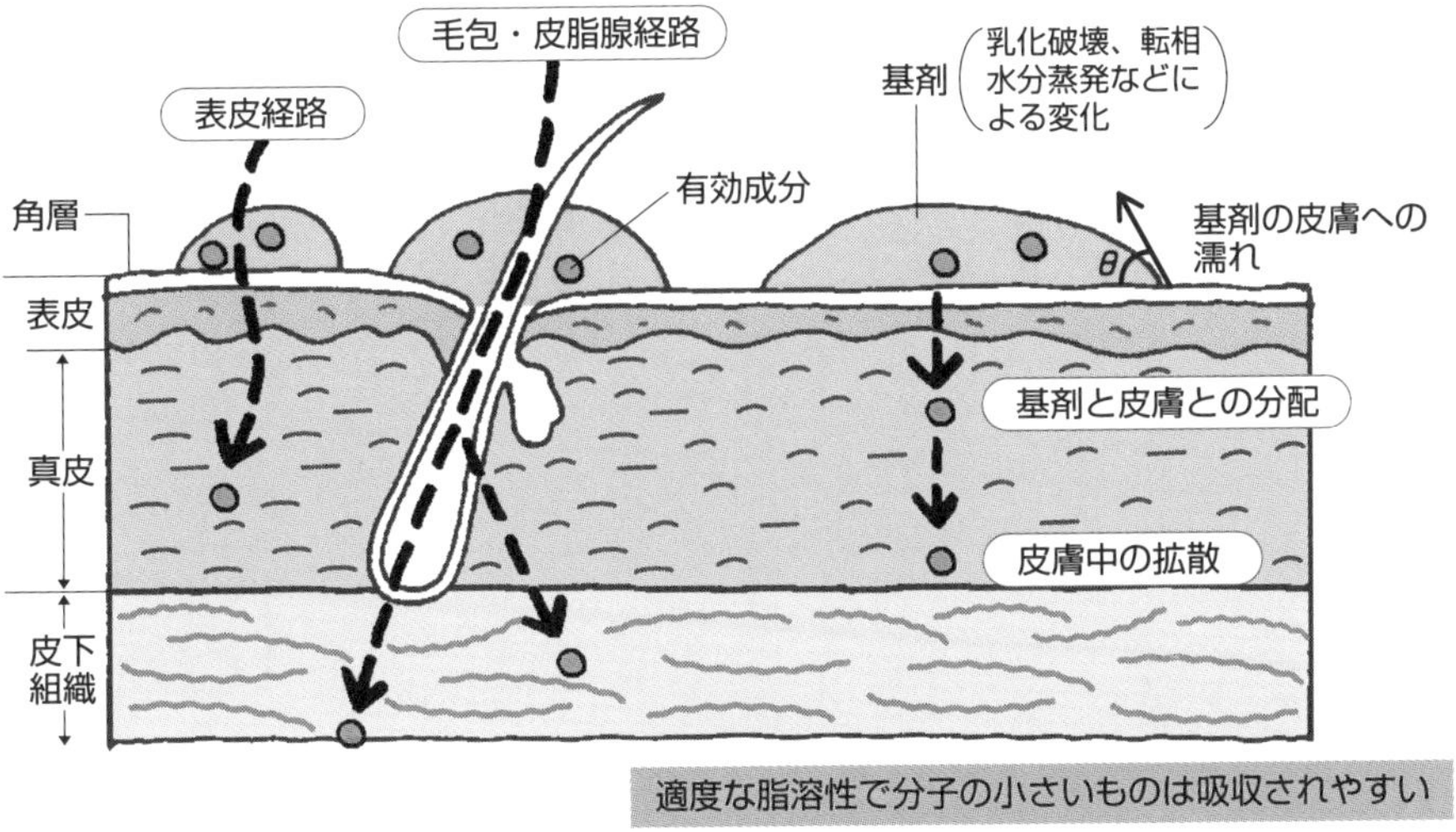

物理的な経皮送達技術

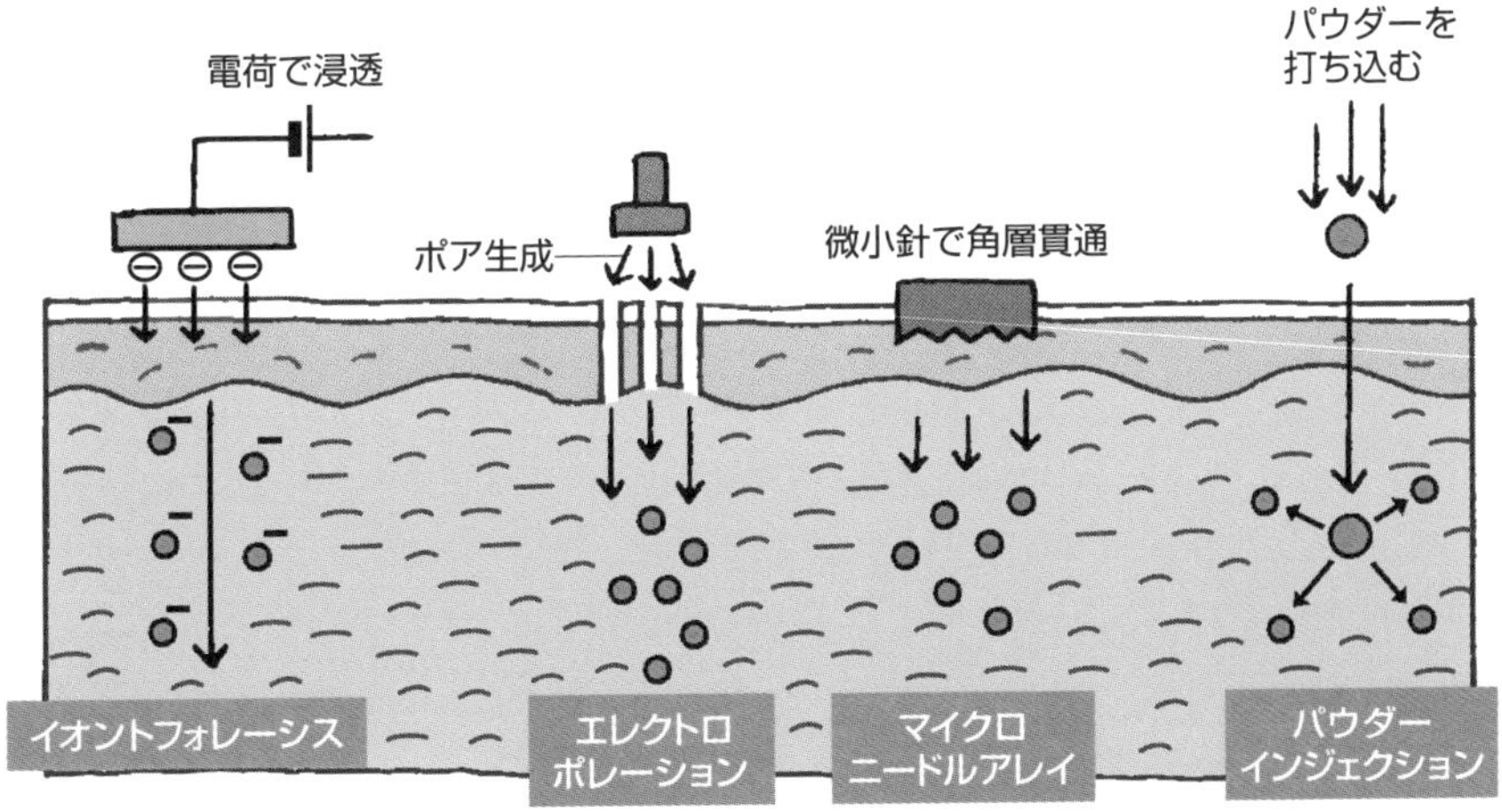

68 これからの化粧品は？

テーラーメード化粧品、3Dメーキャップ

さて、これから化粧品はどこに向かって行くのでしょうか？ 化粧品の研究領域に枠はなくなってくるでしょう。皮膚や毛髪の生理作用の追求はなおいっそう精査になり、データベース化するでしょう。個々人の肌状態や生化学データおよび遺伝子情報も簡単に測定でき、皮膚の老化パターンや毛髪の減少パターンもシミュレーションできます。食や入浴、睡眠などのデータも入手できるので、予防も含めたテーラーメード美容ができます。また、細胞バンクに幹細胞を保存して、いざというときに使えるでしょう。

前述した温度受容体は化学物質の受容体でもあるので、温感・冷感の化学物質によるコントロールだけではなく健康維持にも使えます。微弱な電流、磁気、電波などを感知する細胞や受容体が見つかって、皮膚を通して健康維持ができるかもしれません。東洋のツボなどと融合して、新しい理論が生まれることもあるでしょう。

一方、メーキャップはどうでしょうか？ 顔の3次元データや肌色データなどに基づいた3Dプリンターによるパーソナルメーキャップは常識になっているでしょう。光のコントロールはメーキャップの本質の1つです。メタサーフェスが簡単に作れて光を曲げることによって、顔の輪郭などを根本的に変えることができるようになるかもしれません。

顔のつくりのみならず、表情も含めた社会的認知を意識した化粧を男性も行うようになるのではないでしょうか？ このときに脳の研究から化粧の本質的な姿も明らかになるでしょう。

ネットワーク化が化粧品にも及び、スマホに近い機能を持った化粧品容器も現れて、ビックデータやAIと繋がって流行の顔にすぐなれるかもしれません。このとき、自分のアイデンティティが重要になるのではないでしょうか。

要点BOX

●化粧品の研究に枠なし
●皮膚を通して健康維持ができるかもしれない
●究極のパーソナル化粧

テーラーメード化粧品の一例

生理作用

皮膚での新しい
受容体の発見

分析技術

テラヘルツ領域の測定で
分子集合体の性質も明確になる

光技術

メタマテリアル、
メタサーフェスなど
新しい光学材料

個人データ

- DNA などのデータ
- 肌や髪などの生科学データ
- 肌や顔の 3D データ
（子供の頃から）
- 顔の凹凸と色のデータ

個人に最適な方法

- スキンケア
- メーキャップ
- 3D 半透明マスク
- ヘアケア

健康

電場・磁場
などの健康への
積極的利用

東洋のツボなど
伝統医学との
融合

**研究領域の
枠なし**

- 食事
- 睡眠
- 運動
- 入浴
- マッサージ

データ
取りこみ

幹細胞

未来予測に基づいた
毛髪と皮膚のケア方法

幹細胞バンク

- 個人の幹細胞を保存
- iPS 細胞

3D プリンター

- 幹細胞で組織を作る
- 3D 印刷によるメーク

健康で美しい
未来

Column

時計遺伝子

体内時計は24時間で自転する地球の環境変動に適応するために、地球上の生物が獲得したすばらしい時計です。このような24時間リズムをサーカディアンリズムといいます。時計のない真っ暗な部屋で生活するとしだいに睡眠・覚醒や食事のリズムが長くなり、ほぼ25時間周期に落ち着くといいます。これをフリーラン（自由継続）といい、リズム機構が遺伝的な背景を持つ証拠とされています。

哺乳類の時計遺伝子は1990年代後半に発見されました。眼から脳の奥へ視神経が伸び交差する「視交叉上核」という部位にあり、その大きさは直径1・5㎜とゴマ粒位の大きさだそうです。

皮膚でも、ケラチノサイトを中心とした表皮、線維芽細胞が主たる真皮、血管・神経の豊富な皮下組織で時計遺伝子が発現することがわかりました。フィラグリン遺伝子は昼に表皮で、また、ヒアルロン酸合成遺伝子は夜に真皮で活性化することもわかりました。美肌のためには生活のリズムが大切なことがわかります。

それ以外に、生物にはインターバルタイマー（経過時間をはかる時計）があります。サーカルナリズムは月単位のリズムで、女性の排卵や月経を管理する時計が化学的なフィードバックであることは立証されています。サーカニュアルリズムは1年単位のリズムです。たいていの動物は冬眠や渡り、交尾など1年サイクルに合わせた行動を取ります。

最後の時計は老化です。カゲロウの平均寿命は一日で、本当に陽炎（かげろう）のように儚い命です。例外はありますが、一般に代謝率が高いと寿命は短くなると考えられています。

寿命を測る時計の1つに細胞分裂時計があります。この時計は細胞分裂の回数を記録します。人間の体細胞を培養するとある回数で細胞分裂が止まってしまいます。これは染色体の末端を覆うテロメアという構造が関与しているといわれています。テロメアは遺伝子と同じDNAでできていますが、6個の塩基の配列が何千回も繰り返して並んでいます。細胞が分裂するたびにテロメアはどんどん短くなり、ある一定の長さより短くなると細胞が老化すると考えられています。テロメアが短くなっても分裂能力を失わないようにした細胞はガン化するそうです。死ぬときがプログラムされており、「時にかなって死ぬのが一番」というのはDNAの設計のようです。

【参考文献】

「新化粧品学　第2版」光井武夫編、南山堂（2001年）
「化粧品の有用性」日本化粧品技術者会編集企画、薬事日報社（2001年）
「香粧品科学」佐藤孝俊・石田達也編著、朝倉書店（1997年）
「化粧品事典」日本化粧品技術者会編、丸善（2003年）
「化粧行動の社会心理学」大坊郁夫編、北大路書房（2001年）
「皮膚感覚の不思議」山口　創著、講談社（2006年）
「スキンケア最前線」宮地良樹編、メディカルレビュー社（2008年）
「嗅覚生理学」倉橋　隆著、フレグランスジャーナル社（2004年）
「専門医が語る　毛髪科学最前線」板見　智著、集英社（2009年）
「最新ヘアカラー技術」新井泰裕著、フレグランスジャーナル社（2004年）
「抗酸化の科学」河野雅弘、小澤俊彦、大倉一郎編、化学同人（2019年）
「男性型および女性型脱毛症診療ガイドライン2017年版」日本皮膚科学会ガイドライン
「太古からの9+2構造～繊毛の不思議～」神谷　律著、岩波書店（2012年）
「顔の老化のメカニズム」江連智暢著、日刊工業新聞社（2017年）
「化粧品を支える科学技術」坂本一民・山下裕司編、薬事日報社（2017年）
「文化・社会と化粧品科学」坂本一民・山下裕司編、薬事日報社（2018年）
「肌／皮膚、毛髪と化粧品科学」坂本一民・山下裕司編、薬事日報社（2018年）
「化粧品の成り立ちと機能」坂本一民・山下裕司編、薬事日報社（2019年）
「コスメティックサイエンス」宮澤三雄編著、共立出版（2014年）
「化粧品の安全性評価に関する指針2015」日本化粧品工業連合会編、薬事日報社（2015年）

索引

英数字

ア

カ

サ

今日からモノ知りシリーズ
トコトンやさしい
化粧品の本　第2版

NDC 576

2009年10月28日　初版1刷発行
2017年 5月31日　初版6刷発行
2020年 1月20日　第2版1刷発行
2024年 4月26日　第2版4刷発行

©著者　福井 寛
発行者　井水 治博
発行所　日刊工業新聞社
東京都中央区日本橋小網町14-1
(郵便番号103-8548)
電話　書籍編集部　03(5644)7490
販売・管理部　03(5644)7403
FAX　03(5644)7400
振替口座　00190-2-186076
URL　https://pub.nikkan.co.jp/
e-mail　info_shuppan@nikkan.tech
印刷・製本　新日本印刷(株)

●DESIGN STAFF
AD————志岐滋行
表紙イラスト————黒崎　玄
本文イラスト————輪島正裕
ブック・デザイン ——黒田陽子
(志岐デザイン事務所)

●
落丁・乱丁本はお取り替えいたします。
2020 Printed in Japan
ISBN　978-4-526-08034-0　C3034
●
本書の無断複写は、著作権法上の例外を除き、
禁じられています。

●定価はカバーに表示してあります

●著者略歴

福井 寛（ふくい　ひろし）

1974年　広島大学大学院工学研究科修士課程修了。同年（株）資生堂入社、工場、製品化研究、基礎研究〈粉体表面処理〉などの研究に従事。香料開発室長、メーキャップ研究開発センター長、素材・薬剤研究開発センター長、特許部長、フロンティアサイエンス事業部長、資生堂医理化テクノロジー㈱社長、東北大学客員教授、東京理科大学客員教授、信州大学客員教授、大同大学客員教授などを歴任。
現在、福井技術士事務所代表。工学博士、技術士(化学部門)、日本化学会フェロー、日本技術士会理事、学術振興会先端・ナノデバイス・材料テクノロジー第151委員会顧問、千葉工業大学非常勤講師。

主な著書

「おもしろサイエンス美肌の科学」日刊工業新聞社、「トコトンやさしい染料・顔料の本」日刊工業新聞社(共著)、「きちんと知りたい粒子表面と分散技術」日刊工業新聞社(共著)、「トコトンやさしいにおいとかおりの本」日刊工業新聞社(共著)、「トコトンやさしい界面活性剤の本」日刊工業新聞社(共著)など
“Cosmetic Made Absolutely Simple” BELLE VIENUS Co., Ltd.(「トコトンやさしい化粧品の本」の英語版)